工业机器人
电气控制
设计及实例

罗　敏　著

U0243589

化学工业出版社

·北京·

内 容 简 介

本书通过实例讲解，详细介绍了工业机器人电气控制设计方法。首先介绍了工业机器人电气控制设计概论，包括工业机器人的分类、桁架机器人典型控制系统及数控系统解决方案等概况；其次具体地讲解了工业机器人控制系统硬件设备与选型、硬件连接与设定；然后介绍了PMC程序编程基础；最后通过实际案例，详细讲解数控桁架机器人的电气控制设计。

本书内容贴近工程实际，选取实例典型，可供工业机器人、自动化、数控技术等方面的从业人员阅读，也可供大专院校机械、自动化、智能制造等专业师生学习参考。

图书在版编目（CIP）数据

工业机器人电气控制设计及实例/罗敏著. —北京：
化学工业出版社，2023.3
ISBN 978-7-122-42742-7

Ⅰ.①工⋯　Ⅱ.①罗⋯　Ⅲ.①工业机器人-电气控制系统-系统设计　Ⅳ.①TP242.2

中国国家版本馆 CIP 数据核字（2023）第 024214 号

责任编辑：毛振威　张兴辉　　　　　　　　　　装帧设计：张　辉
责任校对：刘　一

出版发行：化学工业出版社（北京市东城区青年湖南街 13 号　邮政编码 100011）
印　　装：高教社（天津）印务有限公司
787mm×1092mm　1/16　印张 16¾　字数 411 千字　2023 年 6 月北京第 1 版第 1 次印刷

购书咨询：010-64518888　　　　　　　　售后服务：010-64518899
网　　址：http://www.cip.com.cn
凡购买本书，如有缺损质量问题，本社销售中心负责调换。

定　　价：89.00 元

前言

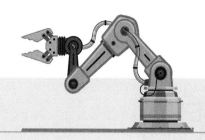

工业机器人在汽车、物流、医疗、航空航天、铁路交通等行业得到了广泛应用。在数控机床上下料的应用中，桁架机器人作为一种典型的工业机器人，在应用布局、人机管理、效率、成本等方面均比关节机器人有优势。许多企业应用桁架机器人与数控机床的组合，最终形成自动化生产线，实现加工过程的自动化、少人化，乃至无人化。

目前国内外的桁架机器人控制系统解决方案主要有基于数控系统的方案、基于 PLC 控制的方案、基于运动控制卡的方案、基于桁架机器人控制器的方案等。高档桁架机器人大多采用基于数控系统的方案。

本书以某商用车发动机缸体线 5 坐标桁架机器人为例，从控制系统硬件设备与选型、硬件连接与设定、PMC 编程、上下料自动控制硬软件设计等多方面，系统、全面地介绍了 FANUC 数控系统在桁架机器人控制中的设计应用。此书适合有一定数控基础知识的机器人电气设计、安装调试、维修保全工程师以及对 FANUC 数控系统和机器人电气控制设计开发感兴趣的学生和教师阅读。

全书共分 5 章。第 1 章从工业机器人分类、桁架机器人典型控制系统、桁架机器人 FANUC 数控系统解决方案等方面，简单介绍了工业机器人电气控制的基本概况；第 2 章从 CNC 总体结构入手，详细介绍了数控装置、交流伺服电机、伺服放大器、I/O 模块、手持操作单元等用于桁架机器人的各种硬件规格与选型；第 3 章从 CNC 总体连接入手，详细介绍了桁架机器人控制系统电源连接、伺服连接及设定、I/O 模块连接及设定等内容；第 4 章重点介绍了桁架机器人控制常用 PMC 编程指令的格式和编程举例，涵盖了基本指令、定时器指令、计数器指令、数据传送指令、比较指令、位操作指令、代码转换指令、运算指令、程序控制指令、信息显示指令、外部数据输入指令、CNC 窗口指令、位置信号指令等，以及 PMC 参数的设定与操作；第 5 章根据 PMC 编程指令和 CNC 接口信号，结合数控宏程序，从桁架机器人运行准备、方式选择、手动进给、M 功能、半自动运行、全自动运行等方面，通过具体工程案例，详实介绍了桁架机器人电气控制设计方法和技巧。附录中分别按功能顺序和地址顺序列出了 0i-F 系统接口信号，以及它们在 FANUC 0i-F 系统功能连接手册中的章节号，以方便读者索引。

由于作者水平有限，书中难免有不少不足和疏漏，恳请广大读者批评指正。

作　者

目录

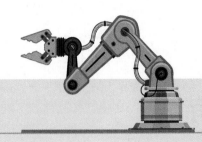

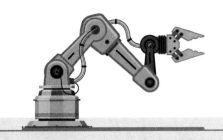

第 1 章

工业机器人电气控制设计概论

按照国际标准化组织（ISO）的定义，工业机器人是一种可重复编程的多功能可操作自动控制设备，具有多个既可以固定又可以移动的轴，用于工业自动化应用。

当前，工业机器人已经成为推进实施智能制造的重要抓手。工业机器人的推广应用，可以提升工业制造自动化和智能化水平，降低人力成本上升和人口红利减少的影响，从而提高效率和质量，降低生产成本。

1.1　工业机器人的分类

工业机器人可根据用途或结构形式进行分类。

按用途不同，工业机器人可以分为：

① 焊接机器人：点焊机器人、弧焊机器人等。

② 搬运机器人：码垛机器人、分拣机器人、冲压机器人、锻造机器人、移动小车（AGV）等。

③ 装配机器人：包装机器人、拆卸机器人等。

④ 处理机器人：切割机器人、研磨机器人、抛光机器人、滚边机器人等。

⑤ 喷涂机器人：涂胶机器人、喷漆机器人等。

按照结构形式，工业机器人可以分为串联机器人和并联机器人两大类。

① 串联机器人，如图 1-1 所示，是开式运动链，由一系列连杆通过转动关节或移动关节串联而成。关节由驱动器驱动，关节的相对运动导致连杆的运动，使手爪到达一定的位姿。

② 并联机器人，如图 1-2 所示，可以定义为动平台和定平台，通过至少两个独立的运动链相连接，机构具有两个或两个以上自由度，且以并联方式驱动的一种闭环机器人。

1.1.1　串联机器人

串联机器人的机构运动特征是用其坐标特性来描述的，又可分为柱坐标机器人、球坐标

图 1-1　串联机器人　　　　　　　　　　　　　　图 1-2　并联机器人

机器人、笛卡儿坐标机器人、多关节机器人等。

1. 柱坐标机器人

当水平臂或杆架安装在一垂直柱上，而该柱又安装在一个旋转基座上，这种结构可称为柱坐标机器人，如图 1-3 所示。其运动特点如下：

① 手臂可伸缩（沿 r 方向）；

② 滑动架（或托板）可沿柱上下移动（Z 轴方向）；

③ 水平臂和滑动架组合件可作为基座上的一个整体而旋转（绕 Z 轴）。

2. 球坐标机器人

球坐标机器人的空间位置分别由旋转、摆动和平移 3 个自由度确定。由于机械和驱动连线的限制，机器人的工作包络范围是球体的一部分，如图 1-4 所示。其工作特点如下：

① 手臂可伸出缩回范围 R，类似于可伸缩的望远镜套筒；

② 在垂直面内绕 β 轴旋转；

③ 在基座水平内转动角度为 θ。

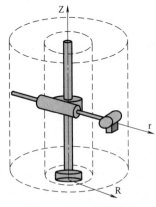

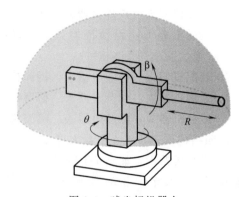

图 1-3　柱坐标机器人　　　　　　　　　　　　图 1-4　球坐标机器人

3. 笛卡儿坐标机器人

笛卡儿坐标机器人也称为直角坐标机器人，这是一种最简单的结构，其机械手的连杆按线性方式移动。这种机器人的机械构件受到约束，只在平行于笛卡儿坐标轴 X、Y、Z 的方向上移动。按其结构样式可分为两类：悬臂笛卡儿式和门形笛卡儿式。

悬臂笛卡儿式机器人如图 1-5 所示。

门形笛卡儿式机器人如图 1-6 所示，也称为桁架机器人，一般在需要精确移动及负载较大的场合使用。

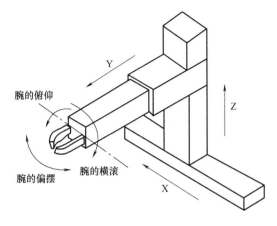

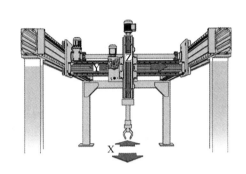

图 1-5　悬臂笛卡儿式机器人　　　　　　　图 1-6　门形笛卡儿式机器人

4．多关节机器人

多关节机器人由多个旋转和摆动机构组合而成。这类机器人结构紧凑、工作空间大、动作最接近人的动作，对涂装、装配、焊接等多种作业都有良好的适应性，应用范围广。依据其动作空间的形状可分为三种：纯球状、平行四边形球状、圆柱状。

1）纯球状

这类结构的机器人的工作包络范围大体上是球状的，如图 1-7 所示。优点：机械臂可以够得着机器人基座附近的地方，并越过其工作范围内的人和障碍物。

2）平行四边形球状

平行四边形球状关节机器人如图 1-8 所示。优点：允许关节驱动器位置靠近机器人的基座或装在机器人的基座上；这种结构的机器人刚度比其他大多数机械手大。缺点：平行四边形结构的机器人与相应的球状关节坐标机器人相比，工作范围受到较大限制。

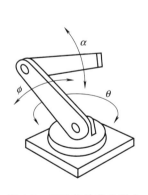

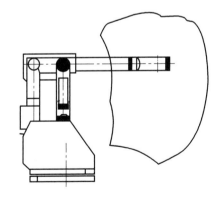

图 1-7　纯球状关节机器人　　　　　　　图 1-8　平行四边形球状关节机器人

3）圆柱状

圆柱状关节机器人如图 1-9 所示。优点：机器人精密且快速。缺点：一般垂直作业范围有限（Z 方向）。

1.1.2　并联机器人

并联机器人尽管在工作空间和灵活性方面受到一定的限制，但其机构刚度大、运动惯性小、精度高等优点非常突出，与串联机器人能够在结构上和性能上形成互补关系，可完成串联机器人难以完成的任务，从而扩大了机器人的应用范围。

按照并联机构的自由度分类，并联机器人可分为两自由度并联机器人、三自由度并联机器人、四自由度并联机器人、五自由度并联机器人、六自由度并联机器人等。其中三自由度的并联机器人有着更加广泛的工业用途，Delta 并联机器人最具代表性。

Delta 并联机器人的原理是由 3 组连杆机构和摆动控制臂连接固定平台（上平台）和动平台（下平台），如图 1-10 所示。摆动控制臂的一端固定在上平台，在电机驱动下做一定角度的反复摆动，另一端通过球铰链与连杆机构连接，连杆机构再通过球铰链与动平台连接，实现下平台 3 个坐标方向的移动。

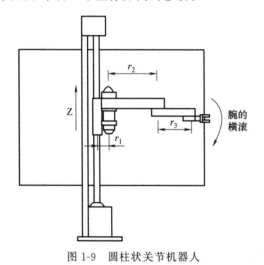

图 1-9　圆柱状关节机器人

图 1-10　Delta 并联机器人

1.2　桁架机器人典型控制系统

在数控机床上下料的应用中，桁架机器人在应用布局、人机管理、效率、成本等方面均占据了优势。

目前国内外解决桁架机器人控制系统的解决方案主要有基于 PLC（可编程逻辑控制器）控制的方案、基于运动控制卡的方案、基于桁架机器人控制器的方案、基于数控系统的方案等。

1.2.1　基于 PLC 控制的解决方案

以某数控机床自动上下料桁架机器人为例，该机器人是一种融合柔性关节和气动手爪的二轴自动上下料桁架机器人，其控制系统包括桁架机器人 X、Z 轴伺服控制，柔性关节超声电机控制，气动手爪控制，数控机床与机器人通信方式控制。该系统主控制器采用西门子 S7-300 和威纶通触摸屏，主要完成桁架机器人本体 X 轴和 Z 轴的运动控制、气缸电磁阀控制、与数控车床的通信控制、显示、报警、运动限位控制等功能。桁架机器人末端机械手动作包括定位、半旋转（抬起）、抓取。定位和半旋转（抬起）采用压缩空气控制；由于抓取的物料较小，所设计的两指手爪采用超声电机实现上下料柔性化。该系统利用直接 I/O 口实现机器人与数控机床的通信，完成数控机床自动上下料。控制系统解决方案如图 1-11 所示。

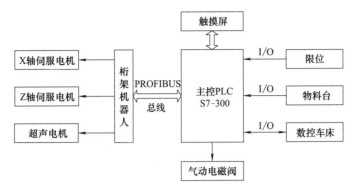

图 1-11　数控机床自动上下料桁架机器人控制系统

1.2.2　基于运动控制卡的解决方案

某桁架机器人系统用于自动线中的车床自动上下料，如图 1-12 所示。在系统设计时将上料机、翻转机、下料机和机床之间的动作逻辑顺序和其工序组合进行组合化和模块化，并嵌入机器人控制系统中，从而实现机床加工自动线的可调节性和方便性。

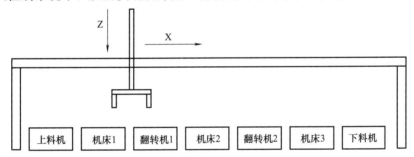

图 1-12　桁架机器人系统用于自动线中的车床自动上下料

该桁架机器人控制系统为一种基于深圳某数控公司生产的 HN-MC02-A 运动控制卡的桁架机器人控制系统，如图 1-13 所示。该系统的特点在于将 ARM 处理器与 Windows CE 操作系统结合起来，提出了基于 ARM 和 Windows CE 的嵌入式开放机器人控制系统的原型，上位机采用 Windows CE 嵌入式系统进行系统管理等弱实时任务的调度，下位机采用运动控制卡调度以运动控制为主的强实时控制任务。

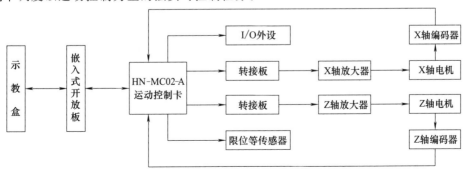

图 1-13　基于运动控制卡的桁架机器人控制系统

控制系统上位机负责整个机器人控制系统的运行，包括人机交互、I/O信号的处理、数据记录和存取以及发出控制命令给运动控制卡等功能。下位机运动控制器负责实现机器人的运动学计算、脉冲指令的发送、反馈信息的处理和安全保护等功能。驱动放大器完成控制器指令的精确实现和速度、位置等的补偿。示教盒是实现人机交互的主要渠道，完成操作者与系统之间的信息交互。

1.2.3 基于桁架机器人控制器的解决方案

本小节以北京凯恩帝数控技术有限责任公司的KND桁架控制系统为例，说明基于桁架机器人控制器的解决方案。该桁架控制系统包含两个部分：KPC200控制器和KPT200示教器。它具有点位示教、程序设计、料盘管理、生产管理等功能，全中文编程和操作界面，使用户自动化生产管理更加安全、可靠、灵活。

该产品特点：

① 基于操作系统的双通道控制器，每个通道最多支持四个轴。

② 中文导教编程，无需记忆专用代码。

③ 支持手动、手轮示教轨迹，程序模拟和轨迹再现。

④ 支持并行控制，每通道最多可同时运行8个并行控制程序。

⑤ 支持自定义辅助动作，可加入快捷菜单，操作便捷。

⑥ 支持料盘管理，可自动生成料盘程序。

⑦ 可设置立体限位区域，确保桁架在安全区域内运动。

⑧ 可设定操作权限，针对操作者使用水平设定功能权限。

⑨ 内置式开放PLC，可辅助设定I/O逻辑。

⑩ 支持KND伺服总线（KSSB)/MechatrolinkⅡ/EtherCAT等伺服总线。

KPC200控制器如图1-14所示，是控制系统的调度指挥机构，用于接受传感器信号，依据控制程序产生指令信号，控制桁架机器人各轴按照要求的轨迹、速度和加速度达到空间指定的位置，并控制执行部件如夹爪、气缸等完成指定的动作。扩展槽可用于拓展不同功能

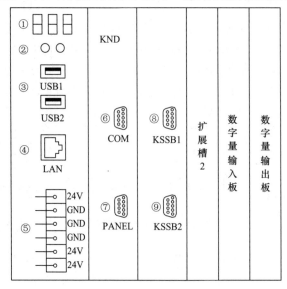

① LED显示区和SD卡槽
② 操作按键
③ USB接口
④ 以太网接口
⑤ 电源接口
⑥ RS-232/RS-485/CAN接口
⑦ 示教器接口
⑧ 通道1伺服总线接口
⑨ 通道2伺服总线接口

图1-14 KPC200桁架机器人控制器

的板卡。可根据需要选择拓展数字量输入输出板（UDI24，UDO24）、模拟量输入输出板（AIO12）、编码器板（EM204）、总线 I/O 拓展板等。

KPC200 控制器使用 KND 机器人编程语言 KRL（KND robot language），用于编制桁架运行控制程序（job 文件）。KRL 具有以下特点：

① 包含关节/直线/圆弧插补。

② 非运动指令可与运动指令并行执行，有时间/距离等多种同步方式。

③ 子程序调用 CALL/返回 RET/流程跳转 JUMP。

④ 支持项目变量命名/自定义局部变量。

⑤ 支持数字变量自动类型（32 位整数/64 位整数/双精度浮点）。

⑥ 支持字串变量/位置变量。

⑦ 支持复杂表达式/数学函数。

KPT200 示教器如图 1-15 所示，是进行桁架的手动操作、程序编写、参数配置以及监控用的手持装置，它提供友好的人机交互界面

图 1-15 KPT200 桁架机器人示教器

和操作方式，用户可通过示教器读取控制器信息、输入控制器指令，从而控制桁架运动。

1.2.4 基于数控系统的解决方案

某车轮公司投资建设了两条全自动车轮检测线，长度 60m，共有 18 个工位，4 台机器人共用整个桁架，每个机器人负责一段，通过防撞保护以确保安全。每个机器人有 5 个轴，分别负责水平运动（X）、上下运动（Z）、夹紧放松（V）及翻转（A1，A2）。通过控制桁架机器人的轴运动以及桁架机器人之间的配合来搬运车轮检测线各工序之间的待检测车轮，根据生产设备的实际状态，在线优化各机器人的搬运路径。系统核对并确认各车轮的跟踪信息，读取各检测设备状态，生成检测信息上报至二级服务器，使车轮检测线在无人干预的情况下高效率、满负荷自动运转，缩短生产周期，降低生产成本，提高经济效益。

每台桁架机器人配备一套 SINUMERIK 840D sl 数控系统作控制器。轴驱动采用 SINAMICS S120，每台桁架机器人配备三个单轴驱动模块和一个双轴驱动模块，机械手的水平运动、上下运动、夹紧放松运动由单轴模块驱动，机械手的翻转运动由双轴模块驱动。整个桁架逻辑控制采用 SIMATIC S7-400 控制，将数控系统与驱动控制器、自动化系统集成为一体，构成一套完整的桁架机械手控制系统解决方案，具体硬件配置和网络拓扑见图 1-16。

在该桁架机器人控制系统中，SIMATIC S7-400 担任着中央处理器的作用，具体功能如下：

① 车轮搬运任务的下发。

② 与检测设备的信号交互。

③ 检测工位的坐标计算。

④ 跟踪信息的处理和上报。

⑤ 与桁架机器人的启停控制和数据通信（包括轴坐标、传感器信号、机械手状态等数

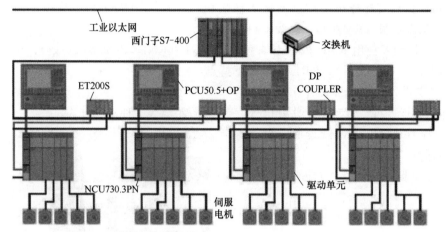

图 1-16 基于 840D sl 的桁架机器人控制系统

据信息）。

⑥ 上料位的解垛和下料位的堆垛控制。

1.3 桁架机器人 FANUC 数控系统解决方案

1.3.1 双通道系统解决方案

双通道系统解决方案如图 1-17 所示，"1＋1"或"1＋2"配置高端应用推荐使用。

1. 方案说明

① 通道 1 控制机床，通道 2 控制桁架机器人。

②"1＋1"机床桁架机器人采用同一套 CNC（计算机数控），无需通信；"1＋2""1＋N"采用 I/O 通信；"1＋N"指的是 1 台桁架机器人＋N 台机床。

③ 双通道功能实现机床和桁架机器人同步。

2. 优点

桁架机器人（通道 2）调试、编程、操作方便，与机床（通道 1）完全无差异。

3. 缺点

① 方案应用范围窄，仅 0i-TD、0i-F（TYPE1）支持，需要硬件支持。

② 成本高。

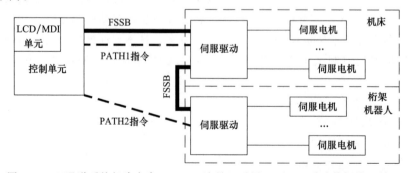

图 1-17 双通道系统解决方案（LCD：液晶显示屏；MDI：手动数据输入单元）

1.3.2　基于 LOADER 轴的解决方案

基于 LOADER 轴的解决方案如图 1-18 所示，"1＋1" 或 "1＋2" 配置推荐使用。

1. 方案说明

① 通道 1 控制机床，LC 通道控制桁架机器人。

② "1＋1"，机床与桁架机器人采用同一套 CNC，无需通信；"1＋2" "1＋N" 采用 I/O 通信。

③ "1＋1"，等待 M 代码实现机床和桁架机器人同步。

2. 优点

① 桁架机器人（LC 通道）调试、编程、操作方便，与机床（通道 1）无差异。

② 方案应用范围较广，支持 0i-mate-TD、0i-TD、0i-F（TYPE 1、TYPE 3、TYPE 5）。

③ 较双通道方案成本低。

3. 缺点

占用系统轴数，桁架（LC 通道）单通道最大轴数为 3 轴。

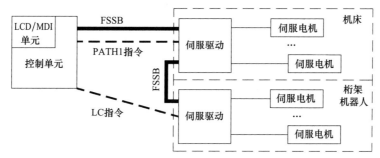

图 1-18　基于 LOADER 轴的解决方案

1.3.3　基于 PMC 轴的解决方案

基于 PMC（可编程机床控制器）轴的解决方案如图 1-19 所示，成本需严格控制时推荐使用。

1. 方案说明

① 通道 1 控制机床，PMC 轴控制桁架机器人。

② "1＋1"，机床与桁架机器人采用同一套 CNC，无需通信；"1＋2" "1＋N" 采用 I/O 通信。

③ 宏程序＋PMC 程序配合实现机床和桁架机器人同步。

2. 优点

① 方案应用范围较广，支持 0i-mate-D 选配，0i-D、0i-F 标配。

② 成本较低。

3. 缺点

① 桁架调试、操作、编程复杂。

② 占用系统轴数。

1.3.4　基于 I/O Link 轴的解决方案

基于 I/O Link 轴的解决方案如图 1-20 所示，主要用于老系统改造或轴数不足的机床。

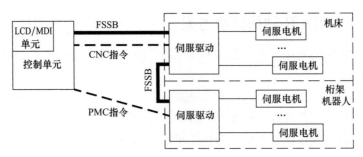

图 1-19　基于 PMC 轴的解决方案

1. 方案说明

① CNC 轴控制机床，I/O Link 轴控制桁架机器人。

②"1＋1"机床与桁架机器人采用同一套 CNC，无需通信；"1＋2""1＋N"采用 I/O 通信。

③ 宏程序＋PMC 程序配合实现机床和桁架机器人同步。

2. 优点

方案应用范围广，0i 系统标配。

3. 缺点

① 桁架机器人调试、操作、编程复杂。

② 占用 I/O 点位，每轴 128 点。

③ I/O Link 驱动器成本较高。

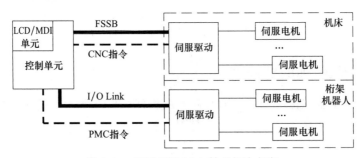

图 1-20　基于 I/O Link 轴的解决方案

1.3.5　独立 CNC 解决方案

独立 CNC 解决方案如图 1-21 所示，"1＋N"配置推荐使用。

1. 方案说明

① 独立 FANUC CNC 系统控制桁架机器人。

② 系统间通过 I/O 点对点通信。

③ 宏程序＋PMC 程序配合实现机床和桁架机器人同步。

2. 优点

① 桁架机器人（CNC 2）调试、编程、操作方便，与机床（CNC 1）完全无差异。

② 适用范围广，新机和改造，"1＋1""1＋2""1＋N"均能实现。

3. 缺点

成本高。

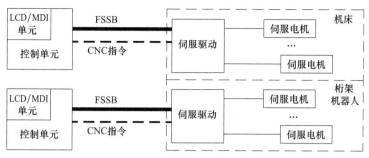

图 1-21　独立 CNC 解决方案

1.4　某商用车发动机缸体线桁架机器人基本概况

某商用车发动机缸体线桁架机器人，如图 1-22 所示，共有 10 个工位，机器人拥有 2 个手爪，5 个坐标轴，分别负责水平运动（X）、手爪 1 上下运动（Z1）、手爪 1 翻转运动（A1）、手爪 2 上下运动（Z2）、手爪 2 翻转运动（A2）。

该发动机缸体线拥有 3 个工序、6 个加工工位，其中 OP140A 与 OP140B 为并行工序，OP150A 与 OP150B 为并行工序，OP160A 与 OP160B 为并行工序。♯1 抽检台可以呼叫 OP140A 或 OP140B 机床，为其做抽检或缓存；♯2 抽检台可以呼叫 OP150A 或 OP150B 机床，为其做抽检或缓存。

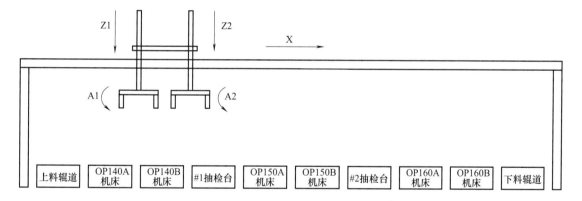

图 1-22　商用车发动机缸体线桁架机器人

双手爪桁架机器人在各个机床工位均为先取料后放料，Z1 手爪与 Z2 手爪分工规划如下：

① 上料辊道：Z1 手爪取料。

② OP140A/OP140B 机床：Z2 手爪取料，Z1 手爪放料。

③ ♯1 抽检台：Z2 手爪取料与放料。

④ OP150A/OP150B 机床：Z1 手爪取料，Z2 手爪放料。

⑤ ♯2 抽检台：Z1 手爪取料与放料。

⑥ OP160A/OP160B 机床：Z2 手爪取料，Z1 手爪放料。

⑦ 下料辊道：Z2 手爪放料。

　　该桁架机器人将针对 6 台加工中心进行缸体自动上下料，即配置为 1 台桁架机器人＋6 台机床，因此推荐桁架机器人采用独立 CNC 的解决方案。桁架机器人与各个机床之间采用 I/O 信号点对点通信，如图 1-23 所示。

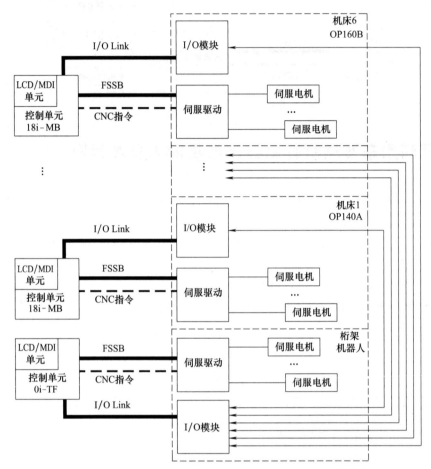

图 1-23　商用车发动机缸体线桁架机器人控制系统解决方案

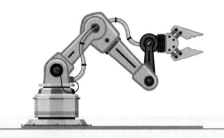

第 2 章

数控桁架机器人控制系统的硬件设备与选型

桁架机器人控制用数控系统硬件组成主要包括 4 部分：数控装置、伺服驱动、I/O 装置和手持操作单元。

数控装置一般有两种规格，一种是控制显示一体化装置，另一种是控制显示分离型装置。

坐标轴进给伺服电机采用永磁交流同步伺服电机，主要有高加速型 αiS-B 系列、中惯量型 αiF-B 系列、高性价比型 βiS-B 系列、超高性价比型 βiSc-B 系列、经济中惯量型 βiF-B 系列。

I/O 装置分两类：不带底板和带底板。不带底板的 I/O 装置主要有分线盘 I/O 模块、操作面板用 I/O 模块、电柜用 I/O 模块、电柜用 I/O 单元等；带底板的 I/O 装置主要有 I/O Model-A 等。

手持操作单元包括 HMOP 和 iPendant 等。

2.1 CNC 的总体结构

一般 CNC 装置的内部功能结构如图 2-1 所示。

CNC 控制软件由系统厂家制作，于控制器出厂前装入 CNC。装备制造厂家和最终用户都不能修改 CNC 控制软件。系统上电时，BOOT 系统把这些控制软件送到 DRAM（动态随机存储器）。CNC 提供各种系统参数，由直接用户或间接用户去设定，这是考虑到其通用性，以便能在各种装备上使用。如进给轴名称、进给速度等，在不同的装备上设定值是不同的。CNC 用户应用程序一般用"G 代码"语言描述。CNC 根据 PMC 发出的控制信号读取存放在 SRAM（静态随机存储器）中的 G 代码程序进行运转。其运转过程为：首先读取 G 代码程序，并经插补处理后把移动指令送给数字伺服软件；数字伺服有自己的 CPU，它控制坐标轴的位置、速度和电机的电流，由该数字伺服 CPU 运算的结果通过 FSSB 的串行通信总线送到伺服放大器，通常 1 个 CPU 控制 2 个轴；伺服放大器对伺服电机供电，驱动电

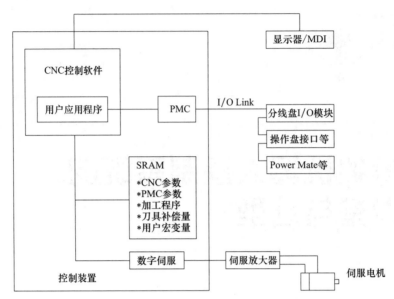

图 2-1　CNC 装置的内部功能结构

机回转；驱动电机的轴上装有脉冲编码器，用以检测电机的移动量和转子角度。该脉冲编码器分两种：绝对脉冲编码器和增量脉冲编码器。对于绝对脉冲编码器，一旦设定参考点后，接上电源即可知道各坐标轴的位置，所以能立即进行运转；而对于增量脉冲编码器，每次接通电源，都要进行回参考点操作。

PMC（programmable machine controller）是安装在 CNC 内部的可编程控制器。PMC的输入输出信号分两大类：CNC 侧 I/O 信号和机器侧 I/O 信号。CNC 侧 I/O 信号属内部信号，G 地址信号为 PMC 至 CNC 的输出信号，F 地址信号为 CNC 至 PMC 的输入信号。设

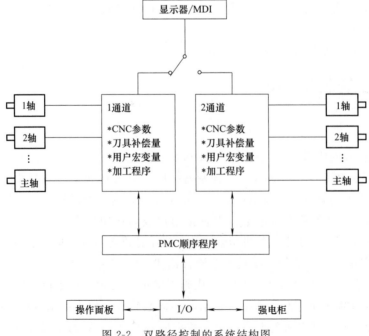

图 2-2　双路径控制的系统结构图

备侧 I/O 信号通过 I/O Link 串行总线连到 PMC。PMC 顺序程序一般由数控系统直接用户（如装备制造厂家）设计制作。另外，在 PMC 上使用的计时器和计数器等统称为 PMC 参数，也保存在 SRAM 中。SRAM 采用后备电池，在系统断电后，其内部数据能保持。在 SRAM 中存储的各种数据包括 CNC 参数、PMC 参数、加工程序、刀具补偿量、用户宏变量等，可以使用 RS-232C 接口、存储卡、USB 或以太网进行输入输出。

在 FANUC 数控系统，还可以使用多路径控制，一个典型的双路径控制的系统结构图如图 2-2 所示。

2.2 FANUC-0i-F 系列数控装置

FANUC-0i-F 系统 1 路径总控制轴数为 9 轴，2 路径总控制轴数为 11 轴，最多同时控制轴数为 4 轴。其主要特点有：支持更大显示器、程序互拷更加方便、TYPE 1 规格的 M 系列支持双路径控制、AICC Ⅱ 和 Manual Guide i 扩展到 TYPE 3、程序段处理时间最快支持 1ms 等。TYPE1～3 的具体差别见表 2-1。

表 2-1 0i-F 系统特点

机型	TYPE1	TYPE2	TYPE3
显示器/in❶	15/10.4/8.4	10.4/8.4	10.4/8.4
程序拷贝（USB、内置以太网到 CF 卡）	标配	标配	标配
双路径控制	可选	无	无
Manuel Guide i	可选	可选	无
AICC Ⅱ	可选	可选	无
程序段处理时间 1ms	可选	无	无
高速高精包	可选	可选	无

2.2.1 FANUC-0i-F 系列数控装置硬件组成

1. 基本单元

0i-F TYPE1 基本单元有 2 种规格，0i-F TYPE2 和 TYPE3 只有 1 种规格。基本单元具体规格见表 2-2。

表 2-2 0i-F 基本单元规格

机型	名称	规格
TYPE1	基本单元（无插槽）	A02B-0338-B500
	基本单元（2 插槽）	A02B-0338-B502
TYPE3	基本单元（无插槽）	A02B-0338-B520
TYPE5	基本单元（无插槽）	A02B-0338-B520

2. 显示器

显示器全部配备 LCD（液晶显示屏），尺寸主要有 8.4in、10.4in 和 15in。TYPE1 可以配置 8.4in、10.4in 和 15in 显示器；TYPE3 和 TYPE5 只可以配置 8.4in 显示器。显示器规格见表 2-3。

3. MDI 单元

与 10.4in LCD 配合使用的独立 MDI 单元，仅适用于 0i-F TYPE1。MDI 单元规格见表 2-4。

---

❶ 1in＝25.4mm。

表 2-3　显示器规格

机型	名称	规格	备注
0i-F TYPE1 0i-F TYPE3 0i-F TYPE5	8.4in 横置 LCD/MDI 单元	A02B-0338-H144	包含 M 型和 T 型
	8.4in 纵置 LCD/MDI 单元	A02B-0338-H145	包含 M 型和 T 型
	8.4in 横置 LCD/MDI 单元带触摸屏	A02B-0338-H148	包含 M 型和 T 型
	8.4in 纵置 LCD/MDI 单元带触摸屏	A02B-0338-H149	包含 M 型和 T 型
0i-F TYPE1	10.4in LCD 带纵置/横置软键	A02B-0338-H140	
	10.4in LCD 带横置软键	A02B-0338-H141	
	10.4in LCD 带触摸屏＋纵置/横置软键	A02B-0338-H142	
	15in LCD	A02B-0338-H355	
	15in LCD 带触摸屏	A02B-0338-H358	

表 2-4　MDI 单元规格

机型	名称	规格	备注
0i-F TYPE1	MDI 单元（10.4in LCD 单元用）	A02B-0323-C125♯T	T 型横置，$H220\mathrm{mm}\times W230\mathrm{mm}$
		A02B-0323-C125♯M	M 型横置，$H220\mathrm{mm}\times W230\mathrm{mm}$
		A02B-0323-C126♯T	T 型纵置，$H220\mathrm{mm}\times W290\mathrm{mm}$
		A02B-0323-C126♯M	M 型纵置，$H220\mathrm{mm}\times W290\mathrm{mm}$
		A02B-0323-C120♯T	T 型横置，$H200\mathrm{mm}\times W140\mathrm{mm}$
		A02B-0323-C120♯M	M 型横置，$H200\mathrm{mm}\times W140\mathrm{mm}$

注：H，高；W，宽。

4. 主板

主板上集成了主 CPU 及外围电路、数字主轴电路、模拟主轴电路、I/O Link、RS-232C 接口电路、MDI 接口电路、闪存卡接口电路、轴控制电路、电源等。主板规格见表 2-5。

表 2-5　主板规格

机型	名称	规格
0i-F TYPE1	主板	A02B-0338-H101
0i-F TYPE3	主板	A02B-0338-H106
0i-F TYPE5	主板（模拟）	A02B-0338-H107
	主板（串行）	A02B-0338-H108

5. 存储器卡

存储器卡上的存储器包括 FLASH ROM（FROM）、SRAM、DRAM。存储器卡规格见表 2-6。

① FLASH ROM 存放系统软件和应用软件，主要包括插补控制软件、数字伺服软件、PMC 控制软件、PMC 应用软件、网络通信控制软件、图形显示软件、加工程序等。

② SRAM 存放机器制造商及用户数据，主要包括系统参数、用户宏程序、PMC 参数、刀具补偿数据、工件坐标系数据、螺距误差补偿数据等。系统停电后，SRAM 数据由电池提供电源保持。

③ DRAM 作为工作存储器，在控制系统中起缓存作用。

表 2-6　存储器卡规格

机型	规格	备注
0i-F TYPE1 0i-F TYPE3 0i-F TYPE5	A02B-0338-H056	FROM 128MB/SRAM 1MB
0i-F TYPE1	A02B-0338-H057	FROM 128MB/SRAM 2MB

2.2.2 FANUC-0i-F 数控装置软件功能选项

FANUC-0i-F 数控装置除基本软件包外，还提供许多软件选择功能供用户自由选择。主要涉及控制轴扩展、PMC 功能、现场总线等功能选项。

1. 控制轴扩展：A02B-0339-R689

单路径大于 4 轴，双路径大于 8 轴，需要选配该控制轴扩展功能。

2. 控制轴数量

① 控制轴数量 1～10：A02B-0338-J398♯n，其中 $n=1～10$。

② 控制轴数量 11～12：A02B-0338-J397♯n，其中 $n=11～12$。

3. PMC 功能选项

① 梯形图最大 32000 步：A02B-0339-H990♯32K。

② 梯形图最大 64000 步：A02B-0339-H990♯64K。

③ 梯形图最大 100000 步：A02B-0339-H990♯100K。

④ 多路径 PMC 功能（3 路径）：A02B-0339-R855♯3。

⑤ 多语言 PMC 信息 512KB：A02B-0339-R856♯512K。

⑥ 多语言 PMC 信息 1MB：A02B-0339-R856♯1M。

⑦ 步进指令：A02B-0339-S982。

4. 触摸屏与 PICTURE 功能选项

① 触摸屏控制：A02B-0339-J682。

② PICTURE 功能：A02B-0339-S879。

③ 非触摸屏 PICTURE 功能：A02B-0339-S944。

④ 外部触摸屏接口：A02B-0339-J685。

⑤ PICTURE 执行器：A02B-0339-R644。

5. PROFIBUS-DP 总线功能选项

① PROFIBUS-DP 主站板：A02B-0338-J311。

② PROFIBUS-DP 从站板：A02B-0338-J313。

③ PROFIBUS-DP 主站功能：A02B-0339-S731。

④ PROFIBUS-DP 从站功能：A02B-0339-S732。

6. DeviceNet 总线功能选项

① DeviceNet 主站板：A02B-0338-J301。

② DeviceNet 从站板：A02B-0338-J302。

③ DeviceNet 主站功能：A02B-0339-S723。

④ DeviceNet 从站功能：A02B-0339-S724。

7. CC-Link 总线功能选项

① CC-Link 远程设备板：A02B-0338-J320。

② CC-Link 远程设备功能：A02B-0339-R954。

8. 宏执行器功能选项

① 宏程序容量 512KB：A02B-0339-J738♯512K。

② 宏程序容量 2MB：A02B-0339-J738♯2M。

③ 宏程序容量 4MB：A02B-0339-J738♯4M。

④ 宏程序容量 6MB：A02B-0339-J738♯6M。

⑤ 宏程序容量 8MB：A02B-0339-J738♯8M。

⑥ 宏程序容量 12MB：A02B-0339-J738♯12M。

⑦ 宏程序容量 16MB：A02B-0339-J738♯16M。

⑧ 一键宏调用：A02B-0339-S655。

⑨ 扩展 P-Code 变量容量 256KB：A02B-0339-J739♯256K。

⑩ 扩展 P-Code 变量容量 512KB：A02B-0339-J739♯512K。

⑪ 宏执行器：A02B-0339-J888。

⑫ 宏执行器＋C 语言执行器：A02B-0339-J734。

9. 以太网功能选项

① CNC 画面 Web 服务器功能：A02B-0339-R728。

② CNC 状态监控功能：A02B-0339-R975。

③ Modbus/TCP 服务器功能：A02B-0339-R968。

④ 快速以太网板（100BASE-TX）：A02B-0338-J147。当使用 Ethernet、数据服务器、Ethernet/IP、PROFINET、FL-net 等功能时，需要指定快速以太网板。

⑤ Ethernet 功能：A02B-0339-S707。当使用 Ladder 编辑包、CNC 画面显示、FO-CAS2/Ethernet 库应用程序等场合，指定该 Ethernet 功能。

⑥ Ethernet/IP 扫描器功能：A02B-0339-R966。

⑦ Ethernet/IP 适配器功能：A02B-0339-R967。

⑧ PROFINET I/O 控制器功能：A02B-0339-R971。

⑨ PROFINET I/O 设备功能：A02B-0339-R972。

2.3 交流伺服电机

FANUC 交流伺服电机 αi-B/βi-B 系列的特点如表 2-7 所示。

表 2-7 αi-B/βi-B 系列交流伺服电机特点

系列	电压	堵转转矩	特点
αiS-B	200V	2～500N·m	高加速型号
	400V	2～3000N·m	
αiF-B	200V	1～53N·m	中惯量型号
	400V	4～53N·m	
βiS-B	200V	0.16～36N·m	小容量放大器驱动的高性价比型号
	400V	0.65～36N·m	
βiSc-B	200V	2～20N·m	低价的高性价比型号
	400V	2～11N·m	
βiF-B	200V	3.5～27N·m	经济型中惯量型号

图 2-3 给出了三种 12N·m 伺服电机 αiF12/4000-B、αiS12/4000-B 和 βiS12/3000-B 的特性曲线对比，从中可以大致看出这三种电机的特性差异。

2.3.1 永磁交流同步伺服电机 αi 系列

αi 系列交流伺服电机按使用的磁性材料不同分为采用铁氧体的 αiF 系列和稀土金属的

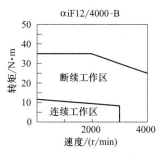
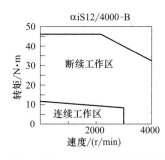
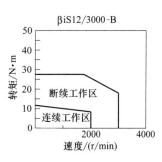

图 2-3　三种 12N·m 伺服电机的特性曲线对比

αiS 系列两种；按其驱动电压的高低，可以分为 200V 和 400V 两大类。

1. αiF-B 交流伺服电机

αiF-B 系列交流伺服电机是最常用的中惯量电机，规格见表 2-8。200V 系列输出额定功率 0.5～9kW，堵转转矩 1～53N·m；400V 系列输出额定功率 1.4～9kW，堵转转矩 4～53N·m。

表 2-8　αiF-B 的交流伺服电机

电机型号	额定功率/kW	额定电流/A	堵转转矩/N·m	最大转矩/N·m	额定转速/(r/min)	最高转速/(r/min)	转子惯量/kg·m²	放大器最大/额定电流/(A/A)
αiF1/5000-B	0.5	2.7	1	5.3	5000	5000	0.00031	20/6.5
αiF2/5000-B	0.75	3.5	2	8.3	4000	5000	0.00053	20/6.5
αiF4/5000-B	1.4	7.7	4	15	4000	5000	0.00135	40/13
αiF8/3000-B	1.6	8.4	8	29	3000	3000	0.0026	40/13
αiF8/4000-B	2.2	13.5	8	32	4000	4000	0.00257	80/22.5
αiF12/4000-B	3	18.1	12	35	3000	4000	0.0062	80/22.5
αiF22/3000-B	4	18.4	22	64	3000	3000	0.012	80/22.5
αiF22/4000-B	4	31.6	22	77	3000	4000	0.012	160/45
αiF30/4000-B	7	39.0	30	83	3000	4000	0.017	160/45
αiF40/3000-B	6	32.3	38	130	2000	3000	0.022	160/45
αiF40/3000FAN-B	9	45.0	53	130	2000	3000	0.022	160/45
αiF4/5000HV-B	1.4	4.1	4	14	4000	5000	0.00135	20/6.5
αiF8/3000HV-B	1.6	4.2	8	29	3000	3000	0.0026	20/6.5
αiF8/4000HV-B	2.2	6.7	8	32	4000	4000	0.00257	40/11.5
αiF12/4000HV-B	3	9.0	12	35	3000	4000	0.0062	40/11.5
αiF22/3000HV-B	4	9.1	22	64	3000	3000	0.012	40/11.5
αiF22/4000HV-B	4	15.8	22	77	3000	4000	0.012	80/22.5
αiF30/4000HV-B	5	19.5	30	83	3000	4000	0.017	80/22.5
αiF40/4000HV-B	6	16.2	38	130	2000	3000	0.022	80/22.5
αiF40/4000HV FAN-B	9	22.5	53	130	2000	3000	0.022	80/22.5

αiF-B 系列交流伺服电机订货号：A06B-22××-B×××。具体说明见图 2-4。

```
A06B-22××-B×××
            └─ 0:αiA4000    2:αiA32000    8:αiA4000BL
          └─ 0:标准    1:带风扇    2:带大转矩小齿隙抱闸    3:带风扇,带大转矩小齿隙抱闸
        └─ 0:锥轴    1:直轴    2:直轴带键    3:锥轴带24V DC抱闸    4:直轴带24V DC抱闸
            5:直轴带键带24V DC抱闸
      └─ 02:αiF1/5000-B      05:αiF2/5000-B      23:αiF4/5000-B        27:αiF8/3000-B
          28:αiF8/4000-B     43:αiF12/4000-B     47:αiF22/3000-B       48:αiF22/4000-B
          53:αiF30/4000-B    57:αiF40/3000-B     25:αiF4/5000HV-B      29:αiF8/3000HV-B
          20:αiF8/4000HV-B   45:αiF12/4000HV-B   49:αiF22/3000HV-B     40:αiF22/4000HV-B
          55:αiF30/4000HV-B  59:αiF40/3000HV-B
```

图 2-4　αiF-B 交流伺服电机订货号

2. αiS-B 交流伺服电机

αiS-B 系列交流伺服电机是一种小惯量电机，其加速性能优越，具体规格见表 2-9。
200V 系列输出额定功率 0.75～60kW，堵转转矩 2～500N·m；400V 系列输出额定功率
0.75～250kW，堵转转矩 2～3000N·m。

表 2-9　αiS-B 交流伺服电机

电机型号	额定功率 /kW	堵转电流 /A	额定转矩 /N·m	最大转矩 /N·m	额定转速 /(r/min)	最高转速 /(r/min)	转子惯量 /kg·m²	放大器最大/ 额定电流 /(A/A)
αiS2/5000-B	0.75	3.3	2	7.8	4000	5000	0.00029	20/6.5
αiS2/6000-B	1	4.0	2	6.0	6000	6000	0.00029	20/6.5
αiS4/5000-B	1	6.1	4	8.8	4000	5000	0.000515	20/6.5
αiS4/6000-B	1	5.6	3	7.5	6000	6000	0.000515	20/6.5
αiS8/4000-B	2.5	11.1	8	32	4000	4000	0.00117	80/22.5
αiS8/6000-B	2.2	17.9	8	22	6000	6000	0.00117	80/22.5
αiS12/4000-B	2.7	13.4	12	46	3000	4000	0.00228	80/22.5
αiS12/6000-B	2.2	20.4	11	52	4000	6000	0.00228	160/45
αiS22/4000-B	4.5	27.9	22	76	3000	4000	0.00527	160/45
αiS22/6000-B	4.5	34.1	18	54	6000	6000	0.00527	160/45
αiS30/4000-B	5.5	31.7	30	100	3000	4000	0.00759	160/45
αiS40/4000-B	5.5	36.2	40	115	3000	4000	0.0099	160/45
αiS50/2000-B	4	32	53	170	2000	2000	0.0145	160/45
αiS50/3000-B	5	53	53	215	2000	3000	0.0145	360/130
αiS60/2000-B	5	34.3	65	200	1500	2000	0.0195	160/45
αiS60/3000-B	5	52	65	285	2000	3000	0.0195	360/130
αiS50/3000FAN-B	14	79	75	215	3000	3000	0.0145	360/130
αiS60/3000FAN-B	14	75	95	285	2000	3000	0.0195	360/130
αiS150/3000-B	26	103	160	375	3000	3000	0.0425	360/130
αiS300/2000-B	52	193	300	750	2000	2000	0.0787	360/130×2
αiS500/2000-B	60	230	500	1050	2000	2000	0.127	360/130×2
αiS2/5000HV-B	0.75	1.6	2	7.8	4000	5000	0.00029	10/3.2
αiS2/6000HV-B	1	2	2	6	6000	6000	0.00029	10/3.2
αiS4/5000HV-B	1	3	4	8.8	4000	5000	0.000515	10/3.2
αiS4/6000HV-B	1	2.8	3	7.5	6000	6000	0.000515	10/3.2
αiS8/4000HV-B	2.3	5.6	8	32	4000	4000	0.00117	40/11.5
αiS8/6000HV-B	2.2	9	8	22	6000	6000	0.00117	40/11.5
αiS12/4000HV-B	2.5	6.7	12	46	3000	4000	0.00228	40/11.5
αiS12/6000HV-B	2.2	10.2	11	52	4000	6000	0.00228	80/22.5
α22iS/4000HV-B	4.5	15.5	22	70	3000	4000	0.00527	80/22.5
α22iS/6000HV-B	4.5	17.1	18	54	6000	6000	0.00527	80/22.5
αiS30/4000HV-B	5.5	15.9	30	100	3000	4000	0.00759	80/22.5
αiS40/4000HV-B	5.5	18.1	40	115	3000	4000	0.0099	80/22.5
αiS50/2000HV-B	4	16	53	170	2000	2000	0.0145	80/22.5
αiS50/3000HV-B	5	28	53	215	2000	3000	0.0145	180/65
αiS60/2000HV-B	5	17.2	65	200	1500	2000	0.0195	80/22.5
αiS60/3000HV-B	5	26	65	285	2000	3000	0.0195	180/65
αiS50/3000HVFAN-B	14	40	75	215	3000	3000	0.0145	180/65
αiS60/3000HVFAN-B	14	38	95	285	2000	3000	0.0195	180/65
αiS150/3000HV-B	26	52	160	375	3000	3000	0.0425	180/65
αiS300/2000HV-B	52	96	300	750	2000	2000	0.0787	360/130
αiS300/3000HV-B	55	117	300	850	2500	3000	0.0787	540/160

续表

电机型号	额定功率/kW	堵转电流/A	额定转矩/N·m	最大转矩/N·m	额定转速/(r/min)	最高转速/(r/min)	转子惯量/kg·m²	放大器最大/额定电流/(A/A)
αiS500/2000HV-B	60	115	500	1050	2000	2000	0.127	360/130
αiS500/3000HV-B	60	140	500	1200	2000	3000	0.127	540/160
αiS1000/2000HV-B	125	230	950	1900	2000	2000	0.420	360/130×2
αiS1000/3000HV-B	170	404	1100	2400	2500	3000	0.458	360/130×4
αiS1500/3000HV-B	200	560	1500	3700	2500	3000	0.746	540/160×4
αiS2000/2000HV-B	200	450	2000	3800	1500	2000	1.97	360/130×4
αiS3000/2000HV-B	220	490	3000	5500	1300	2000	3.48	360/130×4

αiS-B 系列交流伺服电机订货号：A06B-2×××-B×××。具体说明见图 2-5。

图 2-5　αiS-B 交流伺服电机订货号

2.3.2　永磁交流同步伺服电机 βi 系列

1. βiS-B 交流伺服电机

200V 系列 βiS-B 交流伺服电机的输出额定功率 0.05～3kW，堵转转矩 0.16～36N·m；400V 系列 βiS-B 交流伺服电机的输出额定功率 0.3～3kW，堵转转矩 0.65～36N·m。表 2-10 列出了 βiS-B 系列交流伺服电机的规格参数。

表 2-10　βiS-B 交流伺服电机

电机型号	额定功率/kW	堵转电流/A	额定转矩/N·m	最大转矩/N·m	额定转速/(r/min)	最高转速/(r/min)	转子惯量/kg·m²	放大器最大/额定电流/(A/A)
βiS0.2/5000-B	0.05	0.84	0.16	0.48	4000	5000	0.0000019	4/0.9
βiS0.3/5000-B	0.1	0.84	0.32	0.96	4000	5000	0.0000034	4/0.9

续表

电机型号	额定功率/kW	堵转电流/A	额定转矩/N·m	最大转矩/N·m	额定转速/(r/min)	最高转速/(r/min)	转子惯量/kg·m²	放大器最大/额定电流/(A/A)
βiS0.5/6000-B	0.3	3	0.65	2.5	6000	6000	0.000026	20/6.8
βiS1/6000-B	0.5	2.7	1.2	5	6000	6000	0.000048	20/6.8
βiS1.5/6000-B	0.55	3.9	1.6	5.8	6000	6000	0.000071	20/6.8
βiS2/4000-B	0.5	3.3	2	7	4000	4000	0.00029	20/6.8
βiS4/4000-B	0.75	4.7	3.5	10	3000	4000	0.000515	20/6.8
βiS8/3000-B	1.2	6	7	15	2000	3000	0.00117	20/6.8
βiS12/2000-B	1.4	6.5	10.5	21	2000	2000	0.00228	20/6.8
βiS12/3000-B	1.8	10.2	11	27	2000	3000	0.00228	40/13
βiS22/2000-B	2.5	11.3	20	45	2000	2000	0.00527	40/13
βiS22/3000-B	3	17.7	20	59	2000	3000	0.00527	80/18.5
βiS30/2000-B	3	18.6	27	76	2000	2000	0.00759	80/18.5
βiS40/2000-B	3	18.6	36	100	1500	2000	0.0099	80/18.5
βiS0.5/6000HV-B	0.3	1.5	0.65	2.5	6000	6000	0.000026	10/3.1
βiS1/6000HV-B	0.5	1.4	1.2	5	6000	6000	0.000048	10/3.1
βiS1.5/6000HV-B	0.55	2	1.6	5.8	6000	6000	0.000071	10/3.1
βiS2/4000HV-B	0.5	1.6	2	7	4000	4000	0.00029	10/3.1
βiS4/4000HV-B	0.75	2.3	3.5	10	3000	4000	0.000515	10/3.1
βiS8/3000HV-B	1.2	3	7	15	2000	3000	0.00117	10/3.1
βiS12/3000HV-B	1.8	5.1	11	27	2000	3000	0.00228	20/5.6
βiS22/2000HV-B	2.5	5.6	20	45	2000	2000	0.00527	20/5.6
βiS22/3000HV-B	3	8.9	20	59	2000	3000	0.00527	40/9.2
βiS30/2000HV-B	3	9.3	27	76	2000	2000	0.00759	40/9.2
βiS40/2000HV-B	3	9.3	36	100	1500	2000	0.0099	40/9.2

βiS-B 交流伺服电机订货号：A06B-××××-B×0×。具体说明见图 2-6。

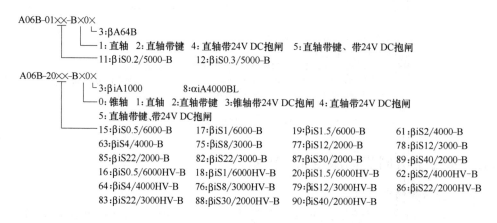

图 2-6　βiS-B 交流伺服电机订货号

2. βiF-B 交流伺服电机

βiS-B 交流伺服电机只有 200V 系列，输出额定功率 0.75～3kW，堵转转矩 3.5～27N·m。表 2-11 列出了 βiF-B 系列交流伺服电机的规格参数。

βiF-B 交流伺服电机订货号：A06B-20××-B×0×。具体说明见图 2-7。

3. βiSc-B 交流伺服电机

200V 系列 βiSc-B 交流伺服电机的输出额定功率 0.5～2.5kW，堵转转矩 2～20N·m；

400V 系列 βiSc-B 交流伺服电机的输出额定功率 0.5～1.8kW，堵转转矩 2～11N·m。表 2-12 列出了 βiSc-B 系列交流伺服电机的规格参数。

表 2-11　βiF-B 交流伺服电机

电机 型号	额定功率 /kW	堵转电流 /A	额定转矩 /N·m	最大转矩 /N·m	额定转速 /(r/min)	最高转速 /(r/min)	转子惯量 /kg·m²	放大器最大/额定电流 /(A/A)
βiF4/3000-B	0.75	3.6	3.5	13.4	3000	3000	0.00135	20/6.8
βiF8/2000-B	1.2	4.9	7	21	2000	2000	0.00257	20/6.8
βiF12/2000-B	1.4	6	11	25	2000	2000	0.0062	20/6.8
βiF22/2000-B	2.5	11.2	20	50	2000	2000	0.012	40/13
βiF30/1500-B	3	12.8	27	110	1500	1500	0.017	80/18.5

```
A06B-20××-B×0×
         └ 3:βiA1000        8:αiA4000BL
       ──── 0:锥轴  1:直轴  2:直轴带键  3:锥轴带24V DC抱闸  4:直轴带24V DC抱闸
            5:直轴带键带24V DC抱闸
       ──── 51:βiF4/3000-B   52:βiF8/2000-B   53:βiF12/2000-B   54:βiF22/2000-B
            55:βiF30/1500-B
```

图 2-7　βiF-B 交流伺服电机订货号

表 2-12　βiSc-B 交流伺服电机

电机 型号	额定功率 /kW	堵转电流 /A	额定转矩 /N·m	最大转矩 /N·m	额定转速 /(r/min)	最高转速 /(r/min)	转子惯量 /kg·m²	放大器最大/额定电流 /(A/A)
βiSc2/4000-B	0.5	3.3	2	7	4000	4000	0.000291	20/6.8
βiSc4/4000-B	0.75	4.7	3.5	10	3000	4000	0.000515	20/6.8
βiSc8/3000-B	1.2	6	7	15	2000	3000	0.00117	20/6.8
βiSc12/2000-B	1.4	6.5	10.5	21	2000	2000	0.00228	20/6.8
βiSc12/3000-B	1.8	10.2	11	27	2000	3000	0.00228	40/13
βiSc22/2000-B	2.5	11.3	20	45	2000	2000	0.00527	40/13
βiSc2/4000HV-B	0.5	1.6	2	7	4000	4000	0.000291	10/3.1
βiSc4/4000HV-B	0.75	2.3	3.5	10	3000	4000	0.000515	10/3.1
βiSc8/3000HV-B	1.2	3	7	15	2000	3000	0.00117	10/3.1
βiSc12/3000HV-B	1.8	5.1	11	27	2000	3000	0.00228	20/5.6

βiSc-B 交流伺服电机订货号：A06B-20××-B×0×。具体说明见图 2-8。

```
A06B-20××-B×0×
         └ 7:βiA1000
       ──── 0:锥轴  1:直轴  2:直轴带键  3:锥轴带24V DC抱闸  4:直轴带24V DC抱闸
            5:直轴带键带24V DC抱闸
       ──── 61:βiSc2/4000-B    63:βiSc4/4000-B    75:βiSc8/3000-B    77:βiSc12/2000-B
            78:βiSc12/3000-B   85:βiSc22/2000-B   62:βiSc2/4000HV-B  64:βiSc4/4000HV-B
            76:βiSc8/3000HV-B  79:βiSc12/3000HV-B
```

图 2-8　βiSc-B 交流伺服电机订货号

2.3.3　FANUC 脉冲编码器

1. 伺服电机内置脉冲编码器

αi-B/βi-B 系列伺服电机内置脉冲编码器有 7 种规格，全部是绝对型编码器，具体特点如表 2-13 所示。

表 2-13　αi-B/βi-B 系列伺服电机内置脉冲编码器

编码器型号	分辨率(分割/1 转)	绝对/增量	适用电机
αiA4000	4000000	绝对	αiS2-B～αiS500-B αiS1000HV-B,αiS1500HV-B αiF1-B～αiF40-B
αiA4000BL （无电池型）	4000000	绝对	αiS2-B～αiS500-B αiS1000HV-B,αiS1500HV-B αiF1-B～αiF40-B βiS2-B～βiS40-B βiF4-B～βiF30-B
αiA32000	32000000	绝对	αiS2-B～αiS60-B αiF1-B～αiF40-B
αiA1000	1000000	绝对	αiS2000HV-B,αiS3000HV-B
βiA1000 （内嵌式）	1000000	绝对	βiS0.5-B～βiS1.5-B
βiA1000	1000000	绝对	βiS2-B～βiS40-B βiSc2-B～βiSc22-B βiF4-B～βiF30-B
βA64B	65536	绝对	βiS0.2-B,βiS0.3-B

2. 分离型脉冲编码器

FANUC 分离型脉冲编码器型号为 αiA4000S，分辨率 4000000/rev（转），绝对值检测，允许转速 6000r/min。订货号为 A860-2052-T321。

2.4　伺服放大器

2.4.1　伺服放大器 αiSV-B 系列

1. 伺服放大器（SVM）

αiSV-B 伺服放大器用于驱动 αiF-B 和 αiS-B 系列伺服电机。按电压等级可分为 AC200V 输入和 AC400V 输入两种系列；按所驱动轴数可分为单轴放大器、双轴放大器和三轴放大器。AC200V 系列伺服放大器规格见表 2-14。双轴和三轴放大器的适用电机可以参照单轴放大器。

表 2-14　αiSV-B 系列 AC 200V 伺服放大器规格

轴数	放大器名称	额定输出电流/A	峰值输出电流/A	订货号	适用电机
单轴	αiSV4-B	2.5	4	A06B-6240-H101	βiS0.2/5000-B,βiS0.3/5000-B
	αiSV20-B	6.5	20	A06B-6240-H103	αiS2/5000-B,αiS2/6000-B αiS4/5000-B,αiS4/6000-B αiF1/5000-B,αiF2/5000-B βiS0.4/5000-B,βiS0.5/6000-B βiS1/6000-B,βiS2/4000-B βiS4/4000-B,βiS8/3000-B βiS12/2000-B,βiSc2/4000-B βiSc4/4000-B,βiSc8/3000-B βiSc12/2000-B,βiF4/3000-B βiF8/2000-B,βiF12/2000-B

续表

轴数	放大器名称	额定输出 电流/A	峰值输出 电流/A	订货号	适用电机
单轴	αiSV40-B	13	40	A06B-6240-H104	αiF4/5000-B,αiF8/3000-B βiS12/3000-B,βiS22/2000-B βiF22/2000-B
	αiSV80-B	22.5	80	A06B-6240-H105	αiS8/4000-B,αiS8/6000-B αiS12/4000-B,αiF8/4000-B αiF12/4000-B,αiF22/3000-B βiS22/3000-B,βiS30/2000-B βiS40/2000-B,βiF30/1500-B
	αiSV160-B	45	160	A06B-6240-H106	αiS12/6000-B,αiS22/4000-B αiS22/6000-B,αiS30/4000-B αiS40/4000-B,αiS50/2000-B αiS60/2000-B,αiF22/4000-B αiF30/4000-B,αiF40/3000-B αiF40/3000FAN-B
	αiSV360-B	130	360	A06B-6240-H109	αiS50/3000FAN-B,αiS60/3000FAN-B αiS100/2500-B,αiS100/2500FAN-B αiS200/2500-B,αiS200/2500FAN-B αiS300/2000-B(2放大器),αiS500/2000-B(2放大器)
双轴	αiSV4/4-B	2.5/2.5	4/4	A06B-6240-H201	参照单轴放大器
	αiSV4/20-B	2.5/6.5	4/20	A06B-6240-H203	
	αiSV20/20-B	6.5/6.5	20/20	A06B-6240-H205	
	αiSV20/40-B	6.5/13	20/40	A06B-6240-H206	
	αiSV40/40-B	13/13	40/40	A06B-6240-H207	
	αiSV40/80-B	13/22.5	40/80	A06B-6240-H208	
	αiSV80/80-B	22.5/22.5	80/80	A06B-6240-H209	
	αiSV80/160-B	22.5/45	80/160	A06B-6240-H210	
	αiSV160/160-B	45/45	160/160	A06B-6240-H211	
三轴	αiSV4/4/4-B	2.5/2.5/2.5	4/4/4	A06B-6240-H301	参照单轴放大器
	αiSV20/20/20-B	6.5/6.5/6.5	20/20/20	A06B-6240-H305	
	αiSV20/20/40-B	6.5/6.5/13	20/20/40	A06B-6240-H306	
	αiSV40/40/40-B	13/13/13	40/40/40	A06B-6240-H308	

AC400V系列伺服放大器规格见表2-15。双轴和三轴放大器的适用电机可以参照单轴放大器。

表 2-15 αiSV-B 系列 AC 400V 伺服放大器规格

轴数	放大器名称	额定输出 电流/A	峰值输出 电流/A	订货号	适用电机
单轴	αiSV10HV-B	3.2	10	A06B-6290-H102	αiS2/5000HV-B,αiS2/6000HV-B αiS4/5000HV-B,αiS4/6000HV-B βiS2/4000HV-B,βiS4/4000HV-B βiS8/3000HV-B
	αiSV20HV-B	6.5	20	A06B-6290-H103	αiF4/5000HV-B,αiF8/3000HV-B βiS12/3000HV-B,βiS22/2000HV-B
	αiSV40HV-B	11.5	40	A06B-6290-H104	αiS8/4000HV-B,αiS8/6000HV-B αiS12/4000HV-B,αiF8/4000HV-B αiF12/4000HV-B,αiF22/3000HV-B βiS22/3000HV-B,βiS30/2000HV-B βiS40/2000HV-B

续表

轴数	放大器名称	额定输出 电流/A	峰值输出 电流/A	订货号	适用电机
单轴	αiSV80HV-B	22.5	80	A06B-6290-H105	αiS12/6000HV-B,αiS22/4000HV-B αiS22/6000HV-B,αiS30/4000HV-B αiS40/4000HV-B,αiS50/2000HV-B αiS60/2000HV-B,αiF22/4000HV-B αiF30/4000HV-B,αiF40/3000HV-B αiF40/3000HVFAN-B
	αiSV180HV-B	65	180	A06B-6290-H106	αiS50/3000HV-B,αiS50/3000HVFAN-B αiS60/3000HV-B,αiS60/3000HVFAN-B αiS100/2500HV-B,αiS100/2500HVFAN-B αiS200/2500HV-B,αiS200/2500HVFAN-B
	αiSV360HV-B	130	360	A06B-6290-H109	αiS300/2000HV-B,αiS500/2000HV-B αiS1000/2000HV-B(2 放大器), αiS1000/3000HV-B(4 放大器) αiS2000/2000HV-B(4 放大器), αiS3000/2000HV-B(4 放大器)
	αiSV540HV-B	160	540	A06B-6290-H110	αiS300/3000HV-B, αiS500/3000HV-B
双轴	αiSV10/10HV-B	3.2/3.2	10/10	A06B-6290-H202	参照单轴放大器
	αiSV10/20HV-B	3.2/6.5	10/20	A06B-6290-H204	
	αiSV20/20HV-B	6.5/6.5	20/20	A06B-6290-H205	
	αiSV20/40HV-B	6.5/11.5	20/40	A06B-6290-H206	
	αiSV40/40HV-B	11.5/11.5	40/40	A06B-6290-H207	
	αiSV40/80HV-B	11.5/22.5	40/80	A06B-6290-H208	
	αiSV80/80HV-B	22.5/22.5	80/80	A06B-6290-H209	
三轴	αiSV10/10/10HV-B	3.2/3.2/3.2	10/10/10	A06B-6290-H302	参照单轴放大器
	αiSV10/10/20HV-B	3.2/3.2/6.5	10/10/20	A06B-6290-H303	
	αiSV20/20/20HV-B	6.5/6.5/6.5	20/20/20	A06B-6290-H305	

2. 伺服电源模块（PSM）

伺服电源模块用于 αi 系列放大器，按电压等级分为 200V（表 2-16）和 400V（表 2-17）系列，提供电机的驱动电源与其他放大器的控制电源。电机减速时使用再生回馈功能回馈电网。

表 2-16　200V 伺服电源模块规格

放大器名称	订货号	额定输出 /kW	短时最大 输出/kW	峰值最大 输出/kW	动力电源输入 容量/kV·A	控制电源
αiPS3-B	A06B-6200-H003	3	3.7	12	5	DC24V± 10%/0.5A
αiPS7.5-B	A06B-6200-H008	7.5	11	27	12	
αiPS11-B	A06B-6200-H011	11	15	40	16	
αiPS15-B	A06B-6200-H015	15	18.5	54	22	
αiPS26-B	A06B-6200-H026	26	30	83	38	DC24V± 10%/0.8A
αiPS30-B	A06B-6200-H030	30	37	96	44	
αiPS37-B	A06B-6200-H037	37	45	118	54	
αiPS55-B	A06B-6200-H055	55	60	192	80	DC24V± 10%/1.4A

αiPS 伺服电源模块的选择原则：

① 电源模块额定输出功率≥∑伺服电机额定连续输出功率×0.6；

表 2-17　400V伺服电源模块规格

放大器名称	订货号	额定输出/kW	短时最大输出/kW	峰值最大输出/kW	动力电源输入容量/kV·A	控制电源
αiPS11HV-B	A06B-6250-H011	11	15	38	16	DC24V±10%/0.5A
αiPS18HV-B	A06B-6250-H018	18	22	65	26	
αiPS30HV-B	A06B-6250-H030	30	37	96	44	DC24V±10%/0.8A
αiPS45HV-B	A06B-6250-H045	45	55	144	65	
αiPS60HV-B	A06B-6250-H060	60	70	180	87	
αiPS75HV-B	A06B-6250-H075	75	100	193	108	DC24V±10%/1.4A
αiPS100HV-B	A06B-6250-H100	100	120	220	144	
αiPS125HV-B	A06B-6250-H125	125	150	250	159	DC24V±10%/1.7A

② 电源模块峰值最大输出功率≥Σ伺服电机加速时最大输出功率。

200V伺服电机的额定输出及最大输出功率见表2-18。

表 2-18　200V伺服电机额定输出及最大输出功率

电机型号	额定输出/kW	加速时最大输出/kW	电机型号	额定输出/kW	加速时最大输出/kW
αiF1/5000-B	0.5	2	αiS8/4000-B	2.5	8
αiF2/5000-B	0.75	2.9	αiS8/6000-B	2.2	11
αiF4/5000-B	1.4	4.5	αiS12/4000-B	2.7	12
αiF8/3000-B	1.6	5.7	αiS12/6000-B	2.2	20
αiF8/4000-B	2.2	9	αiS22/4000-B	4.5	17
αiF12/4000-B	3	7.6	αiS22/6000-B	4.5	21
αiF22/3000-B	4	9.6	αiS30/4000-B	5.5	22
αiF22/4000-B	4	17	αiS40/4000-B	5.5	24
αiF30/4000-B	7	23	αiS50/2000-B	4	21
αiF40/3000-B	6	18	αiS60/2000-B	5	25
αiF40/3000FAN-B	9	18	αiS50/3000FAN-B	14	39
αiS2/5000-B	0.75	2.8	αiS60/3000FAN-B	14	40
αiS2/6000-B	1	2.4	αiS150/3000-B	26	52
αiS4/5000-B	1	3.1	αiS300/2000-B	52	96
αiS4/6000-B	1	2.9	αiS500/2000-B	60	104

400V伺服电机的额定输出及最大输出功率见表2-19。

表 2-19　400V伺服电机额定输出及最大输出功率

电机型号	额定输出/kW	加速时最大输出/kW	电机型号	额定输出/kW	加速时最大输出/kW
αiF4/5000HV-B	1.4	4.5	αiS40/4000HV-B	5.5	24
αiF8/3000HV-B	1.6	5.7	αiS50/2000HV-B	4	21
αiF8/4000HV-B	2.2	9	αiS50/3000HV-B	5	39
αiF12/4000HV-B	3	7.5	αiS60/2000HV-B	5	25
αiF22/3000HV-B	4	9.6	αiS50/3000HV FAN-B	14	39
αiF22/4000HV-B	4	17	αiS60/3000HV FAN-B	14	40
αiF30/4000HV-B	5	23	αiS100/2500HV-B	11	38
αiF40/3000HV-B	6	18	αiS100/2500HV FAN-B	22	38
αiF40/3000HV FAN-B	9	18	αiS200/2500HV-B	16	48
αiS2/5000HV-B	0.75	2.8	αiS200/2500HV FAN-B	30	48
αiS2/6000HV-B	1	2.4	αiS300/2000HV-B	52	96
αiS4/5000HV-B	1	3.1	αiS300/3000HV-B	55	143
αiS4/6000HV-B	1	2.9	αiS500/2000HV-B	60	104
αiS8/4000HV-B	2.3	8	αiS500/3000HV-B	60	160
αiS8/6000HV-B	2.2	11	αiS1000/2000HV-B	125	198
αiS12/4000HV-B	2.5	12	αiS1000/3000HV-B	170	350
αiS12/6000HV-B	2.2	20	αiS1500/2000HV-B	200	600
αiS22/4000HV-B	4.5	19	αiS2000/2000HV-B	200	400
αiS22/6000HV-B	4.5	21	αiS3000/2000HV-B	220	690
αiS30/4000HV-B	5.5	22			

2.4.2 伺服放大器 βiSV-B 系列

βiSV-B 系列伺服放大器用于驱动 βi 系列伺服电机。它与 αiSV-B 系列放大器的区别在于：

① 电源模块和放大器模块集成一体；

② 没有单独的主轴放大器，只有一体型 βi 放大器可以驱动主轴；

③ 需要外部输入 24V 控制电源；

④ 放大器之间的动力电源不能通过直流短路棒相连，必须分别供应三相交流电源。

βiSV-B 伺服放大器模块按电压等级可分为 AC200V 输入和 AC400V 输入两种系列；按所驱动轴数可分为单轴放大器和双轴放大器。单轴放大器还具有 FSSB 和 I/O Link 两种接口。

βiSV-B 系列 FSSB 接口 200V 伺服放大器规格见表 2-20。200V 伺服放大器动力电源输入要求：三相 200～240V AC（＋10％，－15％），50Hz/60Hz；其中，βiSV4-B 和 βiSV20-B 也可以使用单相 200～240V AC（＋10％，－15％）输入。控制电源输入要求：24V DC（±10％），1.0A。

表 2-20　βiSV-B 系列 FSSB 接口 200V 伺服放大器规格

放大器名称	额定输出电流/A	峰值输出电流/A	动力电源输入容量/kV·A	订货号	适用电机
βiSV4-B	0.9	4	0.2	A06B-6160-H001	βiS0.2/5000-B,βiS0.3/5000-B
βiSV20-B	6.8	20	2.8	A06B-6160-H002	αiS2/5000-B,αiS2/6000-B αiS4/5000-B,αiS4/6000-B αiF1/5000-B,αiF2/5000-B βiS0.4/5000-B,βiS0.5/5000-B βiS1/6000-B,βiS2/4000-B βiS4/4000-B,βiS8/3000-B βiS12/2000-B,βiSc2/4000-B βiSc4/4000-B,βiSc8/3000-B βiSc12/2000-B,βiF4/3000-B βiF8/2000-B,βiF12/2000-B
βiSV40-B	13	40	4.7	A06B-6160-H003	αiF4/5000-B,αiF8/3000-B βiS12/3000-B,βiS22/2000-B βiSc12/2000-B,βiSc22/2000-B βiF22/2000-B
βiSV80-B	18.5	80	6.5	A06B-6160-H004	αiS8/4000-B,αiS8/6000-B αiS12/4000-B,αiF8/4000-B αiF12/4000-B,αiF22/3000-B βiS22/3000-B,βiS30/2000-B βiS40/2000-B
βiSV20/20-B	6.5/6.5	20/20	2.7	A06B-6166-H201	参照单轴放大器
βiSV40/40-B	13/13	40/40	4.8	A06B-6166-H203	

βiSV-B 系列 FSSB 接口 400V 伺服放大器规格见表 2-21。400V 伺服放大器动力电源输入要求：三相 380～480V AC（＋10％，－10％），50/60Hz。控制电源输入要求：24V DC（±10％），0.9A。

表 2-21　βiSV-B 系列 FSSB 接口 400V 伺服放大器规格

放大器名称	额定输出 电流/A	峰值输出 电流/A	动力电源输 入容量 /kV·A	订货号	适用电机
βiSV10HV-B	3.1	10	1.9	A06B-6161-H001	αiS2/5000HV-B, αiS2/6000HV-B αiS4/5000HV-B, αiS4/6000HV-B βiS2/4000HV-B, βiS4/4000HV-B βiS8/3000HV-B
βiSV20HV-B	5.6	20	3.9	A06B-6161-H002	αiF4/5000HV-B, αiF8/3000HV-B βiS12/3000HV-B, βiS22/2000HV-B
βiSV40HV-B	9.2	40	6.2	A06B-6161-H003	αiS8/4000HV-B, αiS8/6000HV-B αiS12/4000HV-B, αiF8/4000HV-B αiF12/4000HV-B, αiF22/3000HV-B βiS22/3000HV-B, βiS30/2000HV-B βiS40/2000HV-B

2.5　I/O 模块

2.5.1　分线盘 I/O 模块

1. 分线盘 I/O 模块规格

分线盘 I/O 模块是一种分散型 I/O 模块，能适应 I/O 信号任意组合的要求。1 组分线盘 I/O 模块由 1 个基本模块和最多 3 个扩展模块组成，模块间使用 34 芯扁平电缆连接。基本模块只有 1 种规格，扩展模块有 4 种规格，见表 2-22。

表 2-22　分线盘 I/O 模块规格

名称	型号	规格
基本模块	A03B-0824-C001	DI/DO:24/16
扩展模块 A	A03B-0824-C002	DI/DO:24/16。带 MPG 接口
扩展模块 B	A03B-0824-C003	DI/DO:24/16。无 MPG 接口
扩展模块 C	A03B-0824-C004	2A 输出模块。DO:16
扩展模块 D	A03B-0824-C005	模拟量输入模块

1) 基本模块与扩展模块 A 和 B 的 DI/DO 信号规格

基本模块与扩展模块 A 和 B 的 DI/DO 信号规格如表 2-23 所示。

表 2-23　DI/DO 信号规格

输入信号规格	信号点数	每个模块 24 点
	额定输入	DC24V, 7.3mA
	触点容量	DC30V, 16mA 以上
	触点断开时的漏电流	1mA 以下 (26.4V)
	触点闭合时的电压降	2V 以下 (包括电缆的电压降)
	时延	接收器时延最大 2ms。此外还需考虑 CNC 与 I/O 模块串行通信 (I/O Link) 时间 (最大 2ms) 以及梯形图的扫描时间
输出信号规格	信号点数	每个模块 16 点
	ON 状态时最大负载电流	200mA 以下
	ON 状态时饱和电压	最大 1V (负载电流 200mA 时)
	耐压	24V±20% 以下 (包括瞬间变化)
	OFF 状态时的漏电流	20μA 以下
	时延	驱动器时延最大 50μs。此外还需考虑 CNC 与 I/O 模块串行通信 (I/O Link) 时间 (最大 2ms) 以及梯形图的扫描时间

2）扩展模块 C 的 DO 信号规格

扩展模块 C 的 2A 输出 DO 信号规格如表 2-24 所示。

表 2-24　扩展模块 C 的 DO 信号规格

输出信号规格	信号点数	每个模块 16 点
	ON 状态时最大负载电流	每点 2A 以下。整个模块最大 12A
	耐压	24V±20％以下（包括瞬间变化）
	OFF 状态时的漏电流	100μA 以下
	时延	驱动器时延最大 120ns。需考虑 CNC 与 I/O 模块串行通信（I/O Link）时间以及梯形图的扫描时间

3）扩展模块 D 的信号规格

扩展模块 D 是一种带有 4 个输入通道的模拟量输入模块，占用 3 字节输入点/2 字节输出点。由通道选择电压输入或电流输入。扩展模块 D 模拟输入信号的规格如表 2-25 所示。

表 2-25　扩展模块 D 的信号规格

项目	规格	
输入通道	4 个通道	
模拟输入	①DC−10～＋10V（输入电阻 4.7MΩ） ②DC−20～＋20mA（输入电阻 250Ω）	
数字输出	12 位二进制	
输入/输出对应关系	模拟输入	数字输出
	＋10V	＋2000
	＋5V 或＋20mA	＋1000
	0V 或 0mA	0
	−5V 或−20mA	−1000
	−10V	−2000
分辨率	5mV 或 20μA	
综合精度	电压输入：±0.5％。电流输入：±1％	
最大输入电压/电流	±15V/±30mA	
占用输入输出字节	DI：3 字节。DO：2 字节	

使用模拟量输入模块时，由 PMC 程序来确定使用 4 个通道中的哪个通道。用于选择通道的 DO 点为图 2-9（b）中的 CHA 和 CHB。CHA 和 CHB 的信号状态与通道选择的关系如表 2-26 所示。

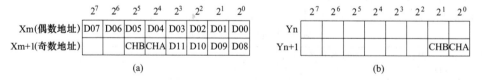

图 2-9　模拟量输入模块地址

表 2-26　通道选择信号

CHB	CHA	选择的通道	CHB	CHA	选择的通道
0	0	通道 1	1	0	通道 3
0	1	通道 2	1	1	通道 4

扩展模块 D 数字输出由 3 字节中的 12 位组成一组，占用输入点，输出格式如图 2-9 所示。D00 到 D11 表示 12 位数字输出数据，D11 位为二进制补码的符号位。CHA 和 CHB 通过二进制编码表示 4 个模拟输入通道。这样，PMC 程序读图 2-9（a）两字节数据就可读取到所有通道的 AD 转换数据。

分线盘 I/O 模块组中包括模拟量输入模块时，基本模块的首地址通常被分配在偶数地址 Xm。这样，①当模拟量输入模块安装在扩展模块 1 的位置时，模拟量输入模块的首地址为 Xm＋3，AD 转换数字输出地址为 Xm＋4～Xm＋5；②当模拟量输入模块安装在扩展模块 2 的位置时，模拟量输入模块的首地址为 Xm＋6，AD 转换数字输出地址为 Xm＋6～Xm＋7；③当模拟量输入模块安装在扩展模块 3 的位置时，模拟量输入模块的首地址为 Xm＋9，AD 转换数字输出地址为 Xm＋10～Xm＋11。

2. 分线盘 I/O 模块地址分配

1）I/O Link 地址分配

分线盘 I/O 模块 I/O Link 地址分配如图 2-10 所示。

分线盘 I/O 模块需分配 16 字节 DI 地址和 8 字节 DO 地址。分配说明如下：

① MPG 接口占用 DI 空间，地址从 Xm＋12～Xm＋14。不管扩展模块 2 和 3 有无，这些地址都是固定的。

② DI 地址中的 Xm＋15 用于检测 DO 驱动中 IC 产生的过热和过流报警。也是不管扩展模块 2 和 3 有无，这些地址都是固定的。

2）I/O Link i 地址分配

分线盘 I/O 模块 I/O Link i 地址分配如图 2-11 所示。

DI分配图	
Xm	
Xm+1	基本模块
Xm+2	
Xm+3	
Xm+4	扩展模块1
Xm+5	
Xm+6	
Xm+7	扩展模块2
Xm+8	
Xm+9	
Xm+10	扩展模块3
Xm+11	
Xm+12	第1手轮
Xm+13	第2手轮
Xm+14	第3手轮
Xm+15	DO报警检测

DO分配图	
Yn	
Yn+1	基本模块
Yn+2	扩展模块1
Yn+3	
Yn+4	扩展模块2
Yn+5	
Yn+6	扩展模块3
Yn+7	

图 2-10　分线盘 I/O 模块 I/O Link 地址分配

DI分配图		
Xm1		
Xm1+1	基本模块	SLOT 1
Xm1+2		
Xm2		
Xm2+1	扩展模块1	SLOT 2
Xm2+2		
Xm3		
Xm3+1	扩展模块2	SLOT 3
Xm3+2		
Xm4		
Xm4+1	扩展模块3	SLOT 4
Xm4+2		
Xmmpg		
Xmmpg+1	扩展模块1	SLOT MPG
Xmmpg+2		

DO分配图		
Yn1		
Yn1+1	基本模块	SLOT 1
Yn2		
Yn2+1	扩展模块1	SLOT 2
Yn3		
Yn3+1	扩展模块2	SLOT 3
Yn4		
Yn4+1	扩展模块3	SLOT 4

图 2-11　分线盘 I/O 模块 I/O Link i 地址分配

每个模块分配一个槽，每个模块均需要单独指定输入和输出的首字节以及字节长度。如果仅使用 1 个模块，则分配 SLOT1，指定 3 个字节输入和 2 个字节输出；如果连接有扩展模块，则依次分配为 SLOT2、3、4，每个模块也是指定 3 个字节输入和 2 个字节输出；如果使用扩展模块 1 连接手轮，则分配 SLOT MPG，指定 3 个字节输入，对应 3 个手轮。

3. 分线盘 I/O 模块的连接

1）分线盘 I/O 模块的总体连接

分线盘 I/O 模块的总体连接如图 2-12 所示。带手轮接口的模块必须安装在靠近基本模块的位置。CA137 与 CA138 的连接使用 34 芯扁平电缆连接，该连接电缆型号为 A03B-0815-K100。

2）基本模块、扩展模块 A 和 B 的 DI/DO 连接

基本模块、扩展模块 A 和 B 的 DI/DO 连接插头号 CB150，插头型号 HONDA MR-50RMA，其引脚分配如图 2-13 所示。图中 m 和 n 分别是本模块输入信号和输出信号的首地址。模块的电源通过 CB150 的 18 脚和 50 脚 （＋24V） 提供。

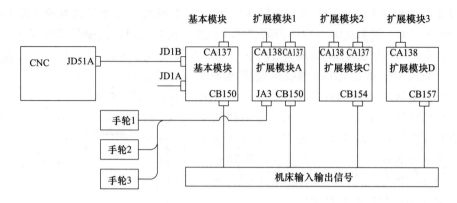

图 2-12   分线盘 I/O 模块的总体连接

基本模块、扩展模块 A 和 B 的 DI 输入信号为 24 点，其中 Xm 字节的输入信号可以接漏型输入，也可以接源型输入，这取决于公共端 DICOM0（CB150 之 24 脚）是接 0V 或是 +24V。Xm+1 和 Xm+2 字节的输入信号只能接漏型输入。图 2-14 所示为漏型输入的连接图。

33	DOCOM	CB150		01	DOCOM
34	Yn+0.0	19	0V	02	Yn+1.0
35	Yn+0.1	20	0V	03	Yn+1.1
36	Yn+0.2	21	0V	04	Yn+1.2
37	Yn+0.3	22	0V	05	Yn+1.3
38	Yn+0.4	23	0V	06	Yn+1.4
39	Yn+0.5	24	DICOM0	07	Yn+1.5
40	Yn+0.6	25	Xm+1.0	08	Yn+1.6
41	Yn+0.7	26	Xm+1.1	09	Yn+1.7
42	Xm+0.0	27	Xm+1.2	10	Xm+2.0
43	Xm+0.1	28	Xm+1.3	11	Xm+2.1
44	Xm+0.2	29	Xm+1.4	12	Xm+2.2
45	Xm+0.3	30	Xm+1.5	13	Xm+2.3
46	Xm+0.4	31	Xm+1.6	14	Xm+2.4
47	Xm+0.5	32	Xm+1.7	15	Xm+2.5
48	Xm+0.6			16	Xm+2.6
49	Xm+0.7			17	Xm+2.7
50	+24V			18	+24V

图 2-13   CB150 引脚分配

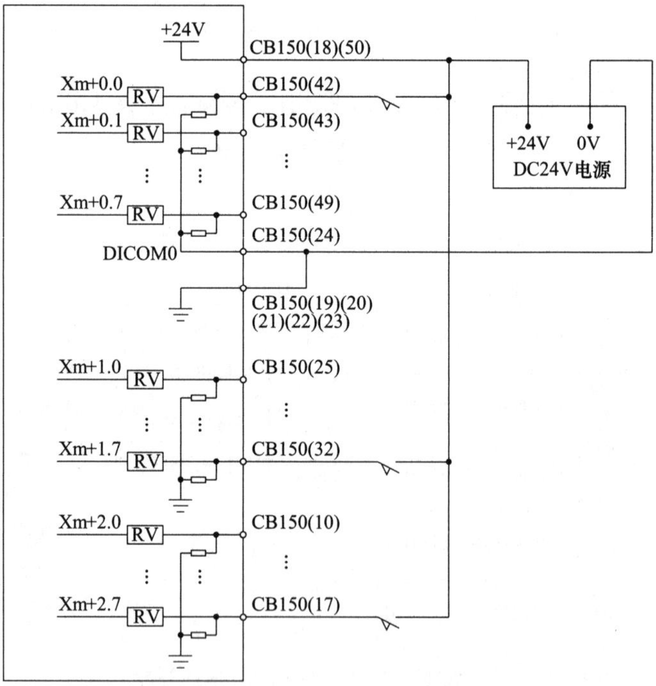

图 2-14   漏型输入连接图

图 2-15 所示为源型输出的连接图。图中输出公共端 DOCOM 接 +24V。

3）扩展模块 A 手轮连接

扩展模块 A 最多可连接 3 台手轮。手轮连接插头号 JA3，插头信号 PCR-E20LMDT，其引脚分配如图 2-16 所示。

图 2-17 所示为 3 个手轮的连接图。FANUC 提供的 JA3 连接电缆有 3 种规格，分别对应 1 个、2 个、3 个手轮的连接，可以按需要订购。

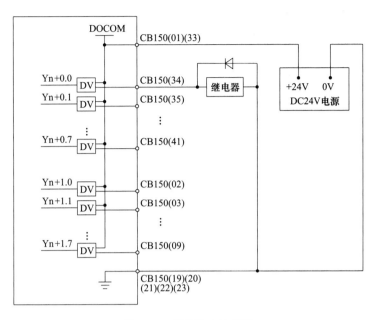

图 2-15　源型输出连接图

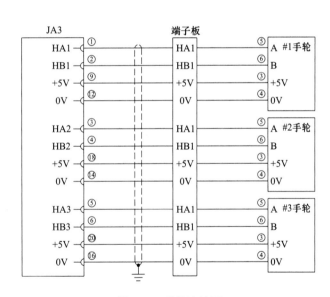

JA3			
01	HA1	11	
02	HB1	12	0V
03	HA2	13	
04	HB2	14	0V
05	HA3	15	
06	HB3	16	0V
07		17	
08		18	+5V
09	+5V	19	
10		20	+5V

图 2-16　JA3 引脚分配

图 2-17　手轮连接图

4）扩展模块 C 的 DO 输出连接

扩展模块 C 提供 2 字节的 2A 输出接口，连接插头号 CB154，插头型号 HONDA MR-50RMA，其引脚分配如图 2-18 所示。图中 n 是本模块输出信号的首地址。

图 2-19 所示为 2A 输出的接线图。图中输出公共端 DOCOMA 接＋24V。

5）扩展模块 D 的模拟量输入连接

扩展模块 D 提供 4 个通道的模拟量输入接口，连接插头号 CB157，插头型号 HON-DA MR-50RMA，其引脚分配如图 2-20 所示。INPn 为模拟量输入正；INMn 为模拟量输入负。

图 2-21 所示为模拟量输入的接线图。图中 n 表示相关通道，n＝1，2，3，4。每个通道既可电压输入，也可电流输入。连接时务必使用双绞线屏蔽电缆。每个通道的屏蔽线连接到 FGNDn，FGND 用于所用通道的屏蔽处理。如果电压（电流）输入源如图 2-21 所示带有 GND 引脚，把 COMn 与之相连，否则把 INMn 和 COMn 连接在一起。电压输入时，JMPn 不连接；电流输入时，JMPn 与 INPn 相连。

33	DOCOMA	CB154			01	DOCOMA
34	Yn+0.0				02	Yn+1.0
35	Yn+0.1	19	GND		03	Yn+1.1
36	Yn+0.2	20	GND		04	Yn+1.2
37	Yn+0.3	21	GND		05	Yn+1.3
38	Yn+0.4	22	GND		06	Yn+1.4
39	Yn+0.5	23	GND		07	Yn+1.5
40	Yn+0.6	24			08	Yn+1.6
41	Yn+0.7	25			09	Yn+1.7
42		26			10	
43		27			11	
44		28			12	
45		29			13	
46		30			14	
47		31			15	
48		32			16	
49	DOCOMA				17	DOCOMA
50	DOCOMA				18	DOCOMA

图 2-18　CB154 引脚分配

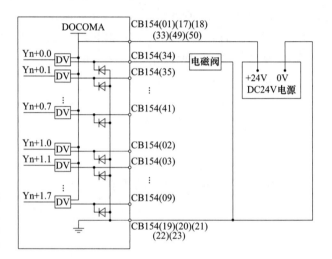

图 2-19　2A 输出接线图

33	INM3	CB157			01	INM1
34	COM3				02	COM1
35	FGND3	19	FGND		03	FGND1
36	INP3	20	FGND		04	INP1
37	JMP3	21	FGND		05	JMP1
38	INM4	22	FGND		06	INM2
39	COM4	23	FGND		07	COM2
40	FGND4	24			08	FGND2
41	INP4	25			09	INP2
42	JMP4	26			10	JMP2
43		27			11	
44		28			12	
45		29			13	
46		30			14	
47		31			15	
48		32			16	
49					17	
50					18	

图 2-20　CB157 引脚图

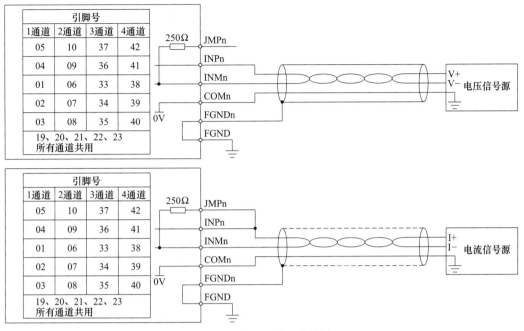

图 2-21　模拟量输入接线图

2.5.2　操作面板用 I/O 模块和电柜用 I/O 模块

1. 模块规格

操作面板用 I/O 模块和电柜用 I/O 模块的区别在于是否有手轮接口，电柜用 I/O 模块不提供手轮接口。它们的规格如表 2-27 所示。手轮接口最多连接 3 个手轮。DI/DO 输入输出信号规格与分线盘 I/O 模块通用 DI/DO 信号完全一样，不再重述。

表 2-27　操作面板用 I/O 模块和电柜用 I/O 模块规格

模块	规格	备注
操作面板用 I/O 模块	A03B-0824-K202	DI：48 点。DO：32 点。支持手轮接口
电柜用 I/O 模块	A03B-0824-K203	DI：48 点。DO：32 点。不支持手轮接口

2. I/O 地址分配

1）I/O Link 地址分配

对于操作面板用 I/O 模块，I/O Link 地址分配如图 2-22 所示。通常，该 48/32 点 I/O 模块分配为 1 组，占用 16 字节输入和 4 字节输出。MPG 接口分配的 DI 地址从 Xm＋12 到 Xm＋14，这些地址是固定的。CNC 直接处理 MPG 计数信号。DI 地址中 Xm＋15 用于检测 DO 驱动器过热和过流报警。

2）I/O Link i 地址分配

对于操作面板用 I/O 模块，I/O Link i 地址分配如图 2-23 所示。通常，该 48/32 点 I/O 模块分配为 SLOT 1，分别指定 6 字节输入和 4 字

DI 分配图

Xm	
Xm+1	
Xm+2	输入信号
Xm+3	
Xm+4	
Xm+5	
Xm+6	
Xm+7	
Xm+8	未使用
Xm+9	
Xm+10	
Xm+11	
Xm+12	第1手轮
Xm+13	第2手轮
Xm+14	第3手轮
Xm+15	DO报警检测

DO 分配图

Yn	
Yn+1	
Yn+2	输出信号
Yn+3	

图 2-22　操作面板用 I/O 模块 I/O Link 地址分配

图 2-23　操作面板用 I/O 模块 I/O Link i 地址分配

节输出。如果连接手轮，则分配 SLOT MPG，指定 3 个字节输入，对应 3 个手轮。

3. I/O 模块的连接

1）总体连接

操作面板 I/O 模块和电柜用 I/O 模块的总体连接如图 2-24 所示。操作面板 I/O 模块最多可以连接 3 个手轮；电柜用 I/O 模块不能连接手轮。如果 CNC 使用了多个带 MPG 接口的 I/O 模块，只是连接上最靠近 CNC 的 MPG 接口有效。图 2-24 中 CP1D（IN）插头用来给该 I/O 模块和 DI 工作提供所需要的电源。为了方便，插头 CP1D（OUT）用于引出从 CP1D（IN）输入的电源，能够引出的最大电流为 1A。

2）CE56/CE57 引脚分配

CE56/CE57 引脚分配如图 2-25 所示。CE56（B01）和 CE57（B01）引脚用于 DI 输入信号，为内部电源。千万不要将外部＋24V 电源连接到这些引脚。

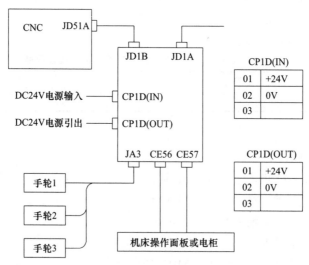

图 2-24　总体连接

3）DI 输入信号连接

操作面板 I/O 模块和电柜用 I/O 模块提供 48 点通用 DI 输入点。Xm 字节和 Xm＋5 字节可以是漏型输入，也可以是源型输入，这取决于公共端 DICOM0 和 DICOM5 的连接。如果 DICOM0 或 DICOM5 接 0V，即为漏型输入；如果 DICOM0 或 DICOM5 接＋24V，则为源型输入。Xm＋1～Xm＋4 信号是固定漏型输入。图 2-26 中为漏型输入接法。

CE56		
	A	B
01	0V	+24V
02	Xm+0.0	Xm+0.1
03	Xm+0.2	Xm+0.3
04	Xm+0.4	Xm+0.5
05	Xm+0.6	Xm+0.7
06	Xm+1.0	Xm+1.1
07	Xm+1.2	Xm+1.3
08	Xm+1.4	Xm+1.5
09	Xm+1.6	Xm+1.7
10	Xm+2.0	Xm+2.1
11	Xm+2.2	Xm+2.3
12	Xm+2.4	Xm+2.5
13	Xm+2.6	Xm+2.7
14	DICOM0	
15		
16	Yn+0.0	Yn+0.1
17	Yn+0.2	Yn+0.3
18	Yn+0.4	Yn+0.5
19	Yn+0.6	Yn+0.7
20	Yn+1.0	Yn+1.1
21	Yn+1.2	Yn+1.3
22	Yn+1.4	Yn+1.5
23	Yn+1.6	Yn+1.7
24	DOCOM	DOCOM
25	DOCOM	DOCOM

CE57		
	A	B
01	0V	+24V
02	Xm+3.0	Xm+3.1
03	Xm+3.2	Xm+3.3
04	Xm+3.4	Xm+3.5
05	Xm+3.6	Xm+3.7
06	Xm+4.0	Xm+4.1
07	Xm+4.2	Xm+4.3
08	Xm+4.4	Xm+4.5
09	Xm+4.6	Xm+4.7
10	Xm+5.0	Xm+5.1
11	Xm+5.2	Xm+5.3
12	Xm+5.4	Xm+5.5
13	Xm+5.6	Xm+5.7
14		DICOM5
15		
16	Yn+2.0	Yn+2.1
17	Yn+2.2	Yn+2.3
18	Yn+2.4	Yn+2.5
19	Yn+2.6	Yn+2.7
20	Yn+3.0	Yn+3.1
21	Yn+3.2	Yn+3.3
22	Yn+3.4	Yn+3.5
23	Yn+3.6	Yn+3.7
24	DOCOM	DOCOM
25	DOCOM	DOCOM

图 2-25 CE56/CE57 引脚分配

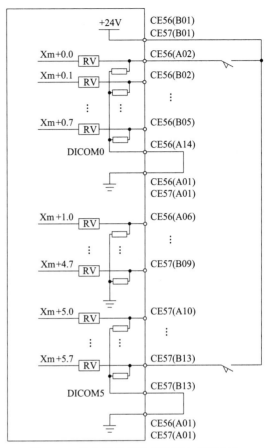

图 2-26 操作面板 I/O 模块和电柜用 I/O 模块输入信号连接（漏型）

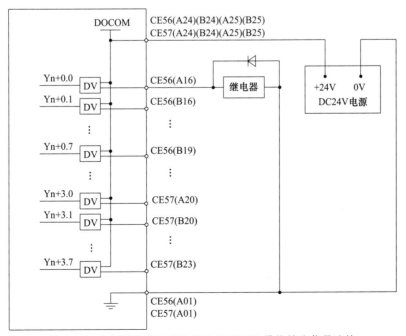

图 2-27 操作面板 I/O 模块和电柜用 I/O 模块输出信号连接

4）DO 输出信号连接

DO 通用输出信号 Yn～Yn＋3 连接如图 2-27 所示。一共有 32 点输出信号。

5）手轮连接

操作面板 I/O 模块手轮接口 JA3 与分线盘 I/O 模块完全一样。不再重述。

2.5.3　电柜用 I/O 单元

1. 电柜用 I/O 单元规格

电柜用 I/O 单元提供 96 点输入和 64 点输出，且带有手轮接口，可最多连接 3 个手轮。其型号为 A02B-0319-C001。

96 点输入信号中 88 点信号为漏型输入信号，只有 8 点信号可以自由选择漏型或源型。64 点输出信号全是源型输出。

2. 电柜用 I/O 单元地址分配

1）I/O Link 地址分配

电柜用 I/O 单元 I/O Link 地址分配如图 2-28 所示。

2）I/O Link i 地址分配

电柜用 I/O 单元 I/O Link i 地址分配如图 2-29 所示。

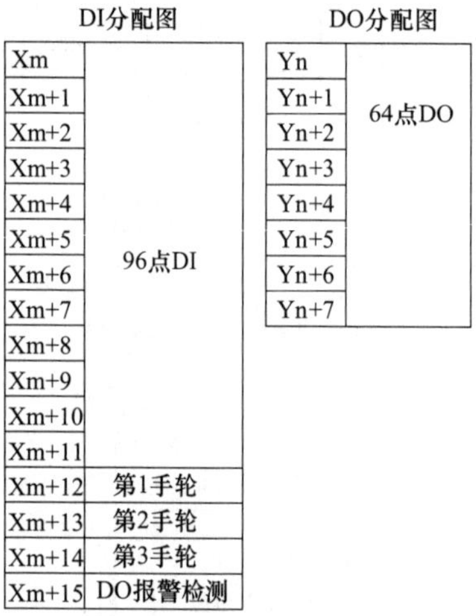

图 2-28　电柜用 I/O 单元
I/O Link 地址分配

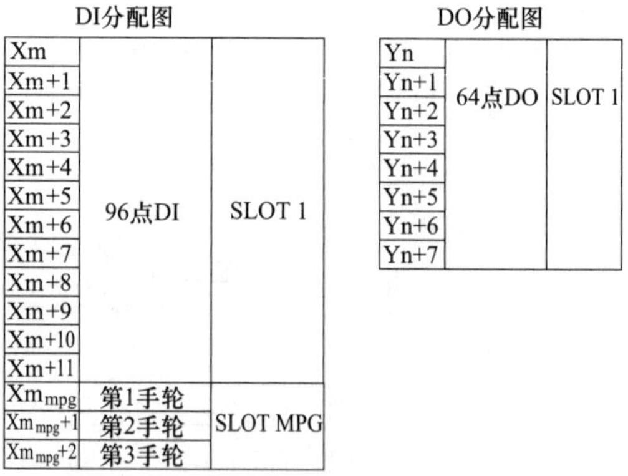

图 2-29　电柜用 I/O 单元 I/O Link i 地址分配

3. 电柜用 I/O 单元的连接

1）电柜用 I/O 单元总体连接

电柜用 I/O 单元总体连接如图 2-30 所示。图 2-30 中 CP1（IN）插头用来给该 I/O 单元提供工作电源。为了方便，插头 CP2（OUT）用于引出从 CP1（IN）输入的电源，能够引出的最大电流为 1A。

2）CB104/CB105/CB106/CB107 引脚分配

CB104/CB105/CB106/CB107 引脚分配如图 2-31 所示。

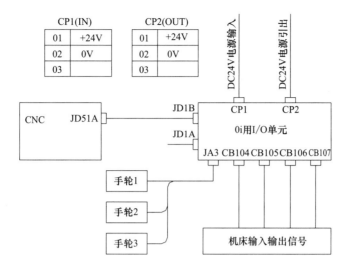

图 2-30　电柜用 I/O 单元总体连接

CB104		
	A	B
01	0V	+24V
02	Xm+0.0	Xm+0.1
03	Xm+0.2	Xm+0.3
04	Xm+0.4	Xm+0.5
05	Xm+0.6	Xm+0.7
06	Xm+1.0	Xm+1.1
07	Xm+1.2	Xm+1.3
08	Xm+1.4	Xm+1.5
09	Xm+1.6	Xm+1.7
10	Xm+2.0	Xm+2.1
11	Xm+2.2	Xm+2.3
12	Xm+2.4	Xm+2.5
13	Xm+2.6	Xm+2.7
14		
15		
16	Yn+0.0	Yn+0.1
17	Yn+0.2	Yn+0.3
18	Yn+0.4	Yn+0.5
19	Yn+0.6	Yn+0.7
20	Yn+1.0	Yn+1.1
21	Yn+1.2	Yn+1.3
22	Yn+1.4	Yn+1.5
23	Yn+1.6	Yn+1.7
24	DOCOM	DOCOM
25	DOCOM	DOCOM

CB105		
	A	B
01	0V	+24V
02	Xm+3.0	Xm+3.1
03	Xm+3.2	Xm+3.3
04	Xm+3.4	Xm+3.5
05	Xm+3.6	Xm+3.7
06	Xm+8.0	Xm+8.1
07	Xm+8.2	Xm+8.3
08	Xm+8.4	Xm+8.5
09	Xm+8.6	Xm+8.7
10	Xm+9.0	Xm+9.1
11	Xm+9.2	Xm+9.3
12	Xm+9.4	Xm+9.5
13	Xm+9.6	Xm+9.7
14		
15		
16	Yn+2.0	Yn+2.1
17	Yn+2.2	Yn+2.3
18	Yn+2.4	Yn+2.5
19	Yn+2.6	Yn+2.7
20	Yn+3.0	Yn+3.1
21	Yn+3.2	Yn+3.3
22	Yn+3.4	Yn+3.5
23	Yn+3.6	Yn+3.7
24	DOCOM	DOCOM
25	DOCOM	DOCOM

CB106		
	A	B
01	0V	+24V
02	Xm+4.0	Xm+4.1
03	Xm+4.2	Xm+4.3
04	Xm+4.4	Xm+4.5
05	Xm+4.6	Xm+4.7
06	Xm+5.0	Xm+5.1
07	Xm+5.2	Xm+5.3
08	Xm+5.4	Xm+5.5
09	Xm+5.6	Xm+5.7
10	Xm+6.0	Xm+6.1
11	Xm+6.2	Xm+6.3
12	Xm+6.4	Xm+6.5
13	Xm+6.6	Xm+6.7
14	COM4	
15		
16	Yn+4.0	Yn+4.1
17	Yn+4.2	Yn+4.3
18	Yn+4.4	Yn+4.5
19	Yn+4.6	Yn+4.7
20	Yn+5.0	Yn+5.1
21	Yn+5.2	Yn+5.3
22	Yn+5.4	Yn+5.5
23	Yn+5.6	Yn+5.7
24	DOCOM	DOCOM
25	DOCOM	DOCOM

CB107		
	A	B
01	0V	+24V
02	Xm +7.0	Xm +7.1
03	Xm +7.2	Xm +7.3
04	Xm +7.4	Xm +7.5
05	Xm +7.6	Xm +7.7
06	Xm+10.0	Xm+10.1
07	Xm+10.2	Xm+10.3
08	Xm+10.4	Xm+10.5
09	Xm+10.6	Xm+10.7
10	Xm+11.0	Xm+11.1
11	Xm+11.2	Xm+11.3
12	Xm+11.4	Xm+11.5
13	Xm+11.6	Xm+11.7
14		
15		
16	Yn+6.0	Yn+6.1
17	Yn+6.2	Yn+6.3
18	Yn+6.4	Yn+6.5
19	Yn+6.6	Yn+6.7
20	Yn+7.0	Yn+7.1
21	Yn+7.2	Yn+7.3
22	Yn+7.4	Yn+7.5
23	Yn+7.6	Yn+7.7
24	DOCOM	DOCOM
25	DOCOM	DOCOM

图 2-31　CB104/CB105/CB106/CB107 引脚分配

3）电柜用 I/O 单元输入信号连接

电柜用 I/O 单元输入信号连接如图 2-32 所示。

4）电柜用 I/O 单元输出信号连接

电柜用 I/O 单元输出信号连接如图 2-33 所示。

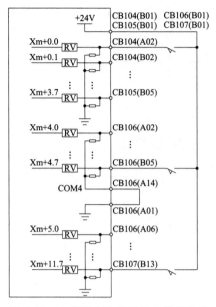

图 2-32　电柜用 I/O 单元输入信号连接

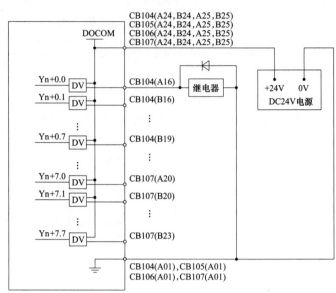

图 2-33　电柜用 I/O 单元输出信号连接

5）电柜用 I/O 单元手轮连接

电柜用 I/O 单元手轮接口 JA3 的连接与分线盘 I/O 模块完全一样，不再重述。

2.5.4　I/O Model-A

1. I/O Model-A 总体连接

I/O Model-A 是一种带底板的模块式结构 I/O 单元，底板分 5 槽底板和 10 槽底板，然后又分横式和竖式 2 种安装形式，分别如图 2-34 和图 2-35 所示。图中 I/F 表示接口模块，ABU10A 为 10 槽横式底板，ABU05A 为 5 槽横式底板，ABU10B 为 10 槽竖式底板，ABU05B 为 5 槽竖式底板；1～10 代表 I/O 模块。I/O Model-A 中使用的 I/O 模块很丰富，包括各种数字输入/输出模块、模拟输入/输出模块、温度输入模块、高速计数模块等，但不提供带手轮接口的 I/O 模块。

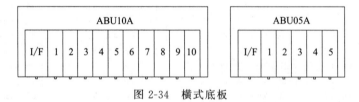

图 2-34　横式底板

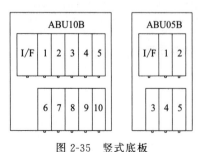

图 2-35　竖式底板

I/O Model-A 中使用的接口模块有 3 种：AIF01A、AIF01B 和 AIF02C。按使用的接口模块不同，I/O-Model-A 的总体连接也不同。

1）使用 AIF01A 接口模块的总体连接

只使用 AIF01A 接口模块时，每组 I/O 单元仅 1 个底板，总体连接如图 2-36 所示。DC24V 电源从 CP32 输入。按照图 2-36 中连接，各个 I/O 模块的安装位置用

［组号．基座号．槽号］表示如下：

　　10 槽底板中♯1 模块安装位置：　　0.0.1

　　10 槽底板中♯2 模块安装位置：　　0.0.2

　　……

　　10 槽底板中♯10 模块安装位置：　0.0.10

　　5 槽底板中♯1 模块安装位置：　　1.0.1

　　5 槽底板中♯2 模块安装位置：　　1.0.2

　　……

　　5 槽底板中♯5 模块安装位置：　　1.0.5

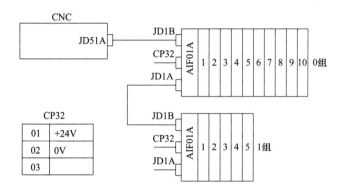

图 2-36　使用 AIF01A 接口模块的总体连接

2）使用 AIF01A/AIF01B 接口模块的总体连接

使用 AIF01A/AIF01B 接口模块进行连接时，允许基座扩展，如图 2-37 所示，10 槽底板为 0 基座，而扩展的 5 槽底板为 1 基座，而它们同属 0 组。从 JD2 到 JD3 的基座间连接采用 20 芯电缆连接，最长 2m。JD2/JD3 除 10、19、20 脚不连接外，其余 17 脚完全一一对应连接。最末端基座 JD2 需安装终端连接器，具体连接是：4-10 短接，2-19 短接，14-20 短接，其余引脚不连接。

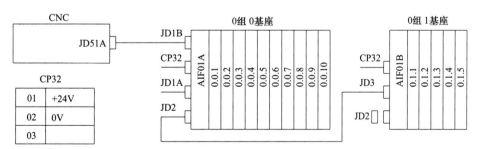

图 2-37　使用 AIF01A/AIF01B 接口模块的总体连接

3）使用 AIF02C 接口模块的总体连接

接口模块 AIF02C 可以实现 I/O Model-A 和 I/O Model-B 之间的通信，总体连接如图 2-38 所示。即 I/O Model-A 和 I/O Model-B 的模块可以通过 1 个 AIF02C 接口模块接入 I/O Link，这样连接的好处是可以减少 1 个 I/O Model-B 的接口模块 BIF04A1。I/O Model-B 是一种分布式 I/O。

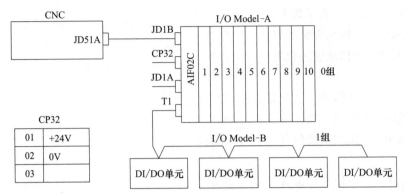

图 2-38　使用 AIF02C 接口模块的总体连接

2. 数字输入/输出模块

1）数字输入模块规格

数字输入模块主要有 3 种类型：非隔离型 DC 数字输入、隔离型 DC 数字输入、AC 数字输入。具体规格如表 2-28 所示。连接器 A 为本田连接器；连接器 B 为扁平电缆连接器。

表 2-28　数字输入模块

类型	模块名称	额定电压	额定电流	极性	响应时间	点数	连接方式	LED
非隔离型 DC 输入	AID32A1	24V DC	7.5mA	漏/源型	最大 20ms	32	连接器 A	无
	AID32B1	24V DC	7.5mA	漏/源型	最大 2ms	32	连接器 A	无
	AID32H1	24V DC	7.5mA	漏/源型	最大 2ms 最大 20ms	8 24	连接器 A	无
隔离型 DC 输入	AID16C	24V DC	7.5mA	源型	最大 20ms	16	端子排	有
	AID16K	24V DC	7.5mA	源型	最大 2ms	16	端子排	有
	AID16D	24V DC	7.5mA	漏型	最大 20ms	16	端子排	有
	AID16L	24V DC	7.5mA	漏型	最大 2ms	16	端子排	有
	AID32E1	24V DC	7.5mA	漏/源型	最大 20ms	32	连接器 A	无
	AID32E2	24V DC	7.5mA	漏/源型	最大 20ms	32	连接器 B	无
	AID32F1	24V DC	7.5mA	漏/源型	最大 2ms	32	连接器 A	无
	AID32F2	24V DC	7.5mA	漏/源型	最大 2ms	32	连接器 B	无
AC 输入	AIA16G	100～ 120V AC	10.5mA (120V AC)	—	ON： 最大 35ms OFF： 最大 45ms	16	端子排	有

2）数字输出模块规格

数字输出模块主要有 4 种类型：非隔离型 DC 数字输出、隔离型 DC 数字输出、AC 数字输出、继电器数字输出。具体规格如表 2-29 所示。

表 2-29　数字输出模块

类型	模块名称	额定电压	额定电流	极性	点数	点数/公共端	连接方式	LED	保险
非隔离型 DC 输出	AOD32A1	5～24V DC	0.3A	漏型	32	8	连接器 A	无	无
隔离型 DC 输出	AOD08C	12～24V DC	2A	漏型	8	8	端子排	有	有
	AOD08D	12～24V DC	2A	源型	8	8	端子排	有	有
	AOD16C	12～24V DC	0.5A	漏型	16	8	端子排	有	无
	AOD16D	12～24V DC	0.5A	源型	16	8	端子排	有	无
	AOD32C1	12～24V DC	0.3A	漏型	32	8	连接器 A	无	无
	AOD32C1	12～24V DC	0.3A	漏型	32	8	连接器 B	无	无
	AOD32D1	12～24V DC	0.3A	源型	32	8	连接器 A	无	无
	AOD32D1	12～24V DC	0.3A	源型	32	8	连接器 B	无	无

类型	模块名称	额定电压	额定电流	极性	点数	点数/公共端	连接方式	LED	保险
AC输出	AOA05E	100～240V AC	2A	—	5	1	端子排	有	有
	AOA08E	100～240V AC	1A	—	8	4	端子排	有	有
	AOA12F	100～120V AC	0.5A	—	12	6	端子排	有	有
继电器输出	AOR08G	最大250V AC/30V DC	4A	—	8	1	端子排	有	无
	AOR16G	最大250V AC/30V DC	2A	—	16	4	端子排	有	无
	AOR16H2	30V DC	2A	—	16	4	连接器B	有	无

3. 模拟输入/输出模块

1）模拟输入模块规格

模拟输入模块 AAD04A 规格如表 2-30 所示。它提供 4 个通道的模拟输入，电压或电流输入可选。每个通道 A/D 转换输出为 12 位二进制数据，占用 2 字节输入点。因此该模块一共占用 8 字节输入点。

表 2-30　AAD04A 模拟输入模块规格

项目	规格	
输入通道	4 个通道	
模拟输入	①DC－10～＋10V(输入电阻 4.7MΩ) ②DC－20～＋20mA(输入电阻 250Ω)	
数字输出	12 位二进制	
输入/输出对应关系	模拟输入	数字输出
	＋10V	＋2000
	＋5V 或＋20mA	＋1000
	0V 或 0mA	0
	－5V 或－20mA	－1000
	－10V	－2000
分辨率	5mV 或 20μA	
综合精度	电压输入：±0.5%。电流输入：±1%	
最大输入电压/电流	±15V/±30mA	
输出连接	可拆卸端子排(20 个端子)	
占用输入点	64 点	

2）模拟输出模块规格

① ADA02A 模拟输出模块规格。ADA02A 模拟输出模块是一个 2 通道的 12 位 D/A 转换模块，每个通道 D/A 转换输入为 12 位二进制数据－2000～＋2000，占用 2 字节输出点。因此该模块一共占用 4 字节输出点。其 D/A 转换结果可选 DC－10～＋10V 电压输出，也可选择 DC0～20mA 电流输出，具体规格如表 2-31 所示。

表 2-31　ADA02A 模拟输出模块规格

项目	规格	
输入通道	2 个通道	
数字输入	12 位二进制	
模拟输出	①DC－10～＋10V(输出电阻 10kΩ 以上) ②DC0～20mA(输出电阻 400Ω 以下)	
输入/输出对应关系	数字输入	模拟输出
	＋2000	＋10V
	＋1000	＋5V 或＋20mA
	0	0V 或 0mA
	－1000	－5V
	－2000	－10V

续表

项目	规格
分辨率	5mV 或 20μA
综合精度	电压输出：±0.5%。电流输出：±1%
转换时间	1ms 以内
输出连接	可拆卸端子排(20 个端子)
占用输出点	32 点

② ADA02B 模拟输出模块规格。ADA02B 模拟输出模块是一个 2 通道的 14 位 D/A 转换模块，每个通道 D/A 转换输入为 14 位二进制数据−8000～＋8000，占用 2 字节输出点。因此该模块一共占用 4 字节输出点。其 D/A 转换结果可选 DC−10～＋10V 电压输出，也可选择 DC0～20mA 电流输出，具体规格如表 2-32 所示。

表 2-32　ADA02B 模拟输出模块规格

项目	规格	
输入通道	2 个通道	
数字输入	14 位二进制	
模拟输出	①DC−10～＋10V(输出电阻 10kΩ 以上)	
	②DC0～20mA(输出电阻 400Ω 以下)	
	数字输入	模拟输出
	＋8000	＋10V 或＋20mA
	＋4000	＋5V 或＋10mA
输入/输出对应关系	0	0V 或 0mA
	−4000	−5V
	−8000	−10V
分辨率	1.25mV 或 2.5μA	
综合精度	电压输出：±0.5%。电流输出：±1%	
转换时间	1ms 以内	
输出连接	可拆卸端子排(20 个端子)	
占用输出点	32 点	

2.6　手持操作单元

2.6.1　手持操作单元 HMOP

1. 手持操作单元 HMOP 规格

手持操作单元 HMOP (handy machine operator's panel) 是一个小尺寸的操作面板，如图 2-39 所示。它包括手轮、LCD、输入按键、急停按钮、ON/OFF 开关、使能开关（在 HMOP 的背面，图中未画出）等。具体规格见表 2-33。

表 2-33　手持操作单元 HMOP 规格

手轮	1 个
显示	LCD 显示，16 字符×2 行
按键	20 个，带 LED 指示
LED 灯	2 个用户可编程 LED，2 个系统用 LED
按键标签	提供 FANUC 标准按键标签，也可以自定义
ON/OFF 开关	1 个

续表

波段开关	16 位置,作倍率开关
急停按钮	2 触点
使能开关	2 触点,3 位置
接口	通过 HMOP 接口单元连接到 I/O Link
输入电源	24V DC±10%,0.4A

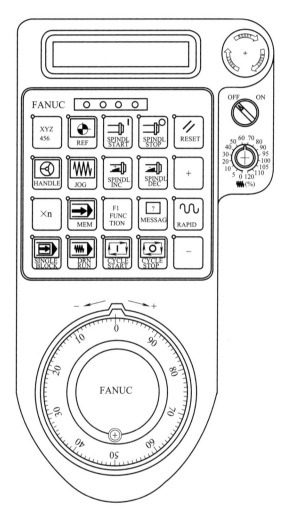

图 2-39 手持操作单元 HMOP

2. 手持操作单元 HMOP 的连接

手持操作单元需要通过接口单元才能连接到 I/O Link,其总体连接如图 2-40 所示。

"使能开关"在 HMOP 单元的背面,按住它,则接通;松开它,则断开。当操作人员处于危险环境下,接到图 2-40 接口单元 TNB(1,3,5,7)的开关必须断开,此时"使能开关"不保持接通状态,则急停。当操作人员脱离危险环境时,该开关闭合,屏蔽"使能开关"。

3. 手持操作单元 HMOP 地址分配

手持操作单元 HMOP 地址分配如图 2-41 所示。

手持操作单元 HMOP 在 I/O Link 中使用连续的 16 字节 X 地址和 32 字节的 Y 地址。具体设定严格按表 2-34 所示[基座号]、[插槽号]、[模块名称]等参数进设定。$0 \leqslant n \leqslant 15$。

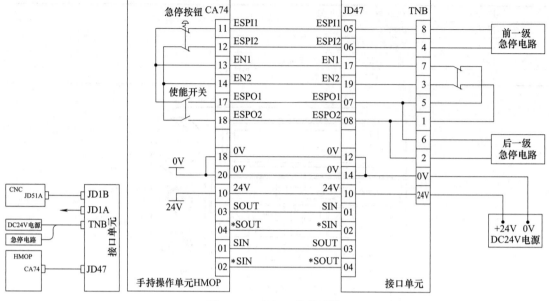

图 2-40   HMOP 总体连接

DI分配图		DO分配图	
Xm		Yn	
Xm+1	电源ON/OFF信息	Yn+1	LED位映像
Xm+2		Yn+2	
Xm+3		Yn+3	
Xm+4		Yn+4	LED行控制
Xm+5	HMOP状态	Yn+5	所选行左起第1字符
Xm+6		Yn+6	所选行左起第2字符
Xm+7		⋮	⋮
Xm+8	输入按键信号		
Xm+9		Yn+20	所选行左起第16字符
Xm+10		Yn+21	
Xm+11	保留	Yn+22	变量数据信息
Xm+12	手轮	Yn+23	
Xm+13		Yn+24	
Xm+14	保留	Yn+25	变量数据
Xm+15		⋮	
		Yn+31	

图 2-41   手持操作单元 HMOP 地址分配

表 2-34   手持操作单元 X/Y 地址

地址	组号	基座号	插槽号	模块名称	占用字节
Xm+0	n	0	0	##	4
Xm+4	n	0	1	#2	2
Xm+6	n	0	2	#2	2
Xm+8	n	0	3	#2	2
Xm+10	n	0	4	#2	2
Xm+12	n	0	5	#2	2
Xm+14	n	0	6	#2	2
Yn+0	n	0	7	#2	2

续表

地址	组号	基座号	插槽号	模块名称	占用字节
Yn+2	n	0	8	♯2	2
Yn+4	n	0	9	♯2	2
Yn+6	n	0	10	♯2	2
Yn+8	n	0	11	♯2	2
Yn+10	n	0	12	♯2	2
Yn+12	n	0	13	♯2	2
Yn+14	n	0	14	♯2	2
Yn+16	n	0	15	♯2	2
Yn+18	n	0	16	♯2	2
Yn+20	n	0	17	♯2	2
Yn+22	n	0	18	♯2	2
Yn+24	n	0	19	♯2	2
Yn+26	n	0	20	♯2	2
Yn+28	n	0	21	♯2	2
Yn+30	n	0	22	♯2	2

2.6.2 手持操作单元 iPendant

相比较于之前的手持操作单元 HMOP，iPendant 能够完整地显示系统画面，并且既能够作为 MDI 面板使用，又能够当作操作面板来进行操作。

iPendant 单元实际是一个基于 Windows CE 系统的设备，类似一个小型、简易化的 PANEL i。其内部安装了 CSD 软件，开机后直接启动软件进入 CNC 系统界面。iPendant 是集 CNC 画面显示、MDI 面板、机器操作面板于一体的装置，既可以实现对 CNC 系统的显示和操作，又可以对机器的动作进行控制。其采用 6.5in 的 LCD 屏幕，支持触屏功能的选配。

iPendant 可以支持两种工作方式：MDI 方式和机器操作方式。前者将 iPendant 上的键盘作为 MDI 面板使用，主要用于操作 CNC 系统；后者将 iPendant 上的键盘用作机器操作面板，用来操控机器的动作。作为机器操作面板使用时，需要机器厂家技术人员编制相关的梯形图。

iPendant 首先与其接口面板相连接，然后接口面板通过 I/O Link i（I/O Link 也可）和以太网（内嵌式以太网、多功能以太网、快速以太网均可，依据参数 NO.11539♯0 来选择）与 CNC 连接。

1. 手持操作单元 iPendant 规格

目前存在 4 种 iPendant 的产品订货：带手轮的与不带手轮的，带触摸屏与不带触摸屏。具体规格见表 2-35。连接 iPendant 单元和 CNC 系统间的接口面板有两种：接口面板 A 和接口面板 B。接口面板 A 上由于有一个电源开关，所以可以在关断开关的情况下，进行 iPendant 单元的直接插拔。而对于接口面板 B，由于没有电源开关，故不能进行相应操作。

如果 CNC 已经使用了标准的显示单元，还需要同时在 iPendant 和 CNC 显示屏上进行 CNC 画面的显示时，依据不同的 CNC 类型，需要选配"CNC 画面双重显示功能（S884）"或"CNC 画面显示功能（R709）"。

2. 主要部件

① 急停按钮：需要连接到整个急停回路中，包括与 CNC 急停和放大器急停的串接。

表 2-35　手持操作单元 iPendant 规格

名称	订货号	备注
iPendant 不带触摸屏	A02B-0333-C260	
iPendant 带触摸屏	A02B-0333-C261	
iPendant 带手轮,不带触摸屏	A02B-0333-C262	
iPendant 带手轮,带触摸屏	A02B-0333-C263	
iPendant 接口面板 A	A02B-0333-C302	可分离型
iPendant 接口面板 B	A02B-0333-C303	固定型
透明键盘膜	A02B-0333-K160	用于键盘表的自定义
触摸屏用触摸笔	A02B-0236-K111	
悬挂用挂钩	A02B-0333-K050	

② 使能开关:使能开关是一个 3 段开关,主要用于确保操作的安全性。iPendant 背部的两个使能开关可以达到相同的操作效果。当开关位于中间位置时,iPendant 与 CNC 的通信连接有效。

③ 操作 ON/OFF 开关:用于进行 iPendant 操作和 CNC 操作之间的切换。带手轮的 iPendant 无此开关。此时 iPendant 的使能操作通过同时按住左右端的两个软按键 0.5s 来进行,如图 2-42 所示。当切换完成后,会有"嘀"声提示。此外,还可以通过 PMC 信号进行 ON/OFF 操作的切换,但此时,上述的软按键切换操作就无效了。

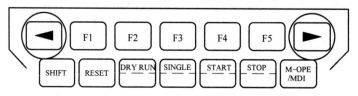

图 2-42　iPendant 操作和 CNC 操作之间的切换操作按键

④ [M-OPE/MDI] 按键:用于切换 iPendant 的工作模式,MDI 模式或是 M-OPE 模式。iPendant 的当前工作模式可以通过信号 M-OPE 来确认。

⑤ LCD:采用的是 6.5in 的显示屏。当使用分离式的 CNC 并且没有标准的显示单元时,要设定屏幕尺寸为 10.4in (NO. 13114♯0=0,NO. 13114♯1=0)。

⑥ 触摸屏:触摸屏功能是一个选配功能,可以方便操作。当需要使用 CNC 的竖排软键时,必须选配该功能。

⑦ 键盘:由 68 个按键组成。键盘上的按键状态反映到由参数决定的地址中,并在 PMC 中进行处理。iPendant 的标准按键表如图 2-43 所示。键盘按键还可以进行自定义。在 MDI 模式下,iPendant 键盘上的每个按键都有一个键值,通过更改每个按键的键值来进行按键的自定义;在 M-OPE 模式下,通过在 PMC 中处理按键相应的地址信号来重新定义按键的作用。

⑧ 3 个 LED 指示灯:POWER 灯,iPendant 上电时点亮;ALM 灯,CNC 报警发生时点亮;M-OPE 灯,当处于 M-OPE 模式下时,LED 灯会点亮。

⑨ USB 插槽:使用的是 USB 2.0 协议。除了作为数据输入输出接口使用,还可以连接一个标准的 USB 键盘或鼠标,以用于 iPendant 的维护。

⑩ 手轮:每转反馈 100 个脉冲。建议最大转速不要超过 5r/s。

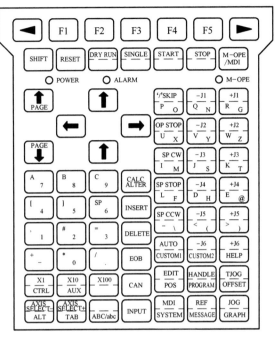

图 2-43　iPendant 标准按键

3. 硬件连接

iPendant 通过一个专用线缆 J3 与接口面板 A 或 B 连接，接口面板通过以太网和 CNC 系统相连，如图 2-44 所示。对于接口面板上的相应的外围信号（急停信号、使能信号等），需要连接到系统的 I/O 单元上（I/O Link，I/O Link i 均可），并在梯形图中处理。

IPC 信号可以由 CT2 接口的 A2 引脚测取。当 iPendant 正确连接并上电时，IPC 信号即被设定为 "1"。而当使用接口面板 A 时，如果电源开关拨到 OFF，那么此时的 IPC 信号为 "0"。所以，可以在梯图中使用该信号，来确定 iPendant 是否连接。

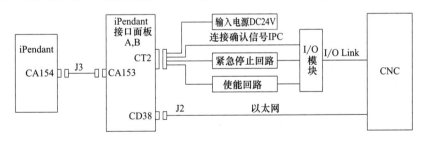

图 2-44　iPendant 与 CNC 的连接

CT2 接口中包含使能、急停、IPC 等信号，其引脚说明如图 2-45 所示。

B1	0V	A1	24V
B2	EN4	A2	IPC
B3	ESP2	A3	ESP1
B4	ESP4	A4	ESP3
B5	EN2	A5	EN1
B6	EN4	A6	EN3

图 2-45　CT2 接口引脚

2.7 缸体线数控桁架机器人控制系统硬件选型

2.7.1 数控装置选型

1. 数控装置的选型原则

数控装置的选型需要考虑技术和非技术两方面的因素。无论是从装备制造厂家还是从最终用户的角度看，数控装置选型都不应仅仅简单地作为一个技术问题来讨论，而应是一个对性能、价格、可靠性、人员、服务等多方面因素的综合性评价和决策过程。

技术方面需要考虑：

① 根据数控机器人的几何结构和传动结构及其运动插补关系，确定数控路径数（坐标系个数）和伺服轴（直线轴和回转轴）个数。

② 根据数控机器人的精度要求，确定数控系统的位置控制方式：开环/半闭环/全闭环。

③ 根据数控机器人各个坐标轴行程范围和工艺节拍要求，确定合理的坐标轴进给速度。

④ 根据数控机器人与数控加工设备的信号交互要求，合理确定二者之间的通信方式。

非技术方面需要考虑：

① 价格。由于市场竞争，迫使设计人员在面对档次和性能接近的数控装置时，必然倾向于选择价格较低的品牌。尤其是对经济型或普及型数控装备的机器人上下料，价格因素在数控装置选型时就显得尤其敏感。

② 贸易条件。除价格因素外，数控装置供货商在合同中所承诺的其他贸易条件，如交货期、付款方式、质保期、出口许可证、售后服务、技术支持等，也在相当程度上影响到数控装置的设计选型。

③ 可靠性。数控装置的可靠性问题是设计选型时必须考虑的因素。特别是对数控装置在恶劣电磁环境中的抗干扰能力，必须在设计选型时做出相应的可靠性评价。

④ 系统开放性。对于数控机器人的数控装置产品，要求其具有较好的开放性，以便设计人员更加方便地在数控装置硬件平台上开发相关控制软件。

⑤ 客户的认同度。设计选型的数控装置一般需要得到客户的认同和接受。

2. 缸体线数控桁架机器人的数控装置

综合考虑技术和非技术因素，确定缸体线数控桁架机器人的数控装置为 FANUC-0i-TF TYPE1，该装置配置 1 个路径时，总控制轴数可达 9 个伺服轴的控制，满足缸体线的轴控制要求。配置 10.4in LCD 带触摸屏和 PICTURE 功能，以方便人机界面的二次开发；选配 "CNC 双屏显示功能"，以实现同时在 iPendant 和 CNC 显示屏上进行 CNC 画面的显示。

虽然数控机器人与数控加工设备间信号交互采用 I/O 信号直接通信，但数控装置仍然配置 2 槽基本单元，且空置，主要是考虑后期机器人与加工设备信号交互可以升级为现场总线通信方式。

缸体线数控桁架机器人的数控装置主要硬件配置如表 2-36 所示。

2.7.2 I/O 模块选型

1 个电柜用 I/O 单元可以提供 96 点 DI 和 64 点 DO，且拥有 3 个手轮接口。缸体线数控桁架机器人配置 2 个电柜用 I/O 单元，1 个用于数控机器人自身的输入输出信号连接，1 个

表 2-36　缸体线数控桁架机器人数控装置主要硬件配置

序号	名称	规格	数量
1	基本单元 2 槽 A2	A02B-0338-B502	1
2	TYPE1	A02B-0339-B530	1
3	主板 AP2	A02B-0338-H101	1
4	电源单元(2 槽)	A02B-0338-H112	1
5	FROM/SRAM 存储器 B2(128M/2M)	A02B-0338-H057	1
6	10.4in LCD 带触摸屏	A02B-0338-H142	1
7	触摸屏接口 C	A02B-0338-H130♯C	1
8	空槽板 2 个	A02B-0338-J190	1
9	MDI 单元	A02B-0323-C128	1
10	CNC 双屏显示功能	A02B-0339-S884	1
11	可控制轴扩展	A02B-0339R689	1
12	机械组数定义:1	A02B-0339-S836♯1	1
13	触摸屏控制	A02B-0339-J682	1
14	PICTURE 执行器	A02B-0339-R644	1
15	用户软件容量 6MB	A02B-0339-J738♯6M	1
16	存储螺距误差补偿	A02B-0339-J841	1

用于与数控加工中心间的信号交互。考虑到数控装置与电柜中的 I/O 模块距离较长,已远远超过 I/O Link 电缆 15m 通信距离的限制,因此配置 2 个光电适配器以实现数控装置与 I/O 模块间的光纤通信。

缸体线数控桁架机器人的 I/O 模块硬件配置如表 2-37 所示。

表 2-37　缸体线数控桁架机器人 I/O 模块硬件配置

序号	名称	规格	数量
1	电柜用 I/O 单元	A02B-0319-C001	2
2	I/O Link i 光电适配器	A13B-0154-B101	2

2.7.3　交流伺服电机选型

原则上应根据负载条件来选择进给伺服电机。在电机轴上的负载有两种:阻尼转矩和惯量负载。这两种负载都要正确地计算,其值应满足下列条件:

① 匀速运行时,加在电机上的转矩应小于电机的连续额定转矩。

② 加速或减速运行时,加速转矩或减速转矩应该在电机的机械特性的断续区内。通常,负载转矩帮助电机的减速,因此,如果加速能在允许时间内完成的话,减速也可在相同的时间内完成。

③ 负载的惯量要小于电机本身惯量的 3 倍。加在电机轴上的负载惯量大小对电机的灵敏度和整个伺服系统的精度将产生影响。通常,当负载惯量小于电机转子惯量时,上述影响不大。但当负载惯量达到甚至超过电机转子惯量的 5 倍时,会使灵敏度和响应时间受到很大的影响,甚至会使伺服放大器不能在正常调节范围内工作。推荐伺服电机惯量 J_m 和负载惯量 J_L 之间的关系如下:

$$1 \leqslant \frac{J_L}{J_m} \leqslant 3$$

1. 伺服电机匀速时负载转矩计算

以 X 轴为例说明电机的选型计算。该桁架机械手 X 轴采用双直线导轨,四滑块结构。

综合考虑安装状态和滑块刮油板产生的运动阻力，确定摩擦系数 $\mu=0.1$。

X 轴运动部分质量 $M=800\text{kg}$，X 轴匀速时驱动力：

$$F_{\text{L}}=\mu gM=0.1\times9.8\times800=784(\text{N})$$

齿轮齿条传动效率 η 取 90%，齿轮分度圆直径 $D=66.845\text{mm}$。X 轴的减速比 $i=8$，X 轴匀速时负载转矩：

$$T_{\text{L}}=\frac{F_{\text{L}}D/2}{i\eta}=\frac{784\times(0.066845/2)}{8\times0.9}=3.64(\text{N}\cdot\text{m})$$

2. 负载惯量的计算

由电机驱动的所有运动部件，无论旋转运动的部件，还是直线运动的部件，都是电机的负载惯量。电机轴上的总负载惯量可以通过计算各个被驱动部件的惯量，并按一定规律将它们相加得到。

1）圆柱体的惯量

如滚珠丝杠、齿轮等围绕其中心轴旋转时的惯量可按下列公式计算。

$$J=\frac{\pi\gamma}{32}D^4L$$

式中　J——惯量，$\text{kg}\cdot\text{m}^2$；

　　　γ——材料的密度，kg/m^3；

　　　D——圆柱体的直径，m；

　　　L——圆柱体的长度，m。

齿轮直径 $D=66.845\text{mm}$，宽度 $L=50\text{mm}$，则该齿轮的转动惯量为：

$$J_{\text{齿轮}}=\frac{7.8\times10^3\times\pi}{32}\times0.066845^4\times0.05=0.00076(\text{kg}\cdot\text{m}^2)$$

2）直线移动物体的惯量

如工作台、工件等直线移动部件的惯量按下列公式计算。

$$J=W\left(\frac{l}{2\pi}\right)^2$$

式中　J——惯量，$\text{kg}\cdot\text{m}^2$；

　　　W——直线移动部件的质量，kg；

　　　l——电机每转在直线方向的移动距离，m。

带工件水平移动的桁架机械手属直线移动物体，其惯量计算如下：

$$J_{\text{W}}=800\times\left(\frac{\pi\times0.066845}{2\pi}\right)^2=0.89365(\text{kg}\cdot\text{m}^2)$$

3）折算到电机轴的负载惯量

机械变速时的负载惯量折算到电机轴上的计算方法如下：

$$J_{\text{L}}=\frac{J}{i^2}$$

式中　J_{L}——折算到电机轴上的负载惯量；

　　　J——未折算前的负载惯量；

　　　i——减速比。

X 轴的减速比 $i=8$，X 轴折算到电机轴负载惯量：

$$J_L = \frac{0.00076 + 0.89365}{8^2} = 0.014(\text{kg} \cdot \text{m}^2)$$

3. 电机加速或减速时的转矩

按直线加速曲线加速时的加速转矩按下式计算。

$$T_a = \frac{2\pi V_m}{60} \times \frac{1}{t_a}(J_m + J_L/\eta)(1 - e^{-k_s t_a})$$

式中　　V_m——电机快进速度，r/min；

　　　　t_a——加速时间，s；

　　　　J_m——电机转子惯量，kg·m²；

　　　　J_L——已折算到电机轴的负载惯量，kg·m²；

　　　　k_s——伺服位置环增益，s⁻¹。

加速转矩开始减小时的转速 V_r 可由下式计算：

$$V_r = V_m \left[1 - \frac{1}{t_a k_s}(1 - e^{-k_s t_a})\right]$$

以 X 坐标轴为例，X 轴的快进速度 75m/min，电机快进速度 $V_m = 2857$r/min；加速时间 $t_a = 0.2$s；伺服位置环增益 $k_s = 30$s⁻¹；按前面计算的负载转矩 $T_L = 3.64$N·m，考虑减速比 $i = 8$，可选择 FANUC 伺服电机 αiF8/3000-B，其堵转转矩 8N·m，最大转矩 29N·m，电机转子惯量 $J_m = 0.00257$kg·m²。该坐标轴的加速转矩计算如下：

$$T_a = \frac{2857 \times 2\pi}{60} \times \frac{1}{0.2} \times (0.00257 + 0.014/0.9) \times (1 - e^{-30 \times 0.2}) = 27.05(\text{N} \cdot \text{m})$$

加速转矩开始减小时的转速 V_r 计算如下：

$$V_r = 2857 \times \left[1 - \frac{1}{0.2 \times 30}(1 - e^{-30 \times 0.2})\right] = 2382(\text{r/min})$$

当电机加速时，需要的转矩为：$T = T_a + T_L = 27.05 + 3.64 = 30.69$（N·m）。而需要该最大转矩的速度 $V_r = 2382$r/min。对照图 2-46（a）所示电机特性曲线，αiF8/3000-B 不能满足设计要求，应该选择转矩稍大的电机。

重新选择 αiF22/3000-B 电机，其堵转转矩 22N·m，最大转矩 64N·m，电机转子惯量 $J_m = 0.0120$kg·m²。重新计算该坐标轴的加速转矩如下：

$$T_a = \frac{2857 \times 2\pi}{60} \times \frac{1}{0.2} \times (0.0120 + 0.014/0.9) \times (1 - e^{-30 \times 0.2}) = 41.12(\text{N} \cdot \text{m})$$

当电机加速时，需要的转矩为：$T = T_a + T_L = 41.12 + 3.64 = 44.76$（N·m）。而需要该最大转矩的速度 $V_r = 2382$r/min。对照图 2-46（b）所示电机特性曲线，αiF22/3000-B 不能满足设计要求，还应该选择转矩更大的电机。

重新选择 αiF30/4000-B 伺服电机，其堵转转矩 30N·m，最大转矩 83N·m，电机转子惯量 $J_m = 0.0170$kg·m²。重新计算该坐标轴的加速转矩如下：

$$T_a = \frac{2857 \times 2\pi}{60} \times \frac{1}{0.2} \times (0.0170 + 0.014/0.9) \times (1 - e^{-30 \times 0.2}) = 48.58(\text{N} \cdot \text{m})$$

当电机加速时，需要的转矩为：$T = T_a + T_L = 48.58 + 3.64 = 52.22$（N·m）。而需要该最大转矩的速度 $V_r = 2382$r/min。对照图 2-46（c）所示电机特性曲线，αiF30/4000-B 满足设计要求。

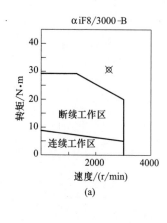
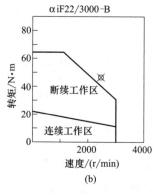
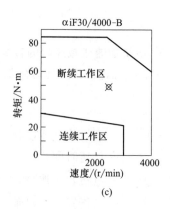

图 2-46   电机特性曲线

4. 各轴伺服电机选型结果

缸体线数控桁架机器人各坐标轴伺服电机选型结果如表 2-38 所示。X 轴伺服电机为 αiF30/4000-B；Z1/Z2 轴伺服电机带抱闸为 αiF30B/4000-B；A1/A2 轴伺服电机带抱闸为 αiF8B/3000-B。伺服电机全部选择绝对编码器 αiA4000。

表 2-38   缸体线数控桁架机器人伺服电机选型

序号	名称	规格	数量
1	X 轴伺服电机 αiF30/4000-B	A06B-2253-B100	1
2	Z1/Z2 轴伺服电机 αiF30B/4000-B	A06B-2253-B400	2
3	A1/A2 轴伺服电机 αiF8B/3000-B	A06B-2227-B400	2

2.7.4　伺服放大器选型

1. 放大器选型

依据表 2-14，X 轴伺服电机 αiF30/4000-B 配置单轴放大器 αiSV160-B，Z1/Z2 轴伺服电机 αiF30B/4000-B 配置双轴放大器 αiSV160/160-B，A1/A2 轴伺服电机 αiF8B/3000-B 配置双轴放大器 αiSV40/40-B。

2. 伺服电源模块选型

αiPS 伺服电源模块的选择原则：

① 电源模块额定输出功率≥∑伺服电机额定连续输出功率×0.6；

② 电源模块峰值最大输出功率≥∑伺服电机加速时最大输出功率。

伺服电机 αiF30/4000-B 的额定输出功率 7kW，加速时最大输出功率 23kW；伺服电机带抱闸的 αiF8B/3000-B 的额定输出功率 1.6kW，加速时最大输出功率 5.7kW。

电源模块额定输出功率≥(3×7＋2×1.6)×0.6＝14.52kW。

电源模块峰值最大输出功率≥3×23＋2×5.7＝80.4kW。

伺服电源 αiPS26-B 的额定输出 26kW，峰值最大输出 83kW，满足要求。

缸体线数控桁架机器人伺服放大器选型结果如表 2-39 所示。

2.7.5　手持操作单元 iPendant 选型

缸体线数控桁架机器人手持操作单元 iPendant 选型结果如表 2-40 所示。

表 2-39　缸体线数控桁架机器人伺服放大器选型

序号	名称	规格	数量
1	伺服电源 αiPS26-B	A06B-6200-H026	1
2	单轴放大器 αiSV160-B	A06B-6240-H106	1
3	双轴放大器 αiSV160/160-B	A06B-6240-H211	1
4	双轴放大器 αiSV40/40-B	A06B-6240-H207	1
5	绝对编码器电池	A06B-6050-K061	1
6	绝对编码器电池盒	A06B-6050-K060	1
7	交流电抗器	A81L-0001-0187	1
8	浪涌吸收器	A06B-6200-K141	1
9	直流短路棒 154mm	A06B-6078-K840	1
10	直流短路棒 90mm	A06B-6078-K801	1
11	直流短路棒 64mm	A06B-6078-K803	1

表 2-40　缸体线数控桁架机器人手持操作单元 iPendant 选型

序号	名称	规格	数量
1	iPendant 带手轮带触摸屏	A02B-0333-C263	1
2	iPendant 接口面板 A	A06B-0333-C302	1
3	触摸屏笔	A02B-0236-K111	1
4	iPendant 支架	A02B-0333-K050	1
5	iPendant 用电缆(14m)	A02B-0333-K832	1

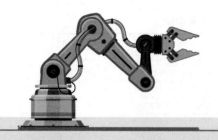

第 3 章

数控桁架机器人控制系统的硬件连接与设定

FANUC 数控系统硬件连接主要采用总线连接方式，包括 I/O Link 总线和 FSSB 伺服串行总线。

I/O Link 总线是指连接 PMC 与各 I/O 装置并在 PMC 与 I/O 装置间高速传递 I/O 信号的串行通信接口。每个通道最大 I/O 点数为 1024 输入/1024 输出。如果升级为 I/O Link i 总线，每个通道最大 I/O 点数可达 2048 输入/2048 输出。

FSSB 总线是 FANUC 串行伺服总线（FANUC Serial Servo Bus），是 CNC 单元与伺服放大器间的信号与数据高速传输总线，使用一条光缆可以传递多个进给伺服轴的控制信号与数据。

3.1 CNC 总体连接

0i-F 的控制系统结构如图 3-1 所示。0i-F 系统的控制单元可以有两个选择插槽，可以增加选择配置板，如快速以太网络板、PROFIBUS 主控板、PROFIBUS 从控板等。其中，快速以太网板只可安装在 LCD 侧的插槽。

0i-F 的基本配置，即无选择配置时的总体连接见图 3-2。带附加选择配置时的连接见图 3-3。主板上部分插座的说明如下：

CP1：DC24V 电源输入。

JD36A & JD36B：RS-232C 串行口。

JA40：模拟输出及高速跳步输入。

COP10A-1：FSSB 总线接口。

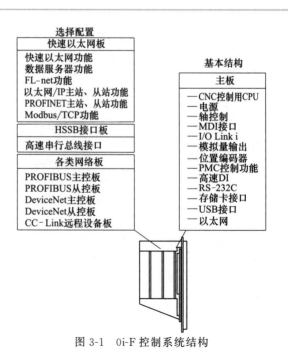

图 3-1 0i-F 控制系统结构

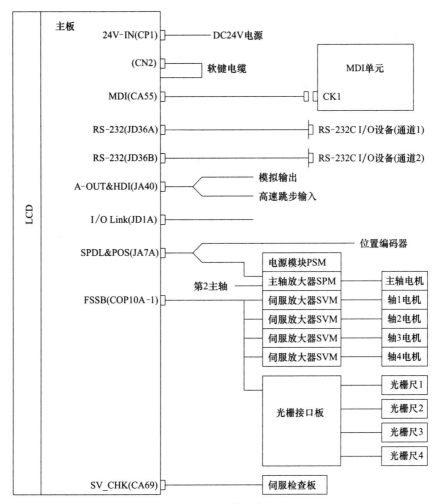

图 3-2　总体连接

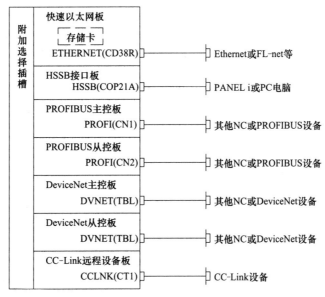

图 3-3　选择板的连接

3.2 电源连接

3.2.1 数控装置电源的连接

0i-F 数控装置需要从外部输入 24V DC 电源给控制单元供电，如图 3-4 所示。该 24V DC 电源规格要求：24V ± 10%（21.6 ～ 26.4V）。

按如下顺序接通各单元的电源或同时给所有单元通电。

① 设备电源（AC 输入）；

② 伺服放大器控制电源（24V DC）；

③ I/O Link i 连接的 I/O 模块，分离型检测器接口单元电源（24V DC），CNC 控制单元的电源，分离型检测器的电源。

图 3-4   CNC 控制单元的电源连接

"同时给所有单元通电"的意思是在上述③通电后 500ms 内必须完成①和②的通电操作。其时序见图 3-5。

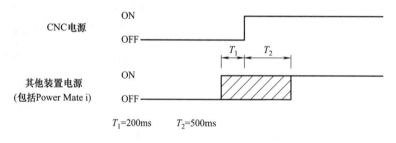

图 3-5   同时通电时序图

电源可按如下顺序关断或同时关断。

① I/O Link i 连接的 I/O 模块，分离型检测器接口单元电源（24V DC），CNC 控制单元的电源；

② 伺服放大器的控制电源（24V DC），分离型检测器的电源；

③ 设备的电源（AC 输入）。

"同时关断"是指在上述①操作前 500ms 内完成②和③的操作，否则，将有报警发生。

ON/OFF 电路一般设置在 24V DC 电源的交流侧，如图 3-6 所示。

3.2.2 伺服系统电源的连接

1. αi-B 系列伺服电源模块的连接

图 3-7 所示电路是 αi-B 系列 200V 伺服驱动电源模块的接线图举例。接线说明如下：

① 三相 200V 交流电源经空气开关 QF1、交流接触器 KM1、电抗器输入到电源模块 PSM。

② CX48 接口用于三相 200V 交流输入电源电压及相位的监控。

③ 电源模块 PSM 的控制电源为直流 24V 经由 CXA2D 引入。该控制电源正常输入后，

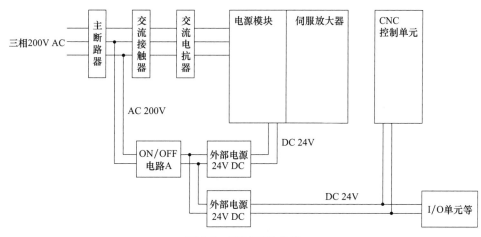

图 3-6　ON/OFF 电路

自检正常则 CX3 的 1 脚和 3 脚闭合，交流接触器 KM1 得电吸合，主回路送电。

④ 伺服急停信号从 CX4 引入，正常时 KA1 处闭合状态。

⑤ 电源模块 PSM 产生的直流 300V 电压通过在 TB1 端子连接短路片送到主轴放大器 SPM 或伺服放大器 SVM。

⑥ CXA2A 用于电源模块与伺服放大器模块 SVM 之间 24V DC 电源、急停信号、电池电源的互连。具体连接如图 3-8 所示。

⑦ αi-B 系列 400V 伺服驱动电源模块的接线图基本与 200V 电源模块相同，所不同的是三相动力电源是三相 400V 交流电源。

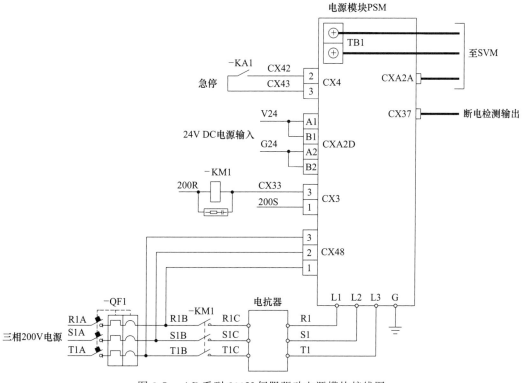

图 3-7　αi-B 系列 200V 伺服驱动电源模块接线图

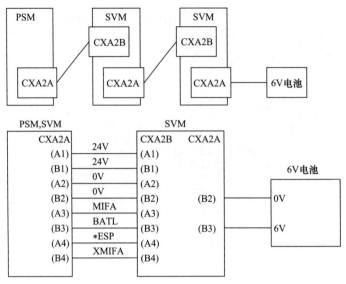

图 3-8　CXA2A 接线图

2. βi 系列伺服电源模块的连接

βi 系列伺服放大器内带电源模块，图 3-9 是 SVM1-20i 放大器电源的连接图。

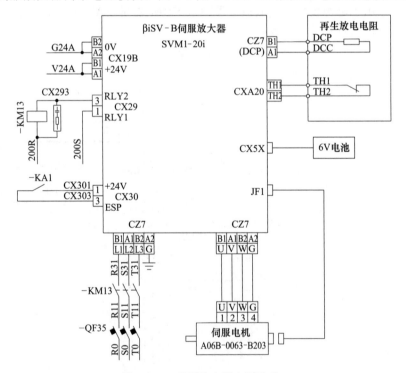

图 3-9　βi 系列放大器电源连接

① 三相 200V 交流电源经空气开关 QF35、交流接触器 KM13 到放大器模块 SVM1-20i。

② 放大器模块 SVM1-20i 的控制电源为 24V DC，经由 CX19B 引入。该控制电源正常输入后，自检正常则 CX29 的 1 脚和 3 脚闭合，交流接触器 KM13 得电吸合，主回路送电。

③ 伺服急停信号从 CX30 引入，正常时 KA1 处闭合状态。

3.3 伺服连接及设定

3.3.1 FSSB伺服总线的连接

FANUC数控系统与伺服之间的连接使用FSSB总线（图3-10）。FSSB是FANUC Serial Servo Bus（发那科串行伺服总线）的缩写。该总线使用专用的光缆将1台主控器与多台从控器进行串行连接。这里，主控器是CNC控制单元，从控器是伺服放大器及分离型检测器接口单元。

使用FSSB的系统，CNC、伺服放大器和分离型检测器接口单元彼此间通过光缆连接。1个双轴放大器由2个从控器组成；1个三轴放大器由3个从控器组成。从控器号从1开始以升序排列，越小的从控器号离CNC越近，如图3-11所示。图中M1/M2分别为第一/第二分离型检测器接口单元。

使用FSSB的0i-F系统，下列参数需要设定：1023、1902♯1、2013♯0、11802♯4、24000～24095、24096～24103。

设定这些参数时，有三种方法比较实用。

① 手动设定1：基于1023号的设定，执行轴的缺省设定。无需设定参数24000～24095、24096～24103，但某些功能不可用。

② 自动设定：在FSSB设定画面，输入轴和放大器的关系，进行轴参数的自动计算和设定。

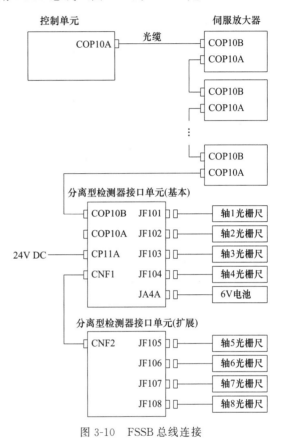

图3-10 FSSB总线连接

③ 手动设定2：直接输入FSSB所有参数的设定值。

3.3.2 伺服放大器的连接

图3-12所示伺服放大器的连接是以一个3轴放大器为例。CZ2L～CZ2N是放大器到电机的动力线插头；JF1～JF3是电机的内置编码器反馈接口。如果是双轴放大器，则无CZ2N和JF3；如果是单轴放大器，则还要去掉CZ2M和JF2。

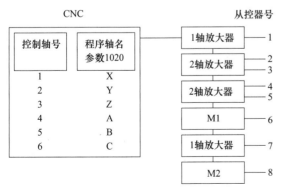

图3-11 从控器号定义

伺服电机反馈电缆的连接如图 3-13 所示。当使用绝对编码器时，其中的 6V 线必须连接。

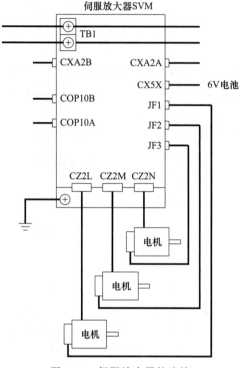

图 3-12   伺服放大器的连接

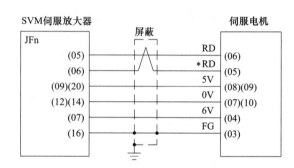

图 3-13   伺服电机反馈电缆的连接

3.3.3   FSSB 伺服总线设定

1. 手动设定 1（图 3-14）

当参数 1902♯0＝0 和参数 1902♯1＝0 设定后，手动设定 1 有效。

手动设定 1 下，以参数 1023 中设定的值作为从控制器号进行设定。也即参数 1023 的值为 1 的轴，与最靠近 CNC 的放大器连接；参数 1023 的值为 2 的轴，与其次靠近 CNC 的放大器连接。

手动设定 1 下无法使用如下的功能和设定：

① 无法使用分离型检测器接口单元。

② 无法跳过参数 1023 的伺服轴号进行设定。如，不将伺服轴号 2 设定在任何轴中，则无法将伺服轴号 3 设定在某一个轴中。

③ 无法使用部分伺服功能：串联控制；电子齿轮箱（EGB）。

2. 自动设定

当参数 1902♯0＝0 设定时，可使用 FSSB 设定画面进行自动设定。

基于 FSSB 设定画面的自动设定步骤如下：

① 放大器设定画面上按照从控器号的顺序显示伺服放大器和分离型检测器接口单元的信息。设定连接于每个从控器的轴控制号。此时，在旁边显示控制轴名称（分离型检测器接口单元除外）。

② 选择轴设定画面，在每个控制轴中设定分离型检测器接口单元的连接器号等功能

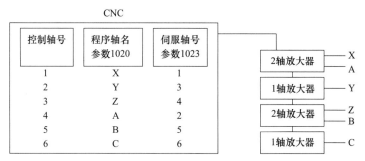

图 3-14 FSSB 手动设定 1

数据。

③ 按下软键"设定",进行自动设定。

通过这一操作执行自动计算,设定 FSSB 相关参数。各参数设定完成,参数 1902♯1 自动置为 1。

对于 FSSB 设定画面的自动设定,具体操作如下:

① 在 1023 中设定伺服轴数。确认 1023 中设定的伺服轴数,与通过光缆连接的伺服放大器的总轴数对应。

② 在伺服初始化画面,初始化伺服参数。

③ 关闭 CNC 电源,再打开。

④ 按功能键 [SYSTEM],反复按扩展菜单键,直到显示 [FSSB],按软键 [FSSB] 切换屏幕显示到伺服设定画面(或是前面选择的 FSSB 设定画面)。

⑤ 按软键 [SERVO AMP],显示如图 3-15 所示的放大器设定画面,给连接到各个放大器的轴设定控制轴号。

放大器设定画面包括如下内容:

HRV:电流环。2 表示 HRV2,3 表示 HRV3。

No.:从控器号。

AMP:放大器的形式。A 表示放大器,编号(1,2,3,…)表示放大器的安装位置,离 CNC 最近的编号为 1;L、M 和 N 表示放大器控制的进给轴,L 为第 1 轴,M 为第 2 轴,N 为第 3 轴。

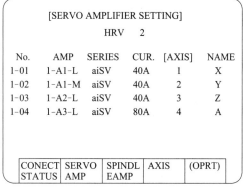

图 3-15 放大器设定画面

SERIES:放大器的系列号。

CUR.:最大额定电流。

[AXIS]:轴号。此参数设定从控器 1~10 相对应的伺服轴号。

NAME:轴的名称。显示参数 1020 中指定的轴名。

⑥ 按软键 [PULSE MODULE],显示如图 3-16 所示为脉冲模块画面,包括如下内容:

No.:从控器号。

EXT:分离型检测器接口单元序号。M1 表示从 CNC 侧开始计数的第 1 个分离型检测器接口单元,M2 表示从 CNC 侧开始计数的第 2 个分离型检测器接口单元。

TYPE:分离型检测器接口单元类型。

PCB ID：显示分离型检测器接口单元的 ID。

⑦ 在放大器设定画面，按软键［AXIS］，屏幕切换到轴设定画面，如图 3-17 所示。轴设定画面列出了 CNC 轴，从上到下按照升序排列轴号。

```
┌─────────────────────────────────┐
│         [PULSE MODULE]          │
│                                 │
│                                 │
│   No.   EXT   TYPE    PCB ID    │
│   1-05   M1    A    0"SDU(8AXES)"│
│                                 │
│                                 │
│                                 │
├──────┬──────┬──────┬──────┬─────┤
│PULSE │SERVO │SPINDL│ COM  │     │
│MODULE│MAINTE│EMAINT│STATE │(OPRT)│
└──────┴──────┴──────┴──────┴─────┘
```

图 3-16　脉冲模块画面

```
┌──────────────────────────────────────┐
│           [AXIS SETTING]             │
│                                      │
│  AXIS  NAME  AMP        M     Cs M/S │
│                  1 2 3 4 5 6 7 8     │
│   1     X    1-A1-L  1          0  0 │
│   2     Y    1-A2-L  2          0  0 │
│   3     Z    1-A2-M  3          0  0 │
│   4     A    1-A3-L  4          0  0 │
│   5     B    1-A3-M  5          0  0 │
│   6     C    1-A4-L  6          0  0 │
├────────┬──────┬──────┬──────┬────────┤
│CONECT  │SERVO │SPINDL│ AXIS │        │
│STATUS  │ AMP  │ EAMP │      │ (OPRT) │
└────────┴──────┴──────┴──────┴────────┘
```

图 3-17　轴设定画面

⑧ 各轴执行下列任何一项操作时，此画面的设定都是需要的：使用分离型检测器、使用 Cs 轴控制、使用双电机驱动（TANDEM）控制。

轴设定画面各项内容的意义为：

AXIS：轴号。按照 CNC 的控制轴顺序显示。

NAME：控制轴名称。

AMP：各轴所用放大器的类型。

M1：分离型检测器接口单元 1 的连接器号。

M2：分离型检测器接口单元 2 的连接器号。

Cs：进行 Cs 轮廓控制时，为所属的轴设定 1。

M/S：主控轴/从控轴。

⑨ 按［（OPRT）］，再按软键［SETTING］，FSSB 相关参数自动设定。参数 1902＃1 变为 1，说明以上这些参数都被设定了。当电源关机再开机，对应各个参数的轴设定就完成了。

［例 3-1］　半闭环的设定。其伺服连接见图 3-18。

① 在参数 1023 中设定各轴的伺服轴号。X：1；Y：2；Z：3；A：4。

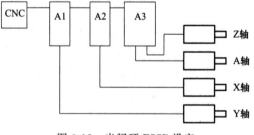

图 3-18　半闭环 FSSB 设定

② 各个轴的伺服参数初始化。CNC 关机再开机。

③ 在如图 3-19 所示的放大器设定画面，输入与从控器号相匹配的伺服轴号。

④ 按软键［SETTING］。

⑤ 关闭 CNC 电源然后再打开，设定完成。

［例 3-2］　全闭环的设定。其伺服连接见图 3-20。

① 在参数 1023 中设定各轴的伺服轴号。X：1；Y：2；Z：3；A：4。

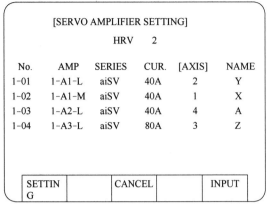

图 3-19 放大器设定画面（半闭环）

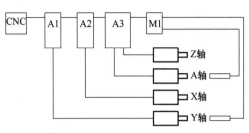

图 3-20 全闭环 FSSB 设定

② 各个轴的伺服参数初始化。CNC 关机再开机。

③ 在放大器设定画面输入与控制轴号相匹配的伺服轴号，见图 3-21。

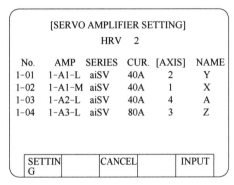
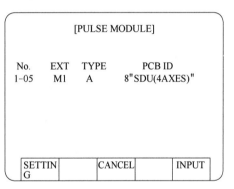

图 3-21 放大器与脉冲模块设定画面（全闭环）

④ 按软键［SETTING］（当输入一个值后此软键才显示）。

⑤ 放大器设定完毕，按软键［AXIS］，切换到轴设定画面。

⑥ 在轴设定画面设定各轴的分离型检测器连接器号，见图 3-22。

⑦ 按软键［SETTING］。

⑧ 设定参数 1815♯1 为 1，即设定 Y 轴和 A 轴使用分离型脉冲编码器。

⑨ CNC 关机再开机，设定完成。

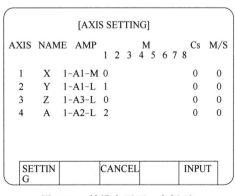

图 3-22 轴设定画面（全闭环）

3. 手动设定 2

在进行手动设定 2 之前，必须弄清 FSSB 相关参数的具体含义。

1023：伺服轴号。通常伺服轴号与控制轴号相同。控制轴号是表示轴类型参数和轴类型信号的序号。

1902♯0（FMD）：置 0，FSSB 的设定方式为自动设定方式；置 1，FSSB 的设定方式为手动设定方式 2。

1902♯1（ASE）：自动设定方式时，自动设定该参数。置 0，表示自动设定尚未结束；置 1，表示自动设定已经结束。

24000～24031：相对于 FSSB 从控器 1～32 的地址变换表的值（ATR 值）。从控器为伺服放大器时，将参数 1023 设定值加 1000 作为设定值；从控器为主轴放大器时，将参数 3717 设定值加 2000 作为设定值；从控器为分离型检测器接口单元时，第 1 台（靠近 CNC 连接）分离型检测器接口单元设定 3001，第 2～4 台分别设定为 3002、3003、3004；不存在从控器时，设定 1000。

24096～24099：各轴连接到第 1～4 台分离型检测器接口单元的连接器号。JF101～JF108 分别对应设定值 1～8，不使用的连接器设定 0。

24104～24111：第 1 台分离型检测器接口单元连接器 1～8 的地址变换表的值（ATR 值）。设定值为分离型检测器接口单元连接器上的轴参数 1023 设定值加 1000，不使用的连接器设定 1000。

24112～24119：第 2 台分离型检测器接口单元连接器 1～8 的地址变换表的值（ATR 值）。设定值为分离型检测器接口单元连接器上的轴参数 1023 设定值加 1000，不使用的连接器设定 1000。

24120～24127：第 3 台分离型检测器接口单元连接器 1～8 的地址变换表的值（ATR 值）。设定值为分离型检测器接口单元连接器上的轴参数 1023 设定值加 1000，不使用的连接器设定 1000。

24128～24135：第 4 台分离型检测器接口单元连接器 1～8 的地址变换表的值（ATR 值）。设定值为分离型检测器接口单元连接器上的轴参数 1023 设定值加 1000，不使用的连接器设定 1000。

以图 3-20 的带有全闭环的伺服连接为例，其中 Y 轴分离型检测器连接到 M1 的 JF101，A 轴分离型检测器连接到 M1 的 JF102。手动设定 2 的参数设定如表 3-1 所示。

表 3-1　手动设定 2

参数号	1902♯0			
设定值	1			
参数号	1020	1023	24096	24097～24099
设定值	88(X)	1	0	0
	89(Y)	2	1	0
	90(Z)	3	0	0
	65(A)	4	2	0
参数号	24000	24001	24002	24003	24004～24031
设定值	1002	1001	1004	1003	1000
参数号	24104	24105	24106～24135		
设定值	1002	1004	1000		

3.3.4　伺服参数的基本设定

1. 位置环基本参数

PRM1825（Kp）：位置增益（伺服环增益）。设定单位为 $0.01s^{-1}$，标准设定值 3000。位置增益根据机械系统的响应性能（跟踪性）进行设定。

$$伺服时间常数(s) = \frac{1}{位置增益(s^{-1})}$$

标准设定值的 3000 等价于约 33ms 的时间常数。

PRM1815♯1（OPT）：半闭环全闭环选择。

0：位置检测采用电机内置脉冲编码器（半闭环）。

1：位置检测采用分离型位置检测器（全闭环）。

2. 速度环基本参数

PRM2003♯3（PIEN）：速度控制方式。

0：速度控制方式，使用 I-P 控制。

1：速度控制方式，使用 PI 控制。

PRM2043：速度环积分增益（PK1V）。

PRM2044：速度环比例增益（PK2V）。

PRM2045：速度环不完全积分增益（PK3V）。

考虑到各种各样机械系统的需要，在速度控制方面设计了 I-P 控制和 PI 控制两种控制方式。

I：integral（积分）的简略。

P：proportion（比例）的简略。

I-P 控制如图 3-23 所示，TCMD 指令是由 VCMD 发出的指令经积分并乘上 PK1V 的积分增益后而形成的。用 TCMD 指令驱动电机运转，并通过由装在电机内的脉冲编码器将速度 FB（Vf）反馈，对 PK2V 的比例增益分量作差运算求出 TCMD。

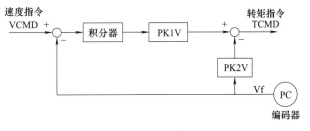

因此，在 I-P 控制中，是先从积分项开始处理，之后再进行比例项的处理，即由于是按照积分项→比例项的顺序处理的，故称为 I-P（积分-比例）控制。

图 3-23　I-P 控制

当然，实际中，机械开始启动有一定的延迟时间，这段时间通常是在 TCMD 中考虑的。

另外，在运行中，对 VCMD 还要与速度 FB（Vf）分量进行减法运算。

在 I-P 控制中，TCMD 如图 3-24 所示。可以认为 I-P 控制通常是为响应性能比较好（机械刚性高）的小型机械设计的。

PI 控制具有如图 3-25 所示的控制结构。如图可知，除了在积分器的上部配置了 PK2V（比例增益）外，其余结构与前面的 I-P 控制完全相同。因此，与 I-P 控制的区别特征

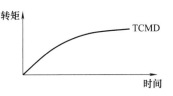

图 3-24　I-P 控制中的转矩指令

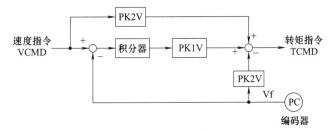

图 3-25　PI 控制

就是有无上部的 PK2V 的处理。

在 PI 控制中，由 VCMD 经此 PK2V，先形成 TCMD 指令，由此驱动电机运转。此后，在通常的传递中，经过积分器、PK1V 形成 TCMD 指令。所以，PI 控制是首先处理比例项，此后进行积分项的处理，是按比例项→积分项的顺序处理的，所以称为 PI（比例→积分）控制。

PI 控制中，TCMD 如图 3-26 所示。所以，可以认为，PI 控制通常是为响应性能不太好（机械刚性低）的大型机械设计的。

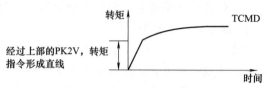

图 3-26　PI 控制中的转矩指令

为此，利用该特性，收到速度指令之后，可在比较短的时间里获得大转矩，所以在刚性高的机械（通常的小型机械等）上使用时也用来改善启动时的转矩上升特性。

PRM2021：负载惯量比（LDINT）。可以调整速度环的增益。

$$设定值 = \frac{负载惯量}{转子惯量} \times 256$$

改变负载惯量比时，内部使用的积分增益（K1）和比例增益（K2）按下面的比率进行调整。

$$积分增益(K1) = PK1V \times \left(1 + \frac{LDINT}{256}\right)$$

$$比例增益(K2) = PK2V \times \left(1 + \frac{LDINT}{256}\right)$$

3. 伺服参数的初始化

1）设定"初始化设定位"

	#7	#6	#5	#4	#3	#2	#1	#0
初始化设定位							DGPR	PLC0

参数 2000♯1（DGPR）：伺服参数的初始设定（0：进行伺服参数的初始设定；1：结束伺服参数的初始设定）。

参数 2000♯0（PLC0）：最小移动单位的设定（0：001mm；1：0.0001mm）。

2）电机代码设定（参数 2020）

① αiF-B 系列伺服电机代码，见表 3-2。表中，（20A）、（40A）、（80A）分别代表 20A、40A、80A 的驱动放大器。

表 3-2　αiF-B 系列伺服电机代码

电机型号	电机代码	电机型号	电机代码
αiF1/5000-B	252(20A) 500(40A)	αiF22/3000-B	297
αiF2/5000-B	255(20A) 501(40A)	αiF22/4000-B	494
αiF4/5000-B	273(40A) 498(80A)	αiF30/4000-B	303
αiF8/3000-B	277(40A) 499(80A)	αiF40/3000-B	307
αiF8/4000-B	492	αiF40/3000FAN-B	308
αiF12/4000-B	293		

② αiS-B 系列伺服电机代码，见表 3-3。表中，（20A）、（40A）分别代表 20A、40A 的驱动放大器。

表 3-3 αiS-B 系列伺服电机代码

电机型号	电机代码	电机型号	电机代码
αiS2/5000-B	262(20A) 502(40A)	VαiS50/3000FAN-B	325
αiS2/6000-B	284(20A) 503(40A)	αiS60/2000-B	470
αiS4/5000-B	265(20A) 504(40A)	αiS60/3000-B	456
αiS4/6000-B	466(20A) 505(40A)	αiS60/3000FAN-B	328
αiS8/4000-B	285	αiS100/2500-B	335
αiS8/6000-B	290	αiS100/2500FAN-B	330
αiS12/4000-B	288	αiS150/3000-B	701
αiS12/6000-B	462	αiS200/2500-B	338
αiS22/4000-B	315	αiS200/2500FAN-B	334
αiS22/6000-B	452	αiS300/2000-B	342
αiS30/4000-B	318	αiS300/2000-B	702
αiS40/4000-B	322	αiS500/2000-B	345
αiS50/2000-B	468	αiS500/2000-B	703
αiS50/3000-B	324		

③ βiS-B 系列伺服电机代码，见表 3-4。表中，（4A）、（20A）、（40A）、（80A）分别代表 4A、20A、40A、80A 的驱动放大器。

表 3-4 βiS-B 系列伺服电机代码

电机型号	电机代码	电机型号	电机代码
βiS0.2/5000	260(4A)	βiS8/3000-B	258(20A) 259(40A)
βiS0.3/5000	261(4A)	βiS12/2000-B	269(20A) 268(40A)
βiS0.4/5000-B	280(20A) 506(40A)	βiS12/3000-B	272(40A) 477(80A)
βiS0.5/6000-B	281(20A) 507(40A)	βiS22/2000-B	274(40A) 478(80A)
βiS1/6000-B	282(20A) 508(40A)	βiS22/3000-B	313(80A)
βiS1.5/6000-B	549(20A)	βiS30/2000-B	472(80A)
βiS2/4000-B	253(20A) 254(40A)	βiS40/2000-B	474(80A)
βiS4/4000-B	256(20A) 257(40A)		

④ βiSc-B 系列伺服电机代码，见表 3-5。表中，（20A）、（40A）分别代表 20A、40A 的驱动放大器。

⑤ βiF-B 系列伺服电机代码，见表 3-6。表中（20A）、（40A）、（80A）分别代表 20A、40A、80A 的驱动放大器。

表 3-5 βiSc-B 系列伺服电机代码

电机型号	电机代码	电机型号	电机代码
βiSc2/4000-B	306(20A) 310(40A)	βiSc12/2000-B	298(20A) 300(40A)
βiSc4/4000-B	311(20A) 312(40A)	βiSc12/3000-B	496(40A) 497(80A)
βiSc8/3000-B	283(20A) 294(40A)	βiSc22/2000-B	481(40A) 482(80A)

表 3-6 βiF-B 系列伺服电机代码

电机型号	电机代码	电机型号	电机代码
βiF4/3000-B	483(20A) 484(40A)	βiF22/2000-B	489(40A) 490(80A)
βiF8/2000-B	485(20A) 486(40A)	βiF30/1500-B	491(80A)
βiF12/2000-B	487(20A) 488(40A)		

3）设定 AMR

αiF/αiFS/βiS 电机 AMR 设定为 00000000。

4）设定 CMR（参数 1820）

设定从 CNC 到伺服系统的移动量的指令倍率。

$$CMR = \frac{指令单位（CNC 侧）}{检测单位（伺服侧）}$$

按上式计算 CMR 值，当 $CMR = \frac{1}{2} \sim 48$ 时，设定值＝CMR×2。当 $CMR = \frac{1}{2} \sim \frac{1}{127}$ 时，设定值 $= \frac{1}{CMR} + 100$。

检测单位由柔性进给比和电机每转机器移动量确定。

通常情况下，CMR=1，故设定值为 2。

5）设定柔性进给比（参数 2084 和 2085）

用以确定机器的检测单位。进给变比 N 和 M 对应的参数号为 2084 和 2085。

对于半闭环，计算公式如下：

$$\frac{进给变比 N}{进给变比 M} = \frac{电机每转机器的移动量/检测单位}{1000000}$$

不论使用何种编码器，计算公式都一样。M 和 N 均为 32767 以下的值，分式约为真分数。

［例 3-3］ 电机每转移动量 10mm/r，检测单位 0.001mm，则 $\frac{N}{M} = \frac{10/0.001}{1000000} = \frac{1}{100}$。

对于全闭环，计算公式如下：

$$\frac{进给变比 N}{进给变比 M} = \frac{电机每转所必需的位置脉冲数}{4×电机每转检测器反馈的位置脉冲数}$$

［例 3-4］ 电机每转移动量 10mm/r，检测单位 0.001mm，采用 2500 脉冲/转的分离型编码器，则 $\frac{N}{M} = \frac{10×1000}{4×2500} = 1$。如采用分辨率为 20μm 光栅尺（带 5 倍频），则 $\frac{N}{M} =$

$$\frac{10\times1000}{4\times\dfrac{10\times1000}{20/5}}=1。$$

6）设定移动方向（参数 2022）

设定正向移动指令时，伺服电机的回转方向为正方向。逆时针回转时，设定值＝111；顺时针回转时，设定值＝－111。从电机轴端看回转方向。

对于半闭环，改变移动方向只需改变此参数，无需改变电缆接线。对于全闭环，需改变电缆接线。

7）设定速度脉冲数（参数 2023）和位置脉冲数（参数 2024）

其设定见表 3-7。

表 3-7 速度脉冲数和位置脉冲数的设定

设定项目	设定单位 0.001mm		设定单位 0.0001mm	
	全闭环	半闭环	全闭环	半闭环
速度脉冲数（参数 2023）	8192		819	
位置脉冲数（参数 2024）	$N_s^{①}$	12500	$N_s/10$	1250

① N_s：电机每转从分离型检测单元反馈的脉冲数。

8）设定参考计数器（参数 1821）

用以确定回参考点计数器的容量。

用栅格（电机每转脉冲）信号进行设定。通常设定为电机每转的位置脉冲数，或其整数分之一。

例如，电机每转移动 12mm，检测单位为 0.001mm，设定为 12000 或 6000、4000 等。

车床上，如果检测单位为 0.0005mm，设定值调整为 24000 或 12000、8000 等。

9）CNC 关机，再开机。

10）参数 2000♯1（DGPR）自动置 1，表示初始设定完成。

3.4 I/O 模块的连接及设定

3.4.1 PMC 与 I/O 模块的通信与连接

1. I/O 模块种类

FANUC 数控系统常用的 I/O 模块种类见表 3-8。

表 3-8 I/O 模块种类

模块名称	简要说明	手轮	I/O 点
分线盘 I/O 模块	一种分散型 I/O 模块,能适应 I/O 信号任意组合的要求	3	96/64
电柜用 I/O 单元	一种集中型 I/O 模块,不能任意组合	3	96/64
操作面板用 I/O 模块	带有操作面板接口的 I/O 板	3	48/32
电柜用 I/O 模块	一种小型电柜用 I/O 板	0	48/32
I/O Model-A	一种带底板的模块结构 I/O 单元,能适应 I/O 信号任意组合的要求	无	单底板最多 256/256
手持操作单元 HMOP	除装有手轮外,还装有用 PMC 进行控制的按钮和两行液晶显示	1	—

2. PMC 与 I/O 模块的通信

CNC 可以有最多 3 个通道的 I/O Link i 和 I/O Link。通道 1 和 2 可以通过参数 11933 设定选择是采用 I/O Link i 还是 I/O Link，通道 3 则固定只能使用 I/O Link，如图 3-27 所示。

PMC 与 I/O 模块的通信可以使用 I/O Link i 和 I/O Link 两种方式。I/O Link i 和 I/O Link 的规格见表 3-9。

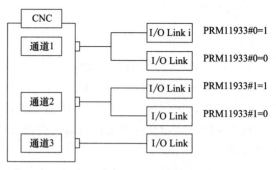

图 3-27　PMC 与 I/O 模块通信

表 3-9　I/O Link i 和 I/O Link 的规格

项目	I/O Link i		I/O Link
	标准模式	高速模式	
传输速度	12Mbit/s		1.5Mbit/s
刷新周期	2ms	0.5ms	2ms
每个通道的 I/O 点数	2048/2048	512/512	1024/1024
每组的 I/O 点数	512/512		256/256
每个通道的组数	24	5	16
PMC 地址	X0~X127/Y0~Y127 X200~X327/Y200~Y327 X400~X527/Y400~Y527 X600~X727/Y600~Y727		

I/O Link i 通信时，信号传送间隔有 2 种模式：标准模式为 2ms；高速模式为 0.5ms。

I/O Link 通信时，通道 1 和 2 中信号传送间隔为 2ms，通道 3 中信号传送间隔为梯形图执行周期 4ms 或 8ms。

I/O Link i 通信时，每个通道 I/O 点数最多可达到 2048 输入/2048 输出；而 I/O Link 通信时，每个通道 I/O 点数最多可达到 1024 输入/1024 输出。I/O Link i 和 I/O Link 可以组合使用，但 PMC 总的 I/O 点数不能超过 4096 输入/4096 输出，具体组合见表 3-10。

表 3-10　I/O Link i 和 I/O Link 的组合

通道 1	通道 2	通道 3	总的 DI/DO 点数
I/O Link i	I/O Link i	—	4096/4096
I/O Link i	I/O Link	I/O Link	4096/4096
I/O Link i	I/O Link	—	3072/3072
I/O Link	I/O Link	I/O Link	3072/3072
I/O Link i	—	—	2048/2048
I/O Link	I/O Link	—	2048/2048
I/O Link	—	I/O Link	2048/2048
I/O Link	—	—	1024/1024

0i-F PMC 最多可以有 2048 输入/2048 输出；0i-F PMC/L 最多可以有 1024 输入/1024 输出。

3. I/O Link i 或 I/O Link 的连接

I/O Link i 和 I/O Link 分主单元和子单元，作为主单元的数控系统与作为子单元的各种分布式 I/O 串行连接。子单元分为若干组，I/O Link i 每个通道最多 24 组子单元；I/O Link 每个通道最多 16 组子单元。I/O Link i 与 I/O Link 的电气连接完全一样。下面以 I/O Link 的连接为例，说明具体的连接。图 3-28 是一个 I/O Link 的接线实例。

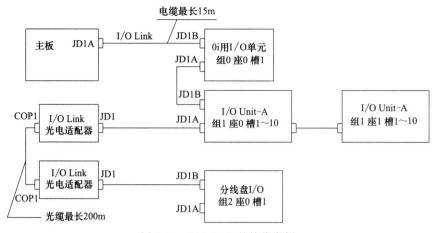

图 3-28　I/O Link 的接线实例

I/O Link 的连接可以使用电缆，也可以使用光缆。I/O Link 电缆连接如图 3-29 所示。图中 SIN（serial input）表示串行输入；SOUT（serial output）表示串行输出；＊SIN 和＊SOUT 分别是串行输入的非和串行输出的非。

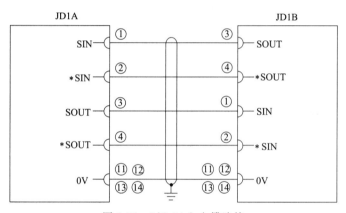

图 3-29　I/O Link 电缆连接

对于长距离传输，I/O Link 通信可以使用光缆，为此需要光电适配器将电信号转换为光信号，或将光信号转换为电信号，光电适配器的连接如图 3-30 所示。

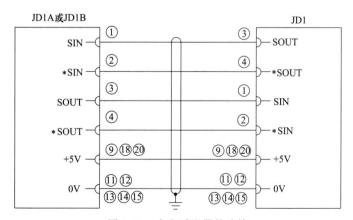

图 3-30　光电适配器的连接

对于 I/O Link 使用多通道的情况，如 0i-F 可以使用 2 个通道，其 I/O 点数可以达到 2048 输入/2048 输出。这时，需要使用 I/O Link 分支器，其规格号为 A20B-1007-0680，如图 3-31 所示。

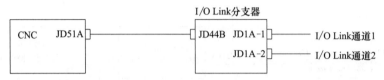

图 3-31　I/O Link 多通道连接

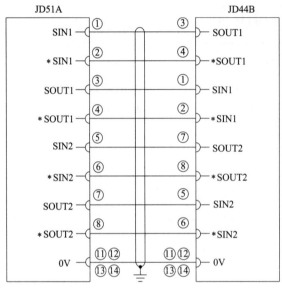

图 3-32　I/O Link 分支器的连接

JD51A 到 JD44B 的连接如图 3-32 所示。

3.4.2　I/O 接口电路

1. 输入电路

1）漏型输入电路

漏型输入电路如图 3-33 所示，接收器的输入侧有下拉电阻。当外部开关闭合时，电流将流入接收器。因为电流是流入的，所以称为漏型输入。

2）源型输入电路

源型输入电路如图 3-34 所示，接收器的输入侧有上拉电阻。当外部开关闭合时，电流将从接收器流出。因为电流是流出的，所以称为源型输入。

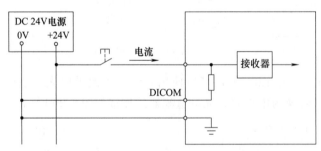

图 3-33　漏型输入电路

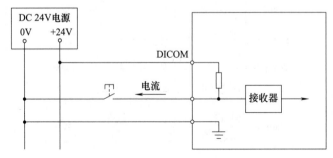

图 3-34　源型输入电路

2. 输出电路

1）漏型输出电路

漏型输出电路如图 3-35 所示。PMC 输出信号 Y 接通时，输出端子变为低电平，电流流入驱动器，所以称为漏型输出。

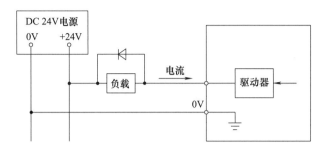

图 3-35　漏型输出电路

2）源型输出电路

源型输出电路如图 3-36 所示。PMC 输出信号 Y 接通时，输出端子变为高电平，电流从驱动器流出，所以称为源型输出。

3.4.3　I/O Link 地址设定

I/O Link 是一个串行接口，将 CNC、单元控制器、分布式 I/O、操作面板或 Power Mate 连接起来，并在各设备间高速传送 I/O 信号

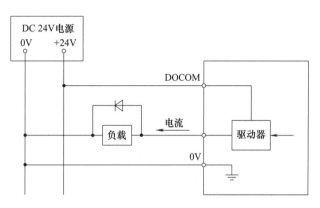

图 3-36　源型输出电路

（位数据）。FANUC I/O Link 将一个 CNC 作为主站，其他设备作为从站。从站的输入信号每隔一定周期送到主站，主站的输出信号也每隔一定周期送至从站。

I/O Link 连接框图见图 3-37。一个 I/O Link 最多可连接 16 组子单元，以组号表示其所在的位置，离主站最近的从站组号为 0，然后依连接顺序，组号可以为 0～15；每组 I/O 点最多为 256/256，一个 I/O Link 的 I/O 点不超过 1024/1024。在 1 组从站中最多可连接 2 个基本单元，基座号表示其所在的位置，依连接顺序基座号为 0 和 1；在每个基本单元中最多可安装 10 个 I/O 模块，以插槽号 1～10 表示其所在的位置；再配合模块的名称，最后确定这个 I/O 模块在整个 I/O 中的地址，也就确定了 I/O 模块中各个 I/O 点的唯一地址。

I/O Link 从站连接的模块包括 FANUC 标准操作面板、分布式 I/O 模块以及带有 FANUC I/O Link 接口的 βi 系列伺服单元等。每个模块可以用组号、基座号、插槽号来定义，模块名称表示其唯一的位置。

各模块的安装位置由组号、基座号、插槽号和模块名称表示，因此可由这些数据和输入/输出地址明确各模块的地址。各模块所占用的 DI/DO 点数（字节数）存储在编程器中，因此仅需指定各模块的首字节地址，其余字节的地址由编程器自动指定。

按照安装位置表达方式不同，所有 I/O 单元可以分为 3 类：

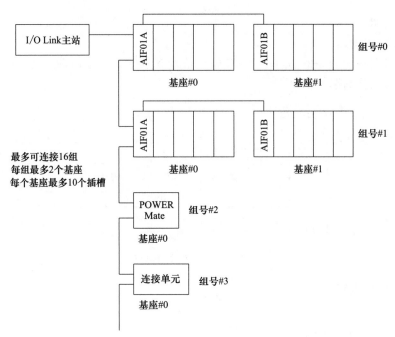

图 3-37　I/O Link 连接框图

① 需要用组号、基座号和插槽号确定安装位置的 I/O 单元。如 I/O Unit-MODEL A 等，其各项数据设定范围为：组号=0～15，基座号=0～1，插槽号=1～10。

② 需要用组号和插槽号确定安装位置的 I/O 单元。如 I/O Unit-MODEL B、手持操作单元 HMOP 等，其基座号总为 0，组号=0～15，插槽号=0～30。

③ 仅需要组号就可确定安装位置的 I/O 单元。如分线盘 I/O、操作面板、I/O Link 连接单元等，其基座号总为 0，插槽号总为 1，组号=0～15。

输入/输出设定 I/O 模块名称及占用地址分别见表 3-11 和表 3-12。

表 3-11　输入设定用模块

序号	类别	实际模块名称	设定模块名称	占用输入地址	备注
1	Model A Input	AID32A1	ID32A	4 字节	32 点非隔离型直流漏或源型（连接器）
		AID32B1	ID32B	4 字节	32 点非隔离型直流漏或源型（连接器）
		AID16C	ID16C	2 字节	16 点隔离型直流源型（端子）
		AID16D	ID16D	2 字节	16 点隔离型直流漏型（端子）
		AID32E1 AID32E2	ID32E	4 字节	32 点隔离型直流漏或源型（连接器）
		AID32F1 AID32F2	ID32F	4 字节	32 点隔离型直流漏或源型（连接器）
		AIA16G	IA16G	2 字节	16 点交流输入（端子）
		AAD04A	AD04A	8 字节	4 路模拟量输入
		AES01A	ES01A	1 字节	
		AID08F	ID08F	1 字节	
2	Model A Except	IO01I	IO01I	13 字节	
		CN01I	CN01I	12 字节	
		CN02I	CN02I	24 字节	

续表

序号	类别	实际 模块名称	设定 模块名称	占用 输入地址	备注
2	Model A Except	ACT01A(Mode A)	CT01A	4 字节	高速计数模块
		ACT01A(Mode B)	CT01B	6 字节	
		IOB3I	IOB3I	13 字节	
		IOB4I	IOB4I	8 字节	
		AIO40A(Input)	IO24I	3 字节	
3	Model B	＃＃	＃＃	4 字节	
		＃□	＃□	□字节	□取 1～4、6、8、10
4	Connection Unit	CNC/Power mate	FS04A	4 字节	Power Mate MODEL A/B/C/D/E/F
			FS08A	8 字节	Power Mate i-MODEL D/H
		CNC/Power mate 操作面板接口模块 连接模块 A～C	OC02I	16 字节	
		CNC/Power mate 操作面板接口模块 连接模块 A～C	OC03I	32 字节	
		操作面板接口模块	OC01I	12 字节	
		分线盘 I/O 模块	CM03I	3 字节	只用基本模块
			CM06I	6 字节	基本＋扩展 1
			CM09I	9 字节	基本＋扩展 1 和 2
			CM12I	12 字节	基本＋扩展 1、2、3
			CM13I	13 字节	连接 1 个手轮
			CM14I	14 字节	连接 2 个手轮
			CM15I	15 字节	连接 3 个手轮
			CM16I	16 字节	DO 报警检测
5	Except	连接模块 A～C	/□	□字节	□取 1～3、5～7、16、20、24、28、32
		连接模块 A～C 操作面板接口模块	/□	□字节	□取 4、8、12

表 3-12　输出设定用模块

序号	类别	实际 模块名称	设定 模块名称	占用 输出地址	备注
1	Model A Output	AOD32A1	OD32A	4 字节	32 点非隔离型直流漏型（连接器）
		AOD08C	OD08C	1 字节	8 点隔离型直流漏型（端子）
		AOD08D	OD08D	1 字节	8 点隔离型直流源型（端子）
		AOD16C	OD16C	2 字节	16 点隔离型直流漏型（端子）
		AOD16D AOD16D2	OD16D	2 字节	16 点隔离型直流源型（端子）
		AOD32C1 AOD32C2	OD32C	4 字节	32 点隔离型直流漏型（连接器）
		AOD32D1 AOD32D2	OD32D	4 字节	32 点隔离型直流源型（连接器）
		AOA05E	OA05E	1 字节	5 点 2A 交流输出（端子）
		AOA08E	OA08E	1 字节	8 点 1A 交流输出（端子）
		AOA12F	OA12F	2 字节	12 点 0.5A 交流输出（端子）
		AOR08G	OR08G	1 字节	8 点 4A 继电器输出（端子）
		AOR16G	OR16G	2 字节	16 点 2A 继电器输出（端子）
		ADA02A	DA02A	4 字节	2 路模拟量输出

续表

序号	类别	实际 模块名称	设定 模块名称	占用 输出地址	备注
1	Model A Output	ABK01A	BK01A	1 字节	
		AOA08K	OA08K	1 字节	
		AOD08L	OD08L	1 字节	
		AOR08I3	OR08I	1 字节	
		AOR08J3	OR08J	1 字节	
2	Model A Except	IO01O	IO01O	9 字节	
		CN01O	CN01O	8 字节	
		CN02O	CN02O	16 字节	
		ACT01A（Mode A）	CT01A	4 字节	高速计数模块
		ACT01A（Mode B）	CT01B	6 字节	
		IOB3O	IOB3O	9 字节	
		IOB4O	IOB4O	4 字节	
		AIO40A（Output）	IO16O	2 字节	
3	Model B	#□	#□	□字节	□取 1～4、6、8、10
4	Connection Unit	CNC/Power mate	FS04A	4 字节	
			FS08A	8 字节	
		CNC/Power mate 操作面板接口模块 连接模块 A～C	OC02O	16 字节	
		CNC/Power mate 操作面板接口模块 连接模块 A～C	OC03O	32 字节	
		操作面板接口模块	OC01O	8 字节	
		分线盘 I/O 模块	CM02O	2 字节	只用基本模块
			CM04O	4 字节	基本＋扩展 1
			CM06O	6 字节	基本＋扩展 1&2
			CM08O	8 字节	基本＋扩展 1&2&3
5	Except	连接模块 A～C	/□	□字节	□取 1～3、5～7、16、20、24、28、32
		连接模块 A～C 操作面板接口模块	/□	□字节	□取 4、8、12

［例 3-5］　FANUC-0i 系统连接了 4 组 I/O Link 子单元，如图 3-38 所示。

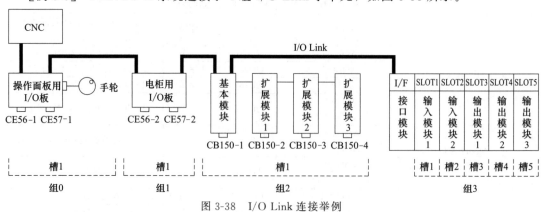

图 3-38　I/O Link 连接举例

① 组 0 模块：带手轮接口的操作面板用 I/O 板，型号规格 A03B-0824-K202。其 CE56 和 CE57 接口上共有 48DI/32DO。I/O Link 地址分配 16 字节输入/4 字节输出。

② 组 1 模块：电柜用 I/O 板，型号规格 A03B-0824-K203。其 CE56 和 CE57 接口上共

有 48DI/32DO。I/O Link 地址分配 16 字节输入/4 字节输出。

③ 组 2 模块：分线盘 I/O 模块，1 个基本模块＋3 个扩展模块。基本模块型号规格 A03B-0824-C001，扩展模块 1～3 的型号规格均为 A03B-0824-C003。该组模块包含 4 个模块，占 1 个槽，I/O Link 地址分配 16 字节输入/8 字节输出。

④ 组 3 模块：I/O Unit-MODEL A，一个 5 槽底板上连接了 2 个 32 点 DI 输入模块和 3 个 16 点 DO 输出模块。32 点 DI 输入模块规格为 AID32E1，16 点 DO 输出模块规格为 AOD16D。该组模块占 5 个槽，I/O Link 地址分配 8 字节输入/6 字节输出。

参数 No. 11933♯0＝0，按 I/O Link 设定模块地址。各组模块 I/O Link 地址具体设定分别见表 3-13 和表 3-14。

表 3-13　各组模块 I/O Link 输入地址具体设定

组号.基座号.槽号	实际 模块名称	设定 模块名称	输入 首字节	字节长度	备注
0.0.1	操作面板用 I/O 板	OC02I	X20	16 字节	0.0.1. OC02I
1.0.1	电柜柜 I/O 板	OC02I	X36	16 字节	1.0.1. OC02I
2.0.1	分线盘 I/O	CM16I	X4	16 字节	2.0.1. CM16I
3.0.1	AID32E1	ID32E	X52	4 字节	3.0.1. ID32E
3.0.2	AID32E1	ID32E	X56	4 字节	3.0.2. ID32E

表 3-14　各组模块 I/O Link 输出地址具体设定

组号.基座号.槽号	实际 模块名称	设定 模块名称	输入 首字节	字节长度	备注
0.0.1	操作面板用 I/O 板	/4	Y20	4 字节	0.0.1. /4
1.0.1	电柜柜 I/O 板	/4	Y24	4 字节	1.0.1. /4
2.0.1	分线盘 I/O	CM08O	Y0	8 字节	2.0.1. CM08O
3.0.3	AOD16D	OD16D	Y52	2 字节	3.0.3. OD16D
3.0.4	AOD16D	OD16D	Y54	2 字节	3.0.4. OD16D
3.0.5	AOD16D	OD16D	Y56	2 字节	3.0.5. OD16D

在 LADDERⅢ中的设定步骤如下：

① 打开梯形图列表页面，如图 3-39 所示。双击 I/O Module，弹出编辑 I/O 模块页面，如图 3-40 所示。

图 3-39　梯形图列表页面

图 3-40　编辑 I/O 模块页面（输入）

② 双击图 3-40 中组 2 模块首字节 X0004，弹出模块设定页面，如图 3-41 所示。首先按要求修改组号（Group）、基座号（Base）、槽号（Slot），然后点击 Connection Unit，并选中模块 CM16I。

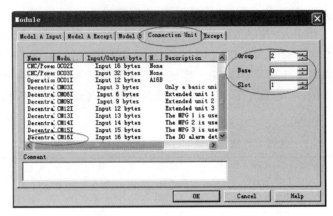

图 3-41　输入设定页面

③ 点击图 3-41 中 OK，即完成组 2 模块输入地址的分配，如图 3-42 所示。

④ 依次按照表 3-13，设定"0.0.1""1.0.1""3.0.1"和"3.0.2"模块输入地址分配，方法类同，不再赘述。

⑤ 输入设定完毕，即可开始输出设定。此时需点击图 3-40 中的 Output，切换到输出设定画面，如图 3-43 所示。

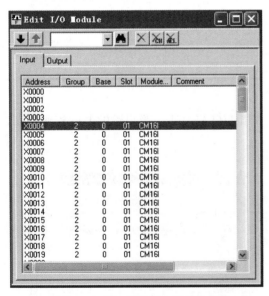

图 3-42　组 2 模块输入设定结果

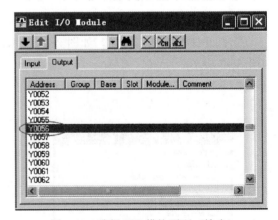

图 3-43　编辑 I/O 模块页面（输出）

⑥ 双击图 3-43 中组 3 槽 5 模块首字节 Y0056，弹出模块设定画面，如图 3-44 所示。首先按要求修改组号、基座号、槽号，然后点击 Model A Output，并选中模块 OD16D。

⑦ 点击图 3-44 中 OK，即完成组 3 槽 5 模块输出地址的分配，如图 3-45 所示。

⑧ 依次按照表 3-14，设定"0.0.1""1.0.1""2.0.1""3.0.3"和"3.0.4"模块输出地址分配，方法类同，不再赘述。

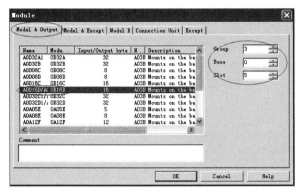

图 3-44　输出设定页面

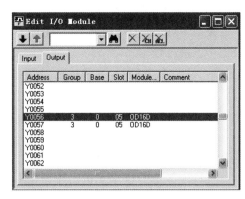

图 3-45　组 3 槽 5 模块输出设定结果

3.4.4　I/O Link i 地址设定

I/O Link i 可以挂接的子单元可达 24 组，1 组 I/O 子单元最大的 I/O 点数是 512 输入/512 输出点。一个 I/O Link i 通道最多可以有 2048 输入/2048 输出。

在 I/O Link i 中，通信更可靠的安全 I/O（safety I/O）可以被指定。最大的安全 I/O 点数为 224 点输入/224 点输出。在使用双检安全功能的系统中必须指定安全 I/O。

1. I/O Link i 功能设定

① 设定 I/O Link i 功能是否有效。

② 设定基本组号。

2. 组（Group）设定

① 设定连接位置"组"。

② 设定每组的刷新周期是高速模式还是标准模式。

Space：标准模式 2s（缺省）。

＊：高速模式 0.5s。

③ 设定"安全 I/O"。

Space：标准 I/O（缺省）。

DCSPMC：安全 I/O 用于 DCSPMC。

PMC：安全 I/O 用于 PMC1~PMC5。

④ 设定手摇脉冲发生器 MPG。

Space：不使用手摇脉冲发生器（缺省）。

＊：使用手摇脉冲发生器。

[例 3-6]　手摇脉冲发生器 MPG 的首地址 X14，占用 3 字节，设定见表 3-15。

表 3-15　设定示例

Slot	PMC	X address	X size	Y address	Y size
MPG	PMC1	X14	3		

3. 槽（Slot）设定

1）设定连接位置"槽"

设定槽号。对于多路径 PMC，需要为每个槽指定 PMC 路径和槽号。在组设定中，如果使用手摇脉冲发生器，其槽号为"MPG"。

2）设定 PMC 路径

设定 PMC 路径"PMC1"～"PMC5"。但 DCSPMC"安全 I/O"模式不用设定，因为组设定中已进行设定。

3）设定 X 首地址/Y 首地址

设定范围 X/Y0～127，X/Y200～327，X/Y400～527，X/Y600～627。

4）设定数据长度

设定 X 和 Y 的字节长度。

5）注释

可以为每个 I/O 单元指定注释，不超过 40 个字符。

[例 3-7]　FANUC-0i 系统连接了 4 组 I/O Link i 子单元，如图 3-46 所示。

① 组 0 模块：带手轮接口的操作面板用 I/O 板，型号规格 A03B-0824-K202。其 CE56 和 CE57 接口上共有 48DI/32DO。组 0 包含槽 1 和槽 MPG。

② 组 1 模块：电柜用 I/O 板，型号规格 A03B-0824-K203。其 CE56 和 CE57 接口上共有 48DI/32DO。组 1 包含槽 1。

③ 组 2 模块：分线盘 I/O 模块，1 个基本模块＋3 个扩展模块。基本模块型号规格 A03B-0824-C001；扩展模块 1～3 的型号规格均为 A03B-0824-C003。组 2 包含槽 1、槽 2、槽 3 和槽 4，分别对应 4 个模块。

④ 组 3 模块：I/O Unit-MODEL A，一个 5 槽底板上连接了 2 个 32 点 DI 输入模块和 3 个 16 点 DO 输出模块。32 点 DI 输入模块规格为 AID32E1；16 点 DO 输出模块规格为 AOD16D。组 3 包含槽 1、槽 2、槽 3、槽 4 和槽 5，分别对应 5 个输入或输出模块。

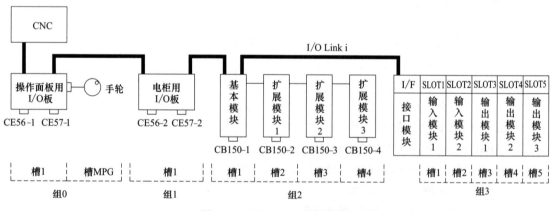

图 3-46　I/O Link i 连接举例

参数 No. 11933＃0＝1，按 I/O Link i 设定模块地址。各组模块 I/O Link i 地址具体设定见表 3-16。

表 3-16　各组模块 I/O Link i 地址具体设定

Group	Slot	PMC	X address	X size	Y address	Y size
0	1	PMC1	X20	6	Y20	4
0	MPG	PMC1	X26	3	—	—
1	1	PMC1	X36	6	Y24	4
2	1	PMC1	X4	3	Y0	2
2	2	PMC1	X7	3	Y2	2
2	3	PMC1	X10	3	Y4	2

续表

Group	Slot	PMC	X address	X size	Y address	Y size
2	4	PMC1	X13	3	Y6	2
3	1	PMC1	X52	4	—	—
3	2	PMC1	X56	4	—	—
3	3	PMC1	—	—	Y52	2
3	4	PMC1	—	—	Y54	2
3	5	PMC1	—	—	Y56	2

I/O Link i 地址分配可以直接在 CNC 系统上进行分配，也可以用 Ladder Ⅲ 软件生成文件并编译后在 BOOT 画面导入系统。

使用 Ladder Ⅲ 软件的步骤如下：

① 打开 Ladder Ⅲ 软件，点击 File→New Program，弹出文件名输入对话框，如图 3-47 所示，然后选择 I/O Link i。

② 在图 3-47 中键入 I/O Link i 文件名后，点击 OK。随即弹出程序列表框，如图 3-48 所示。

图 3-47　I/O Link i 文件名输入对话框

图 3-48　I/O Link i 程序列表框

③ 双击图 3-48 中的 I/O Link i，展开程序列表框，如图 3-49 所示。

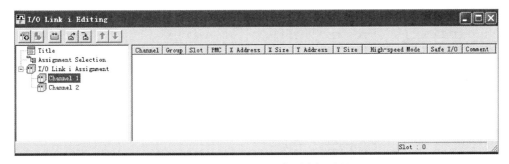

图 3-49　I/O Link i 程序列表框展开

④ 在图 3-49 中，选择 Channel 1，进行 I/O Link i 地址分配。在 Channel 1 上右键点击可添加 Group，在生成的 Group 上右键点击可添加 Slot，在生成的 Slot 上双击，可对该槽分配相应的输入输出首字节及字节长度。组 0 槽 1 的 I/O Link i 槽编辑画面如图 3-50 所示。

⑤ 点击图 3-50 中 Modify，即完成对组 0 槽 1 的地址分配，如图 3-51 所示。

⑥ 按相同的方法，依次完成表 3-16 中所有模块的设定。最终分配完成后，需要进行编译，在 LadderⅢ 软件中点击 Tool→Compile 进行编译，将生成的文件在 BOOT 画面导入系统。

⑦ 操作面板用 I/O 板 CE56-1 和 CE57-1 接口与电柜用 I/O 板 CE56-2 和 CE57-2 接口各引脚的地址分配结果如图 3-52 所示。

⑧ 分线盘 I/O 模块 CB150-1、CB150-2、CB150-3、CB150-4 接口各引脚的地址分配结果如图 3-53 所示。

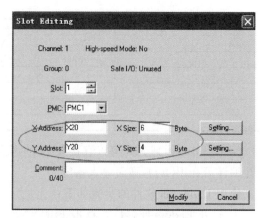

图 3-50　I/O Link i 槽编辑画面

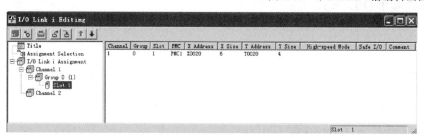

图 3-51　I/O Link i 组 0 槽 1 的分配结果

CE56–1		
	A	B
01	0V	+24V
02	X20.0	X20.1
03	X20.2	X20.3
04	X20.4	X20.5
05	X20.6	X20.7
06	X21.0	X21.1
07	X21.2	X21.3
08	X21.4	X21.5
09	X21.6	X21.7
10	X22.0	X22.1
11	X22.2	X22.3
12	X22.4	X22.5
13	X22.6	X22.7
14	DICOM0	
15		
16	Y20.0	Y20.1
17	Y20.2	Y20.3
18	Y20.4	Y20.5
19	Y20.6	Y20.7
20	Y21.0	Y21.1
21	Y21.2	Y21.3
22	Y21.4	Y21.5
23	Y21.6	Y21.7
24	DOCOM	DOCOM
25	DOCOM	DOCOM

CE57–1		
	A	B
01	0V	+24V
02	X23.0	X23.1
03	X23.2	X23.3
04	X23.4	X23.5
05	X23.6	X23.7
06	X24.0	X24.1
07	X24.2	X24.3
08	X24.4	X24.5
09	X24.6	X24.7
10	X25.0	X25.1
11	X25.2	X25.3
12	X25.4	X25.5
13	X25.6	X25.7
14		DICOM5
15		
16	Y22.0	Y22.1
17	Y22.2	Y22.3
18	Y22.4	Y22.5
19	Y22.6	Y22.7
20	Y23.0	Y23.1
21	Y23.2	Y23.3
22	Y23.4	Y23.5
23	Y23.6	Y23.7
24	DOCOM	DOCOM
25	DOCOM	DOCOM

CE56–2		
	A	B
01	0V	+24V
02	X36.0	X36.1
03	X36.2	X36.3
04	X36.4	X36.5
05	X36.6	X36.7
06	X37.0	X37.1
07	X37.2	X37.3
08	X37.4	X37.5
09	X37.6	X37.7
10	X38.0	X38.1
11	X38.2	X38.3
12	X38.4	X38.5
13	X38.6	X38.7
14	DICOM0	
15		
16	Y24.0	Y24.1
17	Y24.2	Y24.3
18	Y24.4	Y24.5
19	Y24.6	Y24.7
20	Y25.0	Y25.1
21	Y25.2	Y25.3
22	Y25.4	Y25.5
23	Y25.6	Y25.7
24	DOCOM	DOCOM
25	DOCOM	DOCOM

CE57–2		
	A	B
01	0V	+24V
02	X39.0	X39.1
03	X39.2	X39.3
04	X39.4	X39.5
05	X39.6	X39.7
06	X40.0	X40.1
07	X40.2	X40.3
08	X40.4	X40.5
09	X40.6	X40.7
10	X41.0	X41.1
11	X41.2	X41.3
12	X41.4	X41.5
13	X41.6	X41.7
14		DICOM5
15		
16	Y26.0	Y26.1
17	Y26.2	Y26.3
18	Y26.4	Y26.5
19	Y26.6	Y26.7
20	Y27.0	Y27.1
21	Y27.2	Y27.3
22	Y27.4	Y27.5
23	Y27.6	Y27.7
24	DOCOM	DOCOM
25	DOCOM	DOCOM

图 3-52　操作面板用 I/O 板分配结果

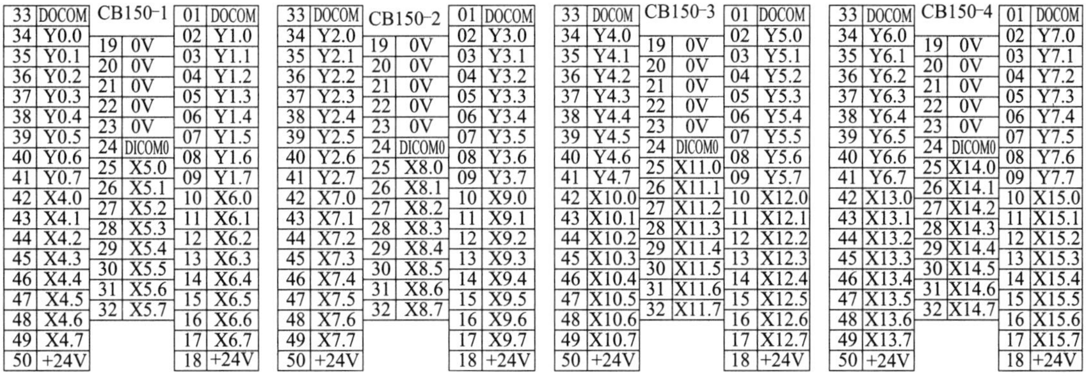

CB150-1

33 DOCOM		01 DOCOM
34 Y0.0	19 0V	02 Y1.0
35 Y0.1	20 0V	03 Y1.1
36 Y0.2	21 0V	04 Y1.2
37 Y0.3	22 0V	05 Y1.3
38 Y0.4	23 0V	06 Y1.4
39 Y0.5	24 DICOM0	07 Y1.5
40 Y0.6	25 X5.0	08 Y1.6
41 Y0.7	26 X5.1	09 Y1.7
42 X4.0	27 X5.2	10 X6.0
43 X4.1	28 X5.3	11 X6.1
44 X4.2	29 X5.4	12 X6.2
45 X4.3	30 X5.5	13 X6.3
46 X4.4	31 X5.6	14 X6.4
47 X4.5	32 X5.7	15 X6.5
48 X4.6		16 X6.6
49 X4.7		17 X6.7
50 +24V		18 +24V

CB150-2

33 DOCOM		01 DOCOM
34 Y2.0	19 0V	02 Y3.0
35 Y2.1	20 0V	03 Y3.1
36 Y2.2	21 0V	04 Y3.2
37 Y2.3	22 0V	05 Y3.3
38 Y2.4	23 0V	06 Y3.4
39 Y2.5	24 DICOM0	07 Y3.5
40 Y2.6	25 X8.0	08 Y3.6
41 Y2.7	26 X8.1	09 Y3.7
42 X7.0	27 X8.2	10 X9.0
43 X7.1	28 X8.3	11 X9.1
44 X7.2	29 X8.4	12 X9.2
45 X7.3	30 X8.5	13 X9.3
46 X7.4	31 X8.6	14 X9.4
47 X7.5	32 X8.7	15 X9.5
48 X7.6		16 X9.6
49 X7.7		17 X9.7
50 +24V		18 +24V

CB150-3

33 DOCOM		01 DOCOM
34 Y4.0	19 0V	02 Y5.0
35 Y4.1	20 0V	03 Y5.1
36 Y4.2	21 0V	04 Y5.2
37 Y4.3	22 0V	05 Y5.3
38 Y4.4	23 0V	06 Y5.4
39 Y4.5	24 DICOM0	07 Y5.5
40 Y4.6	25 X11.0	08 Y5.6
41 Y4.7	26 X11.1	09 Y5.7
42 X10.0	27 X11.2	10 X12.0
43 X10.1	28 X11.3	11 X12.1
44 X10.2	29 X11.4	12 X12.2
45 X10.3	30 X11.5	13 X12.3
46 X10.4	31 X11.6	14 X12.4
47 X10.5	32 X11.7	15 X12.5
48 X10.6		16 X12.6
49 X10.7		17 X12.7
50 +24V		18 +24V

CB150-4

33 DOCOM		01 DOCOM
34 Y6.0	19 0V	02 Y7.0
35 Y6.1	20 0V	03 Y7.1
36 Y6.2	21 0V	04 Y7.2
37 Y6.3	22 0V	05 Y7.3
38 Y6.4	23 0V	06 Y7.4
39 Y6.5	24 DICOM0	07 Y7.5
40 Y6.6	25 X14.0	08 Y7.6
41 Y6.7	26 X14.1	09 Y7.7
42 X13.0	27 X14.2	10 X15.0
43 X13.1	28 X14.3	11 X15.1
44 X13.2	29 X14.4	12 X15.2
45 X13.3	30 X14.5	13 X15.3
46 X13.4	31 X14.6	14 X15.4
47 X13.5	32 X14.7	15 X15.5
48 X13.6		16 X15.6
49 X13.7		17 X15.7
50 +24V		18 +24V

图 3-53　分线盘 I/O 模块分配结果

3.4.5　固定地址分配

在进行 I/O 模块地址分配时，必须注意有一部分输入信号为固定 X 地址。它们是一部分高速处理信号，如急停＊ESP、跳跃 SKIP、减速＊DEC、测量等，直接进入 CNC 装置，由 CNC 直接处理相关功能。X 固定地址如表 3-17 所示。表中 T 代表车床系统，M 代表加工中心系统，♯1～♯3 分别代表 CNC 路径 1～3。

表 3-17　X 固定地址

地址	♯7	♯6	♯5	♯4	♯3	♯2	♯1	♯0	备注
X4	SKIP$^{\#1}$	ESKIP$^{\#1}$ SKIP6$^{\#1}$	−MIT2$^{\#1}$ SKIP5$^{\#1}$	+MIT2$^{\#1}$ SKIP4$^{\#1}$	−MIT1$^{\#1}$ SKIP3$^{\#1}$	+MIT1$^{\#1}$ SKIP2$^{\#1}$	ZAE$^{\#1}$ SKIP8$^{\#1}$	XAE$^{\#1}$ SKIP7$^{\#1}$	T
X4	SKIP$^{\#1}$	ESKIP$^{\#1}$ SKIP6$^{\#1}$	SKIP5$^{\#1}$	SKIP4$^{\#1}$	SKIP3$^{\#1}$	ZAE$^{\#1}$ SKIP2$^{\#1}$	YAE$^{\#1}$ SKIP8$^{\#1}$	XAE$^{\#1}$ SKIP7$^{\#1}$	M
X7	＊DEC8$^{\#2}$	＊DEC7$^{\#2}$	＊DEC6$^{\#2}$	＊DEC5$^{\#2}$	＊DEC4$^{\#2}$	＊DEC3$^{\#2}$	＊DEC2$^{\#2}$	＊DEC1$^{\#2}$	
X8				＊ESP			（＊ESP）	（＊ESP）	
X9	＊DEC8$^{\#1}$	＊DEC7$^{\#1}$	＊DEC6$^{\#1}$	＊DEC5$^{\#1}$	＊DEC4$^{\#1}$	＊DEC3$^{\#1}$	＊DEC2$^{\#1}$	＊DEC1$^{\#1}$	
X10	＊DEC8$^{\#3}$	＊DEC7$^{\#3}$	＊DEC6$^{\#3}$	＊DEC5$^{\#3}$	＊DEC4$^{\#3}$	＊DEC3$^{\#3}$	＊DEC2$^{\#3}$	＊DEC1$^{\#3}$	
X11	SKIP$^{\#3}$	ESKIP$^{\#3}$ SKIP6$^{\#3}$	−MIT2$^{\#3}$ SKIP5$^{\#3}$	+MIT2$^{\#3}$ SKIP4$^{\#3}$	−MIT1$^{\#3}$ SKIP3$^{\#3}$	+MIT1$^{\#3}$ SKIP2$^{\#3}$	ZAE$^{\#3}$ SKIP8$^{\#3}$	XAE$^{\#3}$ SKIP7$^{\#3}$	T
X11	SKIP$^{\#3}$	ESKIP$^{\#3}$ SKIP6$^{\#3}$	SKIP5$^{\#3}$	SKIP4$^{\#3}$	SKIP3$^{\#3}$	ZAE$^{\#3}$ SKIP2$^{\#3}$	YAE$^{\#3}$ SKIP8$^{\#3}$	XAE$^{\#3}$ SKIP7$^{\#3}$	M
X13	SKIP$^{\#2}$	ESKIP$^{\#2}$ SKIP6$^{\#2}$	−MIT2$^{\#2}$ SKIP5$^{\#2}$	+MIT2$^{\#2}$ SKIP4$^{\#2}$	−MIT1$^{\#2}$ SKIP3$^{\#2}$	+MIT1$^{\#2}$ SKIP2$^{\#2}$	ZAE$^{\#2}$ SKIP8$^{\#2}$	XAE$^{\#2}$ SKIP7$^{\#2}$	T
X13	SKIP$^{\#2}$	ESKIP$^{\#2}$ SKIP6$^{\#2}$	SKIP5$^{\#2}$	SKIP4$^{\#2}$	SKIP3$^{\#2}$	ZAE$^{\#2}$ SKIP2$^{\#2}$	YAE$^{\#2}$ SKIP8$^{\#2}$	XAE$^{\#2}$ SKIP7$^{\#2}$	M

3.5　缸体线数控桁架机器人控制系统硬件连接与设定

3.5.1　总体连接

缸体线数控桁架机器人控制系统总体连接包含电源连接、I/O Link 连接、FSSB 伺服总线连接、以太网连接等，如图 3-54 所示。通过 I/O Link 总线连接 2 个电柜用 I/O 单元；由于主操作箱至电柜距离超过 15m，I/O Link 总线配置 2 个光电适配器，用光缆实现远距离通信连接；通过 FSSB 总线连接 1 个单轴放大器和 2 个双轴放大器，分别用于 X、Z1/Z2、A1/A2 轴电机的驱动；通过以太网接口连接手持操作单元 iPendant。

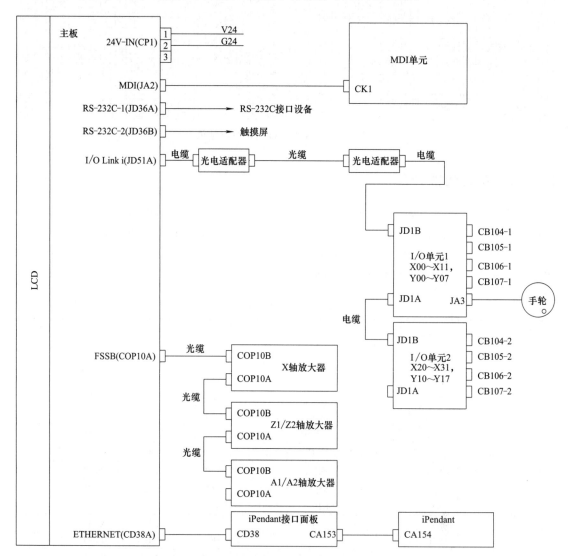

图 3-54　缸体线数控桁架机器人控制系统总体连接

3.5.2　电源回路连接

1. 动力电源的连接

由于所选伺服电机为 200V 系列，伺服动力电源需要三相 200V 电源，因此动力电源回路需要选配 1 台 380V/200V 的伺服变压器。动力电源的连接如图 3-55 所示。主回路中加入电抗器 L 是为了抑制谐波。

2. 控制电源的连接

数控装置和伺服放大器控制电源均使用 DC24V，本系统设计中，I/O 信号和电磁阀电

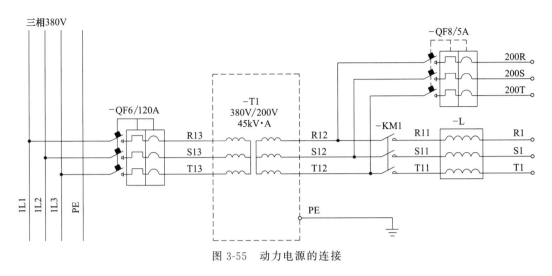

图 3-55　动力电源的连接

源使用独立的 DC24V 电源，不与数控装置和伺服放大器共用电源，但需共用 0V。控制电源连接如图 3-56 所示。

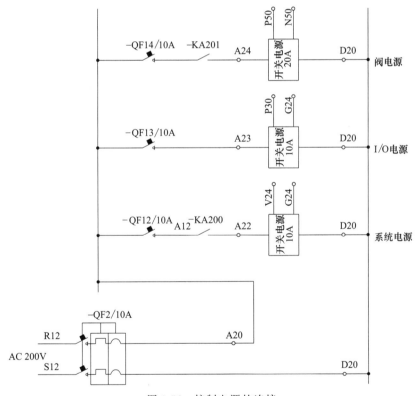

图 3-56　控制电源的连接

图 3-56 中 KA200 为系统上电继电器，KA201 为系统急停继电器，其线圈回路连接如图 3-57 所示。当钥匙开关 SA01 置 ON 时，KA200 继电器得电吸合，数控装置和伺服放大器控制电源上电。由于安全原因，设置了多个急停按钮和 1 个拉绳开关，串联构成系统急停回路，当任何 1 个急停按钮按下，或拉绳开关触发时，KA201 继电器失电，立即将伺服动力电源切断。

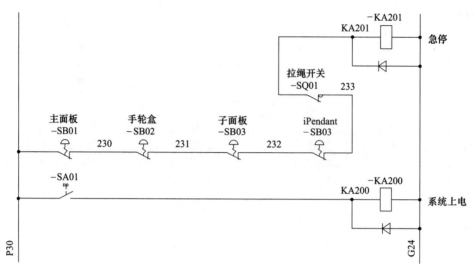

图 3-57 系统上电与急停回路的连接

3.5.3 伺服总线连接与设定

1. 伺服总线的连接

CNC 经 FSSB 伺服总线接口 COP10A/COP10B 连接各坐标轴伺服放大器，如图 3-58 所示。伺服驱动控制电源采用 DC24V，经 CXA2D 接口输入伺服电源模块；该控制电源正常输入后，自检正常则 CX3 的 1 脚和 3 脚闭合，交流接触器 KM1 得电吸合，主回路三相交流200V 送入电源模块 PSM-26i。伺服急停信号从 CX4 引入，低电平有效，有急停时 KA201断开，立即切断主回路三相交流 200V 动力电源。CX48 接口用于三相 200V 交流输入电源

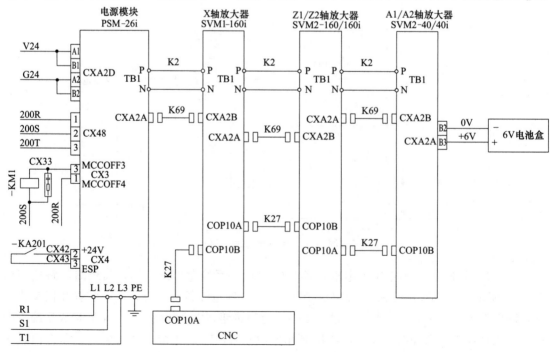

图 3-58 伺服放大器连接回路

电压及相位的监控。电源模块 PSM-26i 产生的直流 300V 电压通过在 TB1 端子连接短路片送到 X 轴放大器、Z1/Z2 轴放大器和 A1/A2 轴放大器。伺服电机内置绝对编码器用 6V 电池盒经 A1/A2 轴放大器 CXA2A 接口接入。

CXA2A/CXA2B 用于电源模块与放大器模块或放大器模块与放大器模块之间 24V DC 电源、急停信号、电池电源的互连，具体连接如图 3-59 所示。

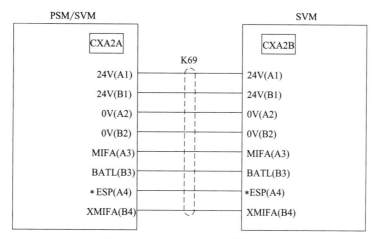

图 3-59　CXA2A/CXA2B 模块互连

X 轴放大器与电机的连接、Z1/Z2 轴放大器与电机的连接、A1/A2 轴放大器与电机的连接，分别如图 3-60、图 3-61、图 3-62 所示。5 个伺服电机全部为绝对位置编码器。

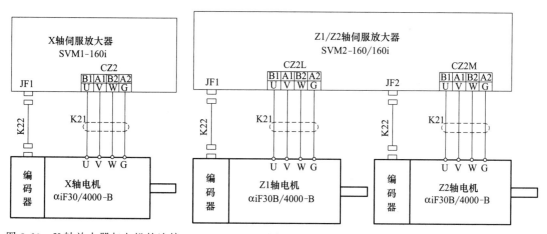

图 3-60　X 轴放大器与电机的连接　　　　图 3-61　Z1/Z2 轴放大器与电机的连接

2. 伺服总线的设定

CNC 经 FSSB 连接 1 个单轴放大器和 2 个双轴放大器，如图 3-63 所示。从 CNC 开始依次连接 X、Z1、Z2、A1、A2 轴。

参数 1902♯0＝1，FSSB 设定采用手动设定 2 方式进行；参数 1000♯0＝1，扩展轴名称有效；参数 1020 和 1025 分别用于轴名第 1 和第 2 字符的设定，以 ASCII 码进行设定；参数 1023 为各轴的伺服轴号；参数 24000～24004 为从控器 1～5 的地址变换表值，以 1000＋伺服轴号进行设定，参数 24005～24031 全部设 1000，表示无从控器连接。具体参数设定如表 3-18 所示。

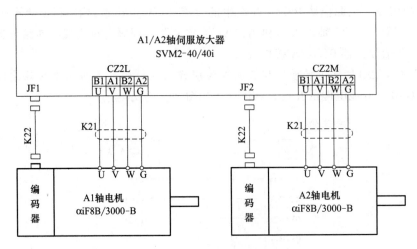

图 3-62　A1/A2 轴放大器与电机的连接

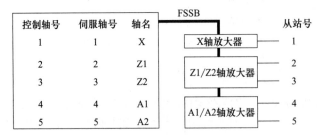

图 3-63　FSSB 连接

表 3-18　FSSB 总线设定

参数号	1902#0			1000#0		
设定值	1			1		
参数号	1020			1025		1023
设定值	88			0		1
	90			49		2
	90			50		3
	65			49		4
	65			50		5
参数号	24000	24001	24002	24003	24004	24005~24031
设定值	1001	1002	1003	1004	1005	1000

3.5.4　I/O Link 总线连接与地址分配

1. I/O Link 总线的连接

CNC 经 I/O Link 总线连接 2 个电柜用 I/O 单元，如图 3-64 所示。I/O 单元 1 的 X 地址从 X0 开始，占 16 个字节；Y 地址从 Y0 开始，占 8 个字节。I/O 单元 2 的 X 地址从 X20 开始，占 12 个字节；Y 地址从 Y10 开始，占 8 个字节。

2. I/O 模块地址分配

I/O 单元 1 输入输出接口有 CB104-1、CB105-1、CB106-1 和 CB107-1。其中，CB104-1 输入字节 X0~X2，输出字节 Y0~Y1；CB105-1 输入字节 X3、X8~X9，输出字节 Y2~Y3；CB106-1 输入字节 X4~X6，输出字节 Y4~Y5；CB107-1 输入字节 X7、X10~X11，

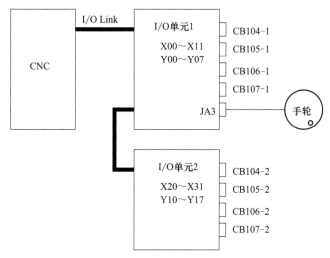

图 3-64 I/O Link 总线连接

输出字节 Y6~Y7。各输入输出地址具体引脚号见图 3-65。

	CB104-1			CB105-1			CB106-1			CB107-1	
	A	B		A	B		A	B		A	B
01	0V	+24V	01	0V	+24V	01	0V	+24V	01	0V	+24V
02	X0.0	X0.1	02	X3.0	X3.1	02	X4.0	X4.1	02	X7.0	X7.1
03	X0.2	X0.3	03	X3.2	X3.3	03	X4.2	X4.3	03	X7.2	X7.3
04	X0.4	X0.5	04	X3.4	X3.5	04	X4.4	X4.5	04	X7.4	X7.5
05	X0.6	X0.7	05	X3.6	X3.7	05	X4.6	X4.7	05	X7.6	X7.7
06	X1.0	X1.1	06	X8.0	X8.1	06	X5.0	X5.1	06	X10.0	X10.1
07	X1.2	X1.3	07	X8.2	X8.3	07	X5.2	X5.3	07	X10.2	X10.3
08	X1.4	X1.5	08	X8.4	X8.5	08	X5.4	X5.5	08	X10.4	X10.5
09	X1.6	X1.7	09	X8.6	X8.7	09	X5.6	X5.7	09	X10.6	X10.7
10	X2.0	X2.1	10	X9.0	X9.1	10	X6.0	X6.1	10	X11.0	X11.1
11	X2.2	X2.3	11	X9.2	X9.3	11	X6.2	X6.3	11	X11.2	X11.3
12	X2.4	X2.5	12	X9.4	X9.5	12	X6.4	X6.5	12	X11.4	X11.5
13	X2.6	X2.7	13	X9.6	X9.7	13	X6.6	X6.7	13	X11.6	X11.7
14			14			14	COM4		14		
15			15			15			15		
16	Y0.0	Y0.1	16	Y2.0	Y2.1	16	Y4.0	Y4.1	16	Y6.0	Y6.1
17	Y0.2	Y0.3	17	Y2.2	Y2.3	17	Y4.2	Y4.3	17	Y6.2	Y6.3
18	Y0.4	Y0.5	18	Y2.4	Y2.5	18	Y4.4	Y4.5	18	Y6.4	Y6.5
19	Y0.6	Y0.7	19	Y2.6	Y2.7	19	Y4.6	Y4.7	19	Y6.6	Y6.7
20	Y1.0	Y1.1	20	Y3.0	Y3.1	20	Y5.0	Y5.1	20	Y7.0	Y7.1
21	Y1.2	Y1.3	21	Y3.2	Y3.3	21	Y5.2	Y5.3	21	Y7.2	Y7.3
22	Y1.4	Y1.5	22	Y3.4	Y3.5	22	Y5.4	Y5.5	22	Y7.4	Y7.5
23	Y1.6	Y1.7	23	Y3.6	Y3.7	23	Y5.6	Y5.7	23	Y7.6	Y7.7
24	DOCOM	DOCOM	24	DOCOM	DOCOM	24	DOCOM	DOCOM	24	DOCOM	DOCOM
25	DOCOM	DOCOM	25	DOCOM	DOCOM	25	DOCOM	DOCOM	25	DOCOM	DOCOM

图 3-65 I/O 单元 1 地址分配

I/O 单元 2 输入输出接口有 CB104-2、CB105-2、CB106-2 和 CB107-2。其中，CB104-2 输入字节 X20~X22，输出字节 Y10~Y11；CB105-2 输入字节 X23、X28~X29，输出字节 Y12~Y13；CB106-2 输入字节 X24~X26，输出字节 Y14~Y15；CB107-2 输入字节 X27、

X30～X31，输出字节 Y16～Y17。各输入输出地址具体引脚号见图 3-66。

CB104-2			CB105-2			CB106-2			CB107-2		
	A	B		A	B		A	B		A	B
01	0V	+24V	01	0V	+24V	01	0V	+24V	01	0V	+24V
02	X20.0	X20.1	02	X23.0	X23.1	02	X24.0	X24.1	02	X27.0	X27.1
03	X20.2	X20.3	03	X23.2	X23.3	03	X24.2	X24.3	03	X27.2	X27.3
04	X20.4	X20.5	04	X23.4	X23.5	04	X24.4	X24.5	04	X27.4	X27.5
05	X20.6	X20.7	05	X23.6	X23.7	05	X24.6	X24.7	05	X27.6	X27.7
06	X21.0	X21.1	06	X28.0	X28.1	06	X25.0	X25.1	06	X30.0	X30.1
07	X21.2	X21.3	07	X28.2	X28.3	07	X25.2	X25.3	07	X30.2	X30.3
08	X21.4	X21.5	08	X28.4	X28.5	08	X25.4	X25.5	08	X30.4	X30.5
09	X21.6	X21.7	09	X28.6	X28.7	09	X25.6	X25.7	09	X30.6	X30.7
10	X22.0	X22.1	10	X29.0	X29.1	10	X26.0	X26.1	10	X31.0	X31.1
11	X22.2	X22.3	11	X29.2	X29.3	11	X26.2	X26.3	11	X31.2	X31.3
12	X22.4	X22.5	12	X29.4	X29.5	12	X26.4	X26.5	12	X31.4	X31.5
13	X22.6	X22.7	13	X29.6	X29.7	13	X26.6	X26.7	13	X31.6	X31.7
14			14			14	COM4		14		
15			15			15			15		
16	Y10.0	Y10.1	16	Y12.0	Y12.1	16	Y14.0	Y14.1	16	Y16.0	Y16.1
17	Y10.2	Y10.3	17	Y12.2	Y12.3	17	Y14.2	Y14.3	17	Y16.2	Y16.3
18	Y10.4	Y10.5	18	Y12.4	Y12.5	18	Y14.4	Y14.5	18	Y16.4	Y16.5
19	Y10.6	Y10.7	19	Y12.6	Y12.7	19	Y14.6	Y14.7	19	Y16.6	Y16.7
20	Y11.0	Y11.1	20	Y13.0	Y13.1	20	Y15.0	Y15.1	20	Y17.0	Y17.1
21	Y11.2	Y11.3	21	Y13.2	Y13.3	21	Y15.2	Y15.3	21	Y17.2	Y17.3
22	Y11.4	Y11.5	22	Y13.4	Y13.5	22	Y15.4	Y15.5	22	Y17.4	Y17.5
23	Y11.6	Y11.7	23	Y13.6	Y13.7	23	Y15.6	Y15.7	23	Y17.6	Y17.7
24	DOCOM	DOCOM	24	DOCOM	DOCOM	24	DOCOM	DOCOM	24	DOCOM	DOCOM
25	DOCOM	DOCOM	25	DOCOM	DOCOM	25	DOCOM	DOCOM	25	DOCOM	DOCOM

图 3-66　I/O 单元 2 地址分配

3.5.5　坐标轴伺服参数设定与调整

1. 坐标轴伺服参数初始化

X、Z1、Z2、A1、A2 坐标轴全部为半闭环控制，坐标轴伺服参数初始化具体操作如下：

① 设定各轴电机代码参数 2020。X 轴伺服电机 αiF30/4000-B，Z1/Z2 轴伺服电机 αiF30B/4000-B，A1/A2 轴伺服电机 αiF8B/3000-B，查表 3-2 可知 X、Z1、Z2 电机代码 303，A1、A2 电机代码 277。

② 设定各轴 AMR 参数 2001，各轴均设为 00000000。

③ 设定各轴指令倍乘比参数 1820，各轴均设定为 2，即指令单位＝检测单位。

④ 依据各轴的传动比，设定各轴柔性进给比参数 2084 和 2085。

X 轴为齿轮齿条传动，齿轮分度圆直径为 66.845mm，电机输出端减速机减速比为 1：8，因此 X 轴柔性齿轮比（F•FG）计算如下：

$$F \cdot FG(X) = \frac{\pi \times 66.845 \times 1000}{8 \times 1000000} = \frac{21}{800}$$

Z1、Z2 轴为齿轮齿条传动，齿轮分度圆直径为 66.845mm，电机输出端减速机减速比为 1：16，因此 Z1、Z2 轴柔性齿轮比计算如下：

$$F \cdot FG(Z) = \frac{\pi \times 66.845 \times 1000}{16 \times 1000000} = \frac{21}{1600}$$

A1、A2 轴为 1：1 同步带传动，电机输出端减速机减速比为 1：20，因此 A1、A2 轴柔性齿轮比计算如下：

$$F \cdot FG(A) = \frac{360 \times 1000}{20 \times 1000000} = \frac{9}{500}$$

⑤ 依据各轴坐标系正方向要求和连接方式确定各轴方向设定参数 2022，其中，X 轴设为 111，Z1、Z2、A1、A2 均设为 −111。

⑥ 5 个轴均为半闭环控制，因此速度反馈脉冲数参数 2023 均设为 8192；位置反馈脉冲数参数 2024 均设为 12500。

⑦ 以上参数设定完毕，系统停电，再上电，即完成各轴伺服参数初始化，此时参数 2000 的设定值自动变成 00000010，如表 3-19 所示，表示伺服参数初始化完成。

表 3-19　坐标轴伺服参数设定

参数号	参数名称	X 轴	Z1 轴	Z2 轴	A1 轴	A2 轴
2000	初始化设定位	00000010	00000010	00000010	00000010	00000010
2020	电机代码	303	303	303	277	277
2001	AMR	00000000	00000000	00000000	00000000	00000000
1820	指令倍乘比	2	2	2	2	2
2084	柔性进给比分子	21	21	21	9	9
2085	柔性进给比分母	800	1600	1600	500	500
2022	方向设定	111	−111	−111	−111	−111
2023	速度反馈脉冲数	8192	8192	8192	8192	8192
2024	位置反馈脉冲数	12500	12500	12500	12500	12500

2. 坐标轴零点设定

各轴零点设定方法如下：

① 设定参数 1002♯1＝1，全部轴回参考点都不使用减速信号。

② 设定参数 1815，使用绝对编码器。

1815♯4＝0：绝对编码器零点未建立。

1815♯5＝1：使用绝对编码器。

③ 确认绝对编码器电池已连上。

④ 用手轮进给移动坐标轴，使电机移动 1 转以上，方向和速度不受限制。

⑤ 切断电源，再接通电源。

⑥ 用手轮进给将坐标轴移动到零点位置。

⑦ 将参数 1815♯4 置 1。

⑧ 切断电源，再接通电源。

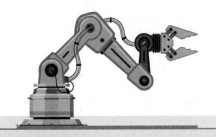

第 4 章

PMC程序编程基础

PMC 程序一般采用结构化编程，这将更有利于程序的编制和调试，出现运行故障时，也更易于找出故障原因。主要的结构化编程方法有三种：子程序、嵌套、条件分支。

PMC 指令分为基本指令和功能指令两种类型。基本指令是在设计顺序程序时最常用的指令，它们执行一位运算。常用的功能指令包括定时器指令、计数器指令、数据传送指令、比较指令、位操作指令、代码转换指令、运算指令、程序控制指令、信息显示指令、外部数据输入指令、CNC 窗口指令、位置信号指令等。

4.1 FANUC-0i-F 数控系统 PMC 规格

FANUC-0i-F 数控系统 PMC 的规格如表 4-1 所示。

表 4-1　FANUC-0i-F 数控系统 PMC 的规格

PMC 类型	第 1～第 3 路径 0i-F PMC	0i-F PMC/L	DCS PMC
程序级数	3	2	2
第 1 级程序运行周期	4ms 或 8ms	8ms	8ms
基本指令处理速度	18.2ns/步	1μs/步	1μs/步
最大程序容量	100000 步	24000 步	5000 步
指令	基本指令:24 条 功能指令:329 条	基本指令:24 条 功能指令:227 条	基本指令:24 条 功能指令:220 条
CNC 接口	输入 F:768 字节×15 输出 G:768 字节×15	输入 F:768 字节×2 输出 G:768 字节×2	输入 F:768 字节 输出 G:768 字节
DI/DO	输入 X:2048 点 输出 Y:2048 点	输入 X:1024 点 输出 Y:1024 点	输入 X:896 点 输出 Y:896 点

第 1～第 3 路径 PMC 存储器有 A、B、C、D 等 4 个类别，其中第 1 路径 PMC 使用 B、C、D 三种规格，第 2～第 3 路径 PMC 使用 A、B、C 三种规格。存储器类别不同，PMC 存储区不同，具体见表 4-2。

表 4-2 FANUC-0i-F 数控系统 PMC 存储区

PMC 类型	第 1～第 3 路径 0i-F PMC				0i-F PMC/L	DCSPMC
	存储器 A	存储器 B	存储器 C	存储器 D		
内部继电器 R	1500 字节	8000 字节	16000 字节	60000 字节	1500 字节	1500 字节
系统继电器 R9000	500 字节	500 字节	500 字节	500 字节	500 字节	500 字节
扩展继电器 E	10000 字节	10000 字节	10000 字节	10000 字节	10000 字节	—
信息显示请求 A	2000 点	2000 点	4000 点	6000 点	2000 点	—
可变定时器 T	40 个	250 个	500 个	500 个	40 个	40 个
固定定时器	100 个	500 个	1000 个	1500 个	100 个	100 个
可变计数器 C	20 个	100 个	200 个	300 个	20 个	20 个
固定计数器	20 个	100 个	200 个	300 个	20 个	20 个
保持继电器 K	用户:20 字节 系统:100 字节	用户:100 字节 系统:100 字节	用户:200 字节 系统:100 字节	用户:300 字节 系统:100 字节	用户:20 字节 系统:100 字节	用户:20 字节 系统:100 字节
数据表 D	3000 字节	10000 字节	20000 字节	20000 字节	—	—
边沿检测	256 个	1000 个	2000 个	3000 个	256 个	256 个
标签 LBL	9999 个	9999 个	9999 个	9999 个	9999 个	9999 个
子程序 SP	512 个	5000 个	5000 个	5000 个	512 个	512 个

4.2 PMC 程序的结构

4.2.1 程序分级

PMC 程序一般分三级，见图 4-1。

第 1 级程序从程序开始到 END1 命令之间。系统每个程序执行周期中执行一次，主要处理短脉冲信号。第 1 级程序要尽可能短，这样可以缩短 PMC 程序的执行时间。

第 2 级程序是 END1 命令之后、END2 命令之前的程序。第 2 级程序的执行时间由分割数确定。

第 3 级程序是 END2 命令之后、END3 命令之前的程序。第 3 级程序主要处理低速响应信号，通常用于 PMC 报警信号处理。

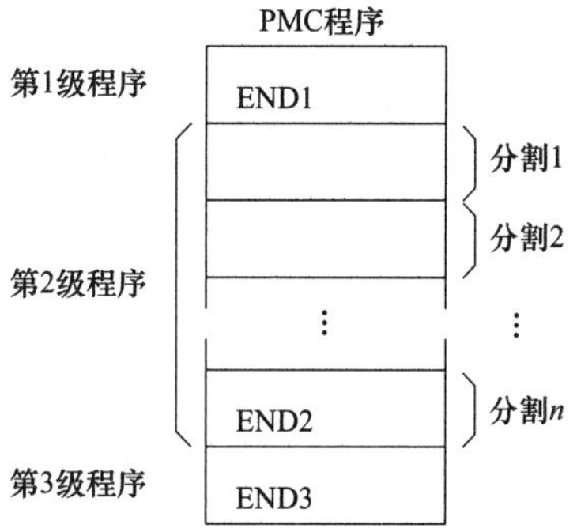

如果有子程序，放在 END3 命令之后。通常将具有特定功能且多次使用的程序作为子程序。只有在需要时才调用子程序，因此子程序可能无需执行每次扫描，这样可以缩短 PMC 程序的处理时间。

图 4-1 PMC 程序的分级

PMC 程序以循环扫描工作方式执行，如图 4-2 所示。程序编制完成后，在向 CNC 的调

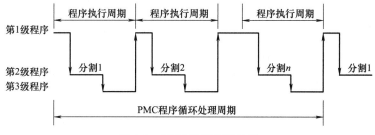

图 4-2 PMC 程序循环处理

试 RAM 中传送时，第 2 级程序被自动分割。第 1 级程序在每个执行周期中执行 1 次，同时也执行一个第 2 级程序的分割程序段。第 2 级程序的执行时间由分割数确定，执行顺序按分割数依次执行。第 3 级程序的处理在第 2 级程序处理结束后，重新开始第 1 级处理之前的时间内进行。PMC 程序从头至尾执行一次的时间称为 PMC 程序循环处理周期。

4.2.2　子程序编程

子程序用功能指令 SP 和 SPE 作为起始和终止语句。不能在第 1 级程序中调用子程序，应在第 2 级程序中用功能指令 CALL 或 CALLU 进行调用。一个 PMC 程序最多可写 512 个子程序，最多进行 8 级嵌套。采用子程序编程的程序具有如下优点：

① 程序易于理解，便于编制；

② 查找编程错误更加方便；

③ 出现运行故障时，更易于找出故障原因。

4.2.3　PMC 程序运行的特点

PMC 顺序程序的运行是从梯形图的开头执行直至梯形图结束，在程序执行完后，再次从梯形图的开头执行，这被称作循环执行。

从梯形图的开头执行直至结束的执行时间称为循环处理时间，它取决于控制程序的步数和第一级程序的大小。

由于 PMC 顺序控制由软件来实现，所以和一般的继电器电路的工作原理不尽相同。

在一般的继电器控制电路中，各继电器在时间上完全可以同时动作。在图 4-3 所示的电路中，当继电器 A 动作时，继电器 D 和 E 可同时动作。在 PMC 顺序控制中，各个继电器依次动作，当继电器 A 动作时，继电器 D 首先动作，然后继电器 E 才动作；即各个继电器按梯形图中的顺序动作。

图 4-4 中所示的电路可以更好地说明继电器电路和 PMC 程序动作之间的区别。

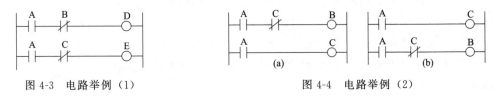

图 4-3　电路举例（1）　　　　　图 4-4　电路举例（2）

对于继电器电路，图 4-4（a）和（b）中的动作相同。A 接通后，B 和 C 接通；C 接通后 B 断开。

对于 PMC 程序，图 4-4（a）中，同继电器电路一样，A 接通后，B 和 C 接通，经过 PMC 程序的一个循环后 B 断开。但在图 4-4（b）中，A 接通后 C 接通，而 B 并不接通。

4.2.4　PMC 地址

地址用来区分信号。不同的地址分别对应机器侧的输入/输出信号、CNC 侧的输入/输出信号、内部继电器、计数器、计时器、保持型继电器和数据表。PMC 程序中主要使用四种类型的地址，见图 4-5。

每个地址由地址号和位号（0~7）组成。地址格式如图 4-6 所示。在地址号的开头必须指定一个字来表示信号的类型。地址中代表信号类型的字母见表 4-3。

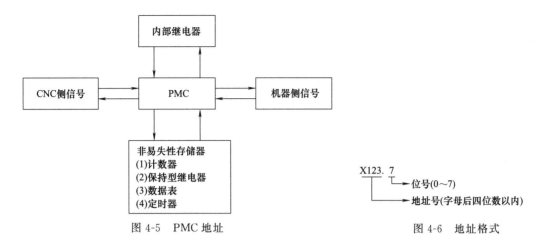

图 4-5　PMC 地址　　　　　　　　　　　图 4-6　地址格式

表 4-3　地址号中的字母

序号	字母	信号类型
1	X	来自机器侧的输入信号（MT→PMC）
2	Y	由 PMC 输出到机器侧的信号（PMC→MT）
3	F	来自 CNC 侧的输入信号（CNC→PMC）
4	G	由 PMC 输出到 CNC 侧的信号（PMC→CNC）
5	R	内部继电器
6	A	信息显示请求信号
7	C	计数器
8	K	保持型继电器
9	T	可变定时器
10	D	数据表
11	L	标记号
12	P	子程序号

1. X 与 Y 地址

①X 地址：来自机器侧的输入信号，如接近开关、限位开关、压力开关、操作按钮等的输入信号。X 信号有一部分是固定地址，这类信号由 CNC 直接读取，见表 4-4。

②Y 地址：从 PMC 送到机器侧的输出信号。根据机器需要，用它可控制机器侧的继电器、信号灯等。

表 4-4　X 固定地址

	♯7	♯6	♯5	♯4	♯3	♯2	♯1	♯0
X4（T）	SKIP	ESKIP	−MIT2	＋MIT2	−MIT1	＋MIT1	ZAE	XAE
	跳转信号		刀具预调仪				测量信号到达	
X4（M）	SKIP	ESKIP				ZAE	YAE	XAE
	跳转信号					测量信号到达		
X8				＊ESP				
				急停				
X9	＊DEC8	＊DEC7	＊DEC6	＊DEC5	＊DEC4	＊DEC3	＊DEC2	＊DEC1
	回参考点减速信号							

2. G 与 F 地址

①G 地址：由 PMC 侧送到 CNC 侧的接口信号，对 CNC 进行控制和信息反馈，如 M

代码执行完成、数控系统方式选择等。

② F 地址：从 CNC 侧送到 PMC 侧的接口信号。如伺服准备好、轴移动中等状态信号，可作为机器动作的条件及进行自我诊断的依据。

在进行多路径控制时，所有路径用同一个 PMC，第二路径的 G/F 地址在第一路径的 G/F 地址号上加 1000 即可，第三及更多路径的情况依次类推。如第一路径循环启动信号 ST 地址为 G7.2，第二路径为 G1007.2，第三路径为 G2007.2，等等。

3. R 地址

R 地址是 PMC 的内部继电器，在 PMC 程序中用于运算结果的暂时存储地址。R 地址包含系统软件所使用的保留区 R9000～R9099，该区的信号不能在 PMC 程序中写入。

① R9000：功能指令 ADDB、SUBB、MULB、DIVB 和 COMPB 的运算结果输出寄存器。其格式如下：

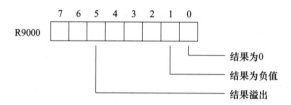

② R9000：功能指令 EXIN、WINDR、WINDW 的错误输出寄存器。其格式如下：

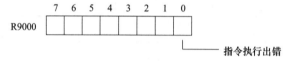

③ R9002～R9005：功能指令 DIVB 的运算结果输出寄存器。执行 DIVB 二进制除法指令后的余数输出到这些寄存器中。

④ R9091：系统定时器，一共 4 个信号。其中，200ms 的周期信号 R9091.5：104ms 开，96ms 关。1s 的周期信号 R9091.6：504ms 开，496ms 关。其格式如下：

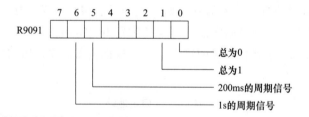

4. 非易失性存储器地址

非易失性存储器地址包括定时器 T、计数器 C、保持继电器 K、数据表 D，这些地址的数据在断电时仍要保持其值不变，它们又称为 PMC 参数。

K17～K19 为 PMC 系统程序保留区域。

4.2.5   PMC 上处理的数据形式

1. 带符号二进制数

可进行 1 字节、2 字节、4 字节长的二进制数的处理。在 PMC 顺序程序中，指定数据的初始地址和数据长度。可使用的数值范围见表 4-5。

表 4-5   二进制数的数值范围

数据长度	数据范围（十进制数换算）	备注
1字节数据	−128～+127	
2字节数据	−32768～+32767	负值通过二进制补码表示
4字节数据	−2147483648～+2147483647	

[例 4-1]   用 2 字节表示 100 和 −100。如表 4-6 所示。

表 4-6   二进制数

十进制数		100	−100	
二进制数	+0	01100100	10011100	最高位是 1 时为负
	+1	00000000	11111111	

2. BCD 码

在十进制数的二-十进制中，用 4 位二进制数表示十进制数的各位。PMC 程序中可处理 2 位或 4 位 BCD 码。符号用其他信号进行处理。

[例 4-2]   用 BCD 码表示 63 和 1234。如表 4-7 所示。

表 4-7   BCD 码

十进制数		63	1234
BCD 码	+0	01100011	00110100
	+1	−	00010010

BCD 码和二进制数可通过功能指令 DCNV 和 DCNVB 进行变换。

3. 位型数据

如 X10.2 表示地址 X10 的位 2。

4. 格雷（Gray）码

格雷码是一种二进制循环码，其特点是任意相邻两个代码间只有一位代码有变化。使用格雷码旋转开关，可提高可靠性。

[例 4-3]   4 位格雷码，见图 4-7。

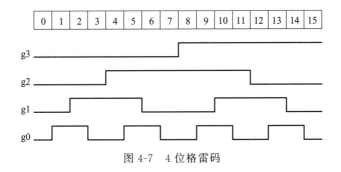

图 4-7   4 位格雷码

4 位二进制码和格雷码的对应关系如表 4-8 所示。

表 4-8   4 位二进制码和格雷码的对应关系

		0	1	2	3	4	5	6	7	8	9	10	11	12	13	14	15
二进制码	b3	0	0	0	0	0	0	0	0	1	1	1	1	1	1	1	1
	b2	0	0	0	0	1	1	1	1	0	0	0	0	1	1	1	1
	b1	0	0	1	1	0	0	1	1	0	0	1	1	0	0	1	1
	b0	0	1	0	1	0	1	0	1	0	1	0	1	0	1	0	1

续表

格雷码		0	1	2	3	4	5	6	7	8	9	10	11	12	13	14	15
格雷码	g3	0	0	0	0	0	0	0	0	1	1	1	1	1	1	1	1
	g2	0	0	0	0	1	1	1	1	1	1	1	1	0	0	0	0
	g1	0	0	1	1	1	1	0	0	0	0	1	1	1	1	0	0
	g0	0	1	1	0	0	1	1	0	0	1	1`	0	0	1	1	0

图 4-8　格雷码变换成二进制码的 PMC 程序

把格雷码变换成二进制码，使用异或（XOR）。异或的真值表如表 4-9 所示。

表 4-9　异或的真值表

输入 A	输入 B	结果
0	0	0
0	1	1
1	0	1
1	1	0

① 最高位的信号 b3 和 g3 是相同的。

② $b2 = b3$ XOR $g2$。

③ $b1 = b2$ XOR $g1$。

④ n 位的信号 $b_n = b_{n+1}$ XOR g_n。

格雷码变换成二进制码的 PMC 程序如图 4-8 所示。

4.3　PMC 基本指令

PMC 指令分为基本指令和功能指令两种类型。

4.3.1　基本指令

基本指令是在设计 PMC 程序时最常用的指令，它们执行一位运算，例如 AND 或 OR，共有 14 种。基本指令的种类和功能见表 4-10。

表 4-10　基本指令

序号	指令		功能
	格式 1	格式 2	
1	RD	R	读入指定的信号状态并设置在 ST0 中
2	RD. NOT	RN	将读入的指定信号取非后设到 ST0
3	WRT	W	将运算结果 ST0 的状态输出到指定的地址
4	WRT. NOT	WN	将运算结果 ST0 的状态取非后输出到指定的地址
5	AND	A	逻辑与
6	AND. NOT	AN	将指定的信号状态取非后逻辑与
7	OR	O	逻辑或
8	OR. NOT	OR	将指定的信号状态取非后逻辑或
9	RD. STK	RS	将寄存器的内容左移 1 位，把指定地址的信号状态设到 ST0
10	RD. NOT. STK	RNS	将寄存器的内容左移 1 位，把指定地址的信号状态取非后设到 ST0
11	AND. STK	AS	ST0 和 ST1 逻辑与后，堆栈寄存器右移 1 位
12	OR. STK	OS	ST0 和 ST1 逻辑或后，堆栈寄存器右移 1 位
13	SET	SET	ST0 和指定地址中的信号逻辑或后，将结果返回到指定的地址中
14	RST	RST	ST0 的状态取反后和指定地址中的信号逻辑与，将结果返回到指定的地址中

在用基本指令难以编制某些动作时，可使用功能指令来简化编程。

在执行 PMC 程序时，逻辑运算的中间结果存储在一个寄存器中，该寄存器由 9 位组成。当执行指令 RD.STK 暂存运算的中间结果时，如图 4-9 所示，将当前存储的状态向左移动压栈。相反，执行指令 AND.STK 等右移取出压栈信号。最后压入的信号首先被取出。

图 4-9　中间结果寄存器

1. RD

RD 读出指定地址的信号状态并设到 ST0。由 RD 指令读入的信号可以是任意一个作为逻辑条件的触点。RD 指令格式如图 4-10 所示。

2. RD.NOT

RD.NOT 读出指定地址的信号状态，取非后设到 ST0。由 RD.NOT 指令读入的信号可以是任意一个作为逻辑条件的触点。RD.NOT 指令格式如图 4-11 所示。

图 4-10　RD 指令格式　　　　　　　　　　图 4-11　RD.NOT 指令格式

3. WRT

WRT 将逻辑运算的结果，即 ST0 的状态，输出到指定的地址。可以把一个逻辑运算结果输出到二个以上的地址。WRT 指令格式如图 4-12 所示。

4. WRT.NOT

WRT.NOT 将逻辑运算的结果，即 ST0 的状态，取反后输出到指定的地址。可以把一个逻辑运算结果输出到二个以上的地址。WRT.NOT 指令格式如图 4-13 所示。

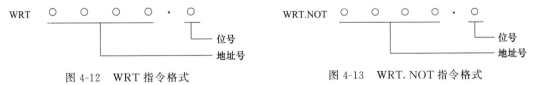

图 4-12　WRT 指令格式　　　　　　　　　图 4-13　WRT.NOT 指令格式

5. AND

AND 为逻辑与。AND 指令格式如图 4-14 所示。

6. AND.NOT

AND.NOT 将指定地址的信号状态取反后进行逻辑与。AND.NOT 指令格式如图 4-15 所示。

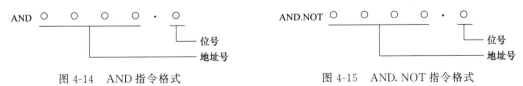

图 4-14　AND 指令格式　　　　　　　　　图 4-15　AND.NOT 指令格式

7. OR

OR 为逻辑或。OR 指令格式如图 4-16 所示。

8. OR. NOT

OR. NOT 将指定地址的信号状态取反后进行逻辑或。OR. NOT 指令格式如图 4-17 所示。

图 4-16　OR 指令格式　　　　　　　图 4-17　OR. NOT 指令格式

9. RD. STK

RD. STK 将堆栈寄存器的内容向左移 1 位后，把指定地址的信号状态设置到 ST0。RD. STK 指令格式如图 4-18 所示。

10. RD. NOT. STK

RD. NOT. STK 将堆栈寄存器的内容向左移 1 位后，把指定地址的信号状态取反后设置到 ST0。RD. NOT. STK 指令格式如图 4-19 所示。

图 4-18　RD. STK 指令格式　　　　　图 4-19　RD. NOT. STK 指令格式

11. AND. STK

AND. STK 将 ST0 和 ST1 中的操作结果进行逻辑乘运算，结果送至 ST1，将堆栈寄存器右移 1 位。AND. STK 指令格式如图 4-20 所示。

12. OR. STK

OR. STK 将 ST0 和 ST1 中的操作结果进行逻辑或运算，结果送至 ST1，将堆栈寄存器右移 1 位。OR. STK 指令格式如图 4-21 所示。

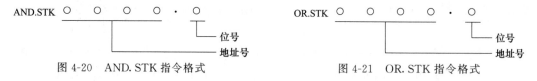

图 4-20　AND. STK 指令格式　　　　图 4-21　OR. STK 指令格式

13. SET

SET 将逻辑操作结果 ST0 与所指地址的内容进行逻辑或，并将结果输出至相同的地址。SET 也称置位指令。SET 指令格式如图 4-22 所示。

14. RST

RST 将逻辑操作结果 ST0 取反，与所指地址的内容进行逻辑与，并将结果输出至相同的地址。RST 也称复位指令。RST 指令格式如图 4-23 所示。

图 4-22　SET 指令格式　　　　　　　图 4-23　RST 指令格式

下面给出一个例子说明基本指令的使用。图 4-24 中梯形图所对应的代码表和操作结果状态见表 4-11。

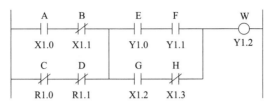

图 4-24　梯形图

表 4-11　代码表及操作结果状态

代码表				操作结果状态		
步号	指令	地址	说明	ST2	ST1	ST0
1	RD	X1.0	A			A
2	AND. NOT	X1.1	B			$A\bar{B}$
3	RD. NOT. STK	R1.0	C		$A\bar{B}$	$\bar{C}$
4	AND. NOT	R1.1	D		$A\bar{B}$	$\bar{C}\,\bar{D}$
5	OR. STK					$A\bar{B}+\bar{C}\,\bar{D}$
6	RD. STK	Y1.0	E		$A\bar{B}+\bar{C}\,\bar{D}$	E
7	AND	Y1.1	F		$A\bar{B}+\bar{C}\,\bar{D}$	EF
8	RD. STK	X1.2	G	$A\bar{B}+\bar{C}\,\bar{D}$	EF	G
9	AND. NOT	X1.3	H	$A\bar{B}+\bar{C}\,\bar{D}$	EF	$G\bar{H}$
10	OR. STK				$A\bar{B}+\bar{C}\,\bar{D}$	$EF+G\bar{H}$
11	AND. STK					$(A\bar{B}+\bar{C}\,\bar{D})(EF+G\bar{H})$
12	WRT	Y1.2	W			$(A\bar{B}+\bar{C}\,\bar{D})(EF+G\bar{H})$

4.3.2　扩展基本指令

共有 10 种扩展基本指令，如表 4-12 所示。

表 4-12　扩展基本指令及其功能

序号	指令格式	功能
1	RDPT	当指定信号状态从 0→1 时，ST0 置 1。否则 ST0 置 0
2	ANDPT	当指定信号状态从 0→1 时，ST0 状态不变。否则 ST0 置 0
3	ORPT	当指定信号状态从 0→1 时，ST0 置 1。否则 ST0 状态不变
4	RDPT. STK	当指定信号状态从 0→1 时，将寄存器的内容左移 1 位，然后 ST0 置 1。否则 ST0 置 0
5	RDNT	当指定信号状态从 1→0 时，ST0 置 1。否则 ST0 置 0
6	ANDNT	当指定信号状态从 1→0 时，ST0 状态不变。否则 ST0 置 0
7	ORNT	当指定信号状态从 1→0 时，ST0 置 1。否则 ST0 状态不变
8	RDNT. STK	当指定信号状态从 1→0 时，将寄存器的内容左移 1 位，然后 ST0 置 1。否则 ST0 置 0
9	PUSH	将寄存器的内容左移 1 位，ST0 状态不变
10	POP	将寄存器的内容右移 1 位

1. RDPT 指令

RDPT 指令用于检测指定信号的上升沿，当指定信号状态从 0→1 时，ST0 置 1。否则 ST0 置 0。RDPT 指令格式如图 4-25 所示。

2. ANDPT 指令

ANDPT 指令用于检测指定信号的上升沿，当指定信号状态从 0→1 时，ST0 状态不变。否则 ST0 置 0。ANDPT 指令格式如图 4-26 所示。

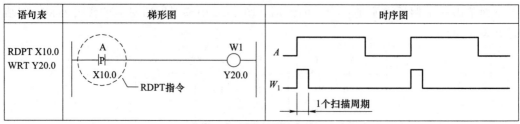

图 4-25　RDPT 指令格式

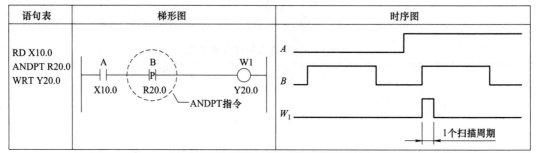

图 4-26　ANDPT 指令格式

3. ORPT 指令

ORPT 指令用于检测指定信号的上升沿，当指定信号状态从 0→1 时，ST0 置 1。否则 ST0 状态不变。ORPT 指令格式如图 4-27 所示。

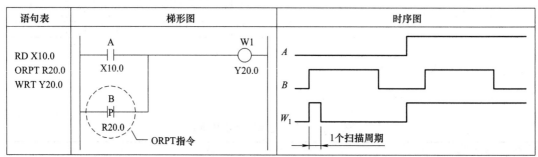

图 4-27　ORPT 指令格式

4. RDPT. STK 指令

RDPT. STK 指令用于检测指定信号的上升沿，当指定信号状态从 0→1 时，将寄存器的内容左移 1 位，然后 ST0 置 1。否则 ST0 置 0。RDPT. STK 指令格式如图 4-28 所示。

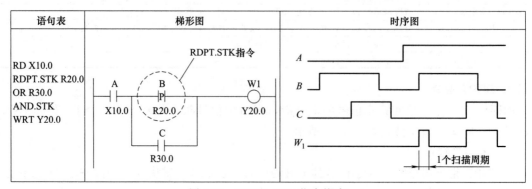

图 4-28　RDPT. STK 指令格式

5. RDNT 指令

RDNT 指令用于检测指定信号的下降沿，当指定信号状态从 1→0 时，ST0 置 1。否则 ST0 置 0。RDPT 指令格式如图 4-29 所示。

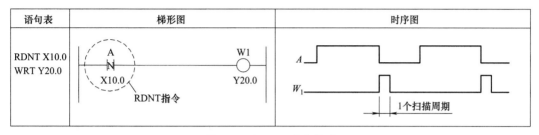

图 4-29　RDNT 指令格式

6. ANDNT 指令

ANDNT 指令用于检测指定信号的下降沿，当指定信号状态从 1→0 时，ST0 状态不变。否则 ST0 置 0。ANDNT 指令格式如图 4-30 所示。

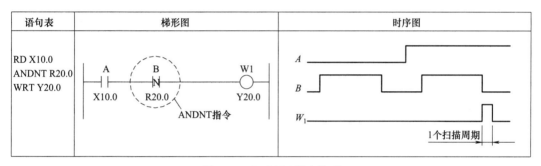

图 4-30　ANDNT 指令格式

7. ORNT 指令

ORNT 指令用于检测指定信号的下降沿，当指定信号状态从 1→0 时，ST0 置 1。否则 ST0 状态不变。ORNT 指令格式如图 4-31 所示。

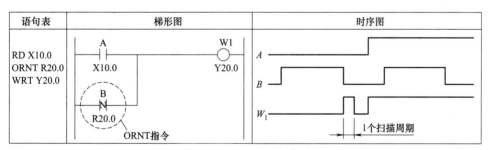

图 4-31　ORNT 指令格式

8. RDNT.STK 指令

RDNT.STK 指令用于检测指定信号的下降沿，当指定信号状态从 1→0 时，将寄存器的内容左移 1 位，然后 ST0 置 1。否则 ST0 置 0。RDNT.STK 指令格式如图 4-32 所示。

9. PUSH/POP 指令

PUSH 指令将寄存器的内容左移 1 位，ST0 状态不变。POP 指令将寄存器的内容右移 1 位。PUSH/POP 指令格式如图 4-33 所示。

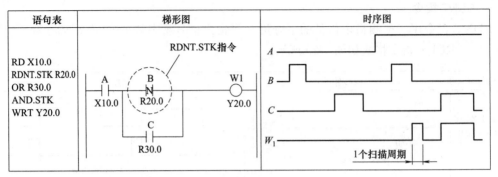

图 4-32　RDNT. STK 指令格式

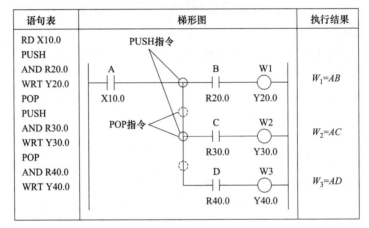

图 4-33　PUSH/POP 指令格式

4.4　PMC 功能指令

4.4.1　定时器指令

1. 延时接通可变定时器 TMR

TMR 是延时接通定时器。当 ACT＝1 达到预置的时间时，定时器接通。其梯形图格式见图 4-34。

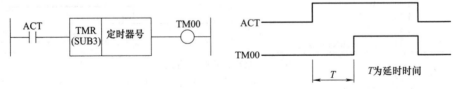

图 4-34　TMR 指令格式

对于 1～8 号定时器，设定时间的单位为 48ms，对于 9 号以后的定时器，设定时间的单位为 8ms，如表 4-13 所示。48ms 定时器设定时间的范围为 48ms～1572.8s；8ms 定时器设定时间的范围为 8ms～262.1s。

TMR 定时器的精度还可以修改为 1ms、10ms、100ms、1s 或 1min。

表 4-13　TMR 可变定时器号

数据类型	第 1～第 5 路径 PMC				0i-F PMC/L	DCSPMC
	存储器 A	存储器 B	存储器 C	存储器 D		
48ms 定时器号	1～8	1～8	1～8	1～8	1～8	1～8
8ms 定时器号	9～40	9～250	9～500	9～500	9～40	9～40

每个 TMR 定时器设定时间占 2 个字节，第 n 号 TMR 定时器设定时间地址为 T($2n$－2)～T($2n$－1)。即 1 号 TMR 定时器设定时间地址为 T00～T01；2 号 TMR 定时器设定时间地址为 T02～T03；依次类推。

TMR 指令举例见图 4-35。在 X10.0 接通后 480ms，R1.0 接通；X10.0 关断时，R1.0 也关断。

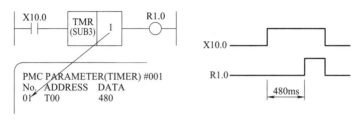

图 4-35　TMR 指令举例

2. 延时接通固定定时器 TMRB

TMRB 指令的固定定时器的时间与 PMC 程序一起写入 ROM 中。此定时器也是延时接通定时器。TMRB 格式及举例见图 4-36。

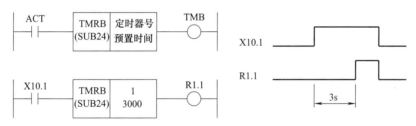

图 4-36　TMRB 指令格式及举例

TMRB 固定定时器号范围如表 4-14 所示。TMRB 固定定时器号从 1 号开始。TMRB 预置时间 1～32760000ms。

表 4-14　TMRB 固定定时器号范围

	第 1～第 5 路径 PMC				0i-F PMC/L	DCSPMC
	存储器 A	存储器 B	存储器 C	存储器 D		
定时器号	1～100	1～500	1～1000	1～1500	1～100	1～100

ACT 为 1 后，经过指令中参数预先设定的时间后，定时器置为 ON。

图 4-36 中 TMRB 指令举例说明：在 X10.1 接通后经过 3s，R1.1 接通；X10.1 关断时，R1.1 也关断。

3. 延时接通定时器 TMRC

TMRC 也是一个延时接通定时器。该定时器的设定时间可在任意地址设定。地址的选择决定定时器为可变时间定时器还是固定定时器。在指定的存储器范围内，定时器数量没有限制。TMRC 格式及举例见图 4-37。

图 4-37　TMRC 指令格式及举例

定时器精度：设 0～7，分别定义定时器精度为 8ms、48ms、1s、10s、1min、1ms、10ms、100ms。

设定时间地址：需要连续的 2 个字节，通常在 D 区域中指定。

时间寄存器地址：需要连续的 4 个字节，通常在 R 区域中指定。

图 4-37 中 TMRC 指令举例：如果 D200～D201 中设定数据 600，则在 X10.2 接通后 4.8s，R1.2 接通。

4. 延时断开固定定时器 TMRBF

本指令的固定定时器的时间与 PMC 程序一起写入 ROM 中。此定时器是延时断开定时器。其梯形图格式见图 4-38。

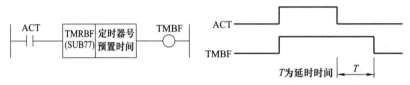

图 4-38　TMRBF 指令格式

ACT 从 1→0 后，经过指令中参数预先设定的时间后，定时器置为 OFF。TMRBF 固定定时器号从 1 号开始。TMRBF 定时器号不能与 TMRB 定时器号冲突。TMRBF 最大预置时间 3276000ms。

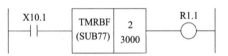

图 4-39　TMRBF 指令举例

TMRBF 指令举例见图 4-39。在 X10.1 接通时，R1.1 接通；X10.1 断开后经过 3s，R1.1 断开。

4.4.2　计数器指令

1. 可变计数器 CTR

CTR 计数器有如下功能：

① 预置型计数器：当达到预置值时输出一信号。预置值可通过 LCD/MDI 设置或在 PMC 程序中设置。

② 环形计数器：达到预置值后，通过给出另一计数信号返回初始值。

③ 加/减计数器：计数可以做加或做减。

④ 初始值的选择：可将 0 或 1 选为初始值。

⑤ 该计数器可以是二进制计数器，也可以设定为 BCD 计数器。前者预置值最大 65535，后者最大 9999。

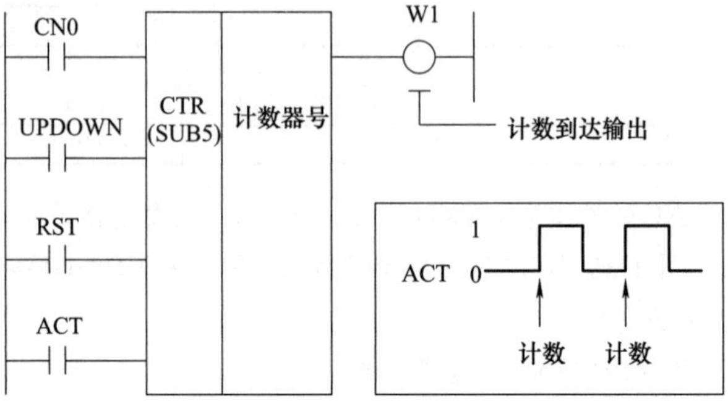

图 4-40　CTR 指令格式

CTR 指令梯形图表达格式如图 4-40 所示。

控制条件说明如下：

① 指定初始值：CN0＝0 计数由 0 开始；CN0＝1 计数由 1 开始。

② 加/减计数：UPDOWN＝0 加计数，初值为 0 或 1；UPDOWN＝1 减计数，初值为预置值。

③ 复位：RST＝0 解除复位；RST＝1 复位。

④ 计数信号 ACT。在 ACT 上升沿进行计数。

计数器号从 1 开始。加计数时，计数值达到预置值时，W1＝1；减计数时，取决于 CN0 的设定，计数值达到 0 或 1 时，W1＝1。

CTR 计数器号范围如表 4-15 所示。如果是 BCD 码计数器，计数值为 0～9999；如果是二进制计数器，计数值为 0～32767。

表 4-15　CTR 计数器号范围

计数器号	第 1～第 5 路径 PMC				0i-F PMC/L	DCSPMC
	存储器 A	存储器 B	存储器 C	存储器 D		
计数器号	1～20	1～100	1～200	1～300	1～20	1～20

每个 CTR 计数器预置值和计数值均占 2 个字节，第 n 号 CTR 计数器预置值地址为 C(4n−4)～C(4n−3)，当前值地址为 C(4n−2)～C(4n−1)。即 1 号 CTR 计数器预置值地址为 C00～C01，1 号 CTR 计数器当前值地址为 C02～C03；2 号 CTR 计数器预置值地址为 C04～C05，2 号 CTR 计数器当前值地址为 C06～C07；依次类推。

[例 4-4]　预置型计数器。对要加工的工件数进行计数，达到预置值时，输出一信号。PMC 程序见图 4-41。如果 1 号计数器预置值设定地址 C00～C01 中置 100，则当 CNC 主程序运行 100 次后，CUP（Y0.1）输出为 1。

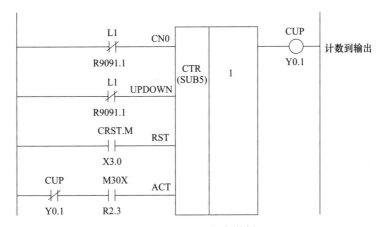

图 4-41　CTR 指令举例

程序说明如下：

① L1 为逻辑 1。

② 计数从 0 开始。

③ 这是一个加计数器。

④ 计数器的复位信号使用输入信号 CRST.M。

⑤ 计数信号为 M30X，这是对 CNC 输出的 M30 代码的译码信号，M30X 加上 CUP 的非信号是为了防止在计数到达后还未复位的情况下计数超过预置值。

[**例 4-5**]　使用计数器来存储转台的位置。转台有 12 个工位，PMC 程序见图 4-42。

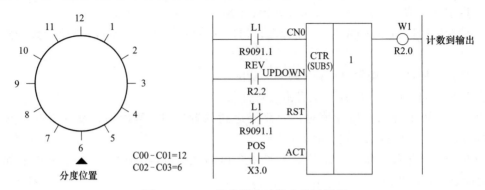

图 4-42　CTR 计数器存储转台位置举例

程序说明如下：

① 计数预置值 C00～C01 置 12，计数从 1 开始；当前计数值 C02～C03 置 6。

② 根据旋转方向选择加计数或减计数；反向旋转信号 REV（R2.2）为 1，进行减计数；反向旋转信号 REV（R2.2）为 0，进行加计数。

③ 计数器从不复位。

④ 转台每转一圈，计数信号 POS（X3.0）通断 12 次。

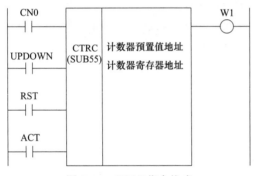

图 4-43　CTRC 指令格式

2. 固定计数器 CTRC

此计数器中的数据均是二进制数据。CTRC 的梯形图格式如图 4-43 所示。

控制条件及参数说明如下：

① 指定初始值：CN0＝0 计数由 0 开始；CN0＝1 计数由 1 开始。

② 加/减计数：UPDOWN＝0 加计数，初值为 0 或 1；UPDOWN＝1 减计数，初值为预置值。

③ 复位：RST＝0 解除复位；RST＝1 复位。

④ 计数信号 ACT。

⑤ 计数器预置值地址：需要连续 2 个字节的存储空间，如图 4-44 所示。一般使用 D 区域。

⑥ 计数器寄存器地址：需要连续 4 个字节的存储空间，如图 4-45 所示。一般使用 D 区域。如果使用 R 区域，重新上电后，计数从 0 开始。

图 4-44　计数器预置值地址

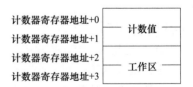

图 4-45　计数器寄存器地址

⑦ 加计数时，计数值达到预置值时，W1＝1；减计数时，取决于 CN0 的设定，计数值达到 0 或 1 时，W1＝1。

CTRC 指令举例见图 4-46。R9091.1 始终为 1，这是一个减计数器，计数器的初始值是 8，当计数信号 X11.1 从 0 变为 1 时，计数器的值减 1。当计数器的值 D202～D203 到达其最小值 1 时，R11.0 接通。X11.0 是该计数器的复位信号，当 X11.0 为 1 时，计数器的值变为其初始值 8。

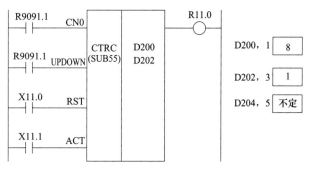

图 4-46 CTRC 指令举例

3. 固定计数器 CTRB

CTRB 计数器的功能与 CTR 计数器相同，只不过 CTRB 指令的计数预置值与 PMC 程序一起写入 ROM 中。CTRB 指令梯形图表达格式如图 4-47 所示。

控制条件说明如下：

① 指定初始值：CN0＝0 计数由 0 开始；CN0＝1 计数由 1 开始。

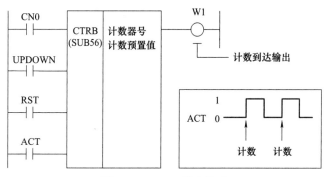

图 4-47 CTRB 指令格式

② 加/减计数：UPDOWN＝0 加计数，初值为 0 或 1；UPDOWN＝1 减计数，初值为预置值。

③ 复位：RST＝0 解除复位；RST＝1 复位。

④ 计数信号 ACT。在 ACT 上升沿进行计数。

⑤ 计数器号从 1 开始。其预置值最大 32767。加计数时，计数值达到预置值时，W1＝1；减计数时，取决于 CN0 的设定，计数值达到 0 或 1 时，W1＝1。

4.4.3 数据传送指令

数据传送指令共有 19 种，如表 4-16 所示。

表 4-16 数据传送指令

序号	指令名称	子程序号	说明	序号	指令名称	子程序号	说明
1	MOVE	8	逻辑乘后传送	11	MOVBT	224	位传送
2	DSCH	17	BCD 数据检索	12	SETNB	225	1 字节数据设定
3	XMOV	18	BCD 变址数据传送	13	SETNW	226	2 字节数据设定
4	MOVOR	28	逻辑或后数据传送	14	SETND	227	4 字节数据设定
5	DSCHB	34	二进制数据检索	15	XCHGB	228	1 字节数据交换
6	XMOVB	35	二进制变址数据传送	16	XCHGW	229	2 字节数据交换
7	MOVB	43	1 个字节的传送	17	XCHGD	230	4 字节数据交换
8	MOVW	44	2 个字节的传送	18	SWAPW	231	16 位数据高低字节互换
9	MOVN	45	传送任意数目的字节	19	SWAPD	232	32 位数据高低字互换
10	MOVD	47	4 个字节的传送				

1. 逻辑乘后数据传送 MOVE

该指令的功能是将逻辑乘数与输入数据进行逻辑乘，如图 4-48 所示，然后将结果输出至指定的地址。它可用来从指定地址中排除不需要的位数。

MOVE 指令的梯形图表达格式如图 4-49 所示。

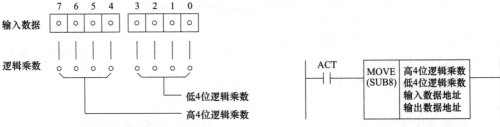

图 4-48　逻辑乘数与输入数据

图 4-49　MOVE 指令格式

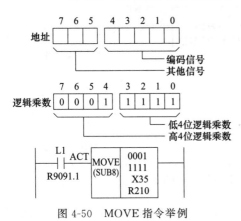

图 4-50　MOVE 指令举例

[例 4-6]　若某一编码信号与另一信号共用地址 X35 输入，用该指令将编码信号从 X35 中分离出来，存于某一地址如 R210。PMC 程序见图 4-50。

2. 逻辑或后数据传送 MOVOR

该指令将输入数据与逻辑或数据进行逻辑加后，将结果输出到指定地址，如图 4-51 所示。

MOVOR 的指令格式及举例如图 4-52 所示。X10.5 为 "1" 时，执行 MOVOR 指令。如果 $R200 = (01010101)_2$，$R201 = (00001111)_2$，则 $R202 = (01011111)_2$。

图 4-51　MOVOR 指令功能

图 4-52　MOVOR 指令格式及举例

3. 数据传送指令 MOVB/MOVW/MOVD/MOVN

1）1 个字节传送 MOVB

MOVB 指令格式及举例见图 4-53。MOVB 指令从一个指定的源地址将 1 字节数据传送到一个指定的目标地址，如将 1 字节数据 R100 传送至 R200 中。

图 4-53　MOVB 指令格式及举例

2）2 个字节传送 MOVW

MOVW 指令格式及举例见图 4-54。MOVW 指令从一个指定的源地址将 2 字节数据传送到一个指定的目标地址，如将 2 字节数据 R100～R101 传送至 R200～R201 中。

3）4 个字节传送 MOVD

MOVD 指令格式及举例见图 4-55。MOVD 指令从一个指定的源地址将 4 字节数据传送到一个指定的目标地址，如将 4 字节数据 R100～R103 传送至 R200～R203 中。

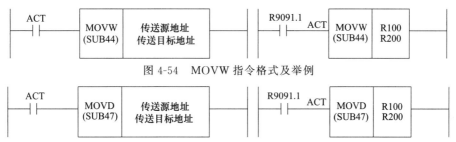

图 4-54　MOVW 指令格式及举例

图 4-55　MOVD 指令格式及举例

4）传送任意数目的字节 MOVN

MOVN 指令格式见图 4-56 及举例。MOVN 指令将一由任意数量字节组成的数据由一指定源地址传送至一目标地址。传送的字节数可以指定 1～9999。图 4-56 中 MOVN 程序后，将传送 10 个字节数据，即把数据 R100～R109 传送至 R200～R209 中。

图 4-56　MOVN 指令格式及举例

4. 数据设定指令 SETB/SETW/SETD

SETB（SUB455）/SETW（SUB456）/SETD（SUB457）指令分别是将 1/2/4 字节数据设定到目标地址，如图 4-57 所示。设定数据可以是地址或常数。

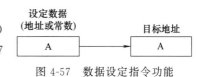

图 4-57　数据设定指令功能

图 4-58 是 SETB 指令格式及举例。当指令被执行时，W1＝1。通常 W1 与 ACT 状态一致。W1 可以忽略，也可以用功能指令替代。SETW 和 SETD 指令格式与 SETB 类似。

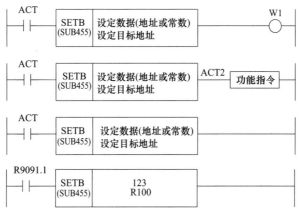

图 4-58　SETB 指令格式及举例

图 4-58 中的程序举例，是将常数 123 设定到 1 字节数据地址 R100 中。

5. 多地址数据设定指令 SETNB/SETNW/SETND

SETNB（SUB225）/SETNW（SUB226）/SETND（SUB227）指令分别是将 1/2/4 字节数

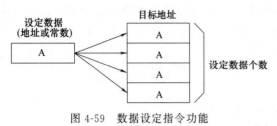

图 4-59　数据设定指令功能

据设定到多个连续的目标地址，如图 4-59 所示。设定数据可以是地址或常数。

图 4-60 是 SETNB 指令格式及举例。当指令被执行时，W1＝1。通常 W1 与 ACT 状态一致。W1 可以忽略，也可以用功能指令替代。SETNW 和 SETND 指令格式与 SETNB 类似。

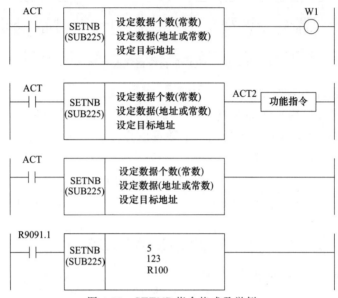

图 4-60　SETNB 指令格式及举例

图 4-60 中程序举例，是将常数 123 分别设定到 5 个 1 字节数据地址 R100、R101、R102、R103、R104 中。

6. 数据交换指令 XCHGB/XCHGW/XCHGD

XCHGB(SUB228)/XCHGW(SUB229)/XCHGD(SUB230) 指令分别是在两地址间进行 1/2/4 字节数据交换，如图 4-61 所示。

图 4-62 是 XCHGB 指令格式及举例。当指令被执行时，W1＝1。通常 W1 与 ACT 状态一致。

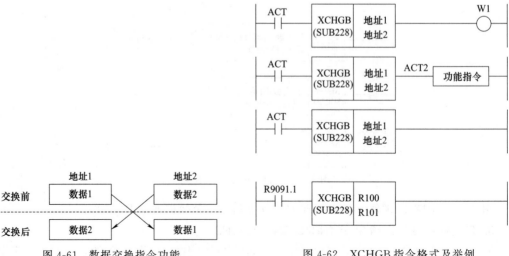

图 4-61　数据交换指令功能　　　　图 4-62　XCHGB 指令格式及举例

W1 可以忽略，也可以用功能指令替代。XCHGW 和 XCHGD 指令格式与 XCHGB 类似。

图 4-62 中程序举例，是将 1 字节地址 R100 和 1 字节地址 R101 中的数据互换。执行 XCH-GB 指令前，假设 R100＝15，R101＝25；则执行 XCHGB 指令后，R100＝25，R101＝15。

7. 双字节数据高低字节互换指令 SWAPW

SWAPW（SUB231）可以对最多 256 个 16 位数据作高低字节互换后输出到目标地址。SWAPW 指令格式及举例如图 4-63 所示。如执行 SWAPW 指令前，双字节数据 R100＝（1010 0011 0001 1010)$_2$；执行 SWAPW 指令后，双字节数据 R100 高低字节互换，然后送到双字节数据 R500 中，则 R500＝（0001 1010 1010 0011)$_2$。

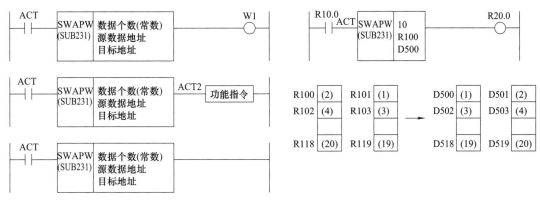

图 4-63　SWAPW 指令格式及举例

8. 双字数据高低字互换指令 SWAPD

SWAPD（SUB232）可以对最多 256 个 32 位数据作高低字互换后输出到目标地址。SWAPD 指令格式及举例如图 4-64 所示。

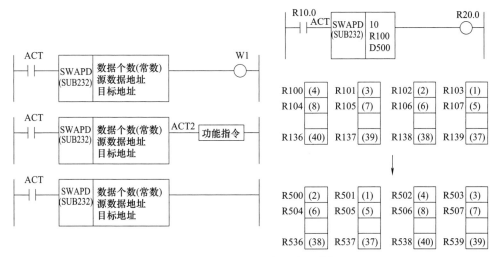

图 4-64　SWAPD 指令格式及举例

9. BCD 数据检索指令 DSCH

DSCH 指令仅适用于 PMC 所使用的数据表。DSCH 在数据表中搜索指定的数据，并且输出其表内号，如图 4-65 所示。如果未找到指定的数据，则 W1＝1。DSCH 指令梯形图格式及举例如图 4-66 所示。

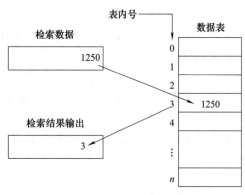

图 4-65 DSCH 指令功能

控制条件及参数说明：

① BYT＝0：数据表中数据为 2 位 BCD 码。BYT＝1：数据表中数据为 4 位 BCD 码。

② 数据表数据数：指定数据表的大小。如果表头为 0，表尾为 n，则数据表数据数为 n＋1。

③ 数据表头地址：作为数据表用的地址应是确定的，因而在编制数据表时，需事先确定所用的地址，然后在此设定数据表的表头地址。

④ 检索数据地址：设定存放被检索数据的地址。

⑤ 检索结果输出地址：设定存放检索结果数据的地址。检索结果输出地址所需要的存储区域字节数应与 BYT 指定的数据大小吻合。

⑥ 执行 DSCH 指令后，如果找到指定的数据，W1＝0；如果未找到，W1＝1。

图 4-66 中：X15.5 接通时，从 D200 开始在长度为 6 个单元的数据表中，依次检索 F18 中存储的值，并把检索到的数据的表内号写入 R100。如 F18＝4，则 R100＝2。如果没有检索到，则 R15.5＝1。F1.1 是复位信号。

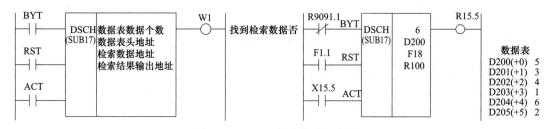

图 4-66 DSCH 指令格式及举例

10. 二进制数据检索指令 DSCHB

该指令也是用于检索数据表中的数据。与 DSCH 的区别有两点：一是该指令中处理的数据全部是二进制数据；二是数据表数据个数用地址指定。该指令的格式及举例如图 4-67 所示。在格式指定中指定数据长度，可以设为 1、2 或 4。

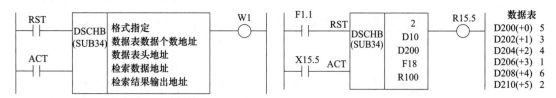

图 4-67 DSCHB 指令格式及举例

图 4-67 中：数据表数据为 6 个 2 字节数据，数据表数据个数地址 D10 设为 6；X15.5 接通时，从 D200 开始的数据表中，依次检索 F18 中存储的值，并把检索到的数据的表内号写入 R100。如 F18＝4，则 R100＝2。如果没有检索到，则 R15.5＝1。F1.1 是复位信号。

11. BCD 变址数据传送指令 XMOV

该指令用于读或改写数据表的内容，如图 4-68 所示。如同 DSCH 指令一样，XMOV 也仅适用于 PMC 所使用的数据表。XMOV 指令的格式及举例如图 4-69 所示。

控制条件及参数说明：

① BYT＝0：数据表中数据为 2 位 BCD 码。BYT＝1：数据表中数据为 4 位 BCD 码。

② RW＝0：从数据表中读出数据。RW＝1：向数据表中写入数据。

图 4-69 中：当 X15.6 接通时，在以 D200 开始的长度为 6 个数据的数据表中，读取由 R200 指定的表内号的数据，并输出到 R100 中。如 R200＝2，则 R100＝4。表内号指定不正确时，R15.6 为"1"，表示出错。使出错复位的信号是 F1.1。

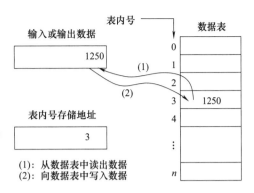

图 4-68 XMOV 指令功能

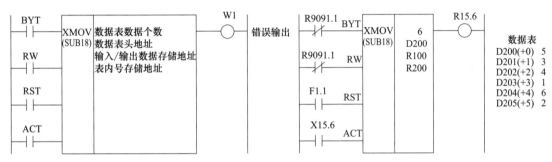

图 4-69 XMOV 指令格式及举例

12. 二进制变址数据传送指令 XMOVB

该指令也是用于读或改写数据表的内容。与 XMOV 的区别有两点：一是该指令中处理的数据全部是二进制数据；二是数据表数据个数用地址指定。该指令的格式如图 4-70 所示。

控制条件及参数说明：

① RW：指定读或写操作。RW＝0：从数据表中读出数据，见图 4-71。RW＝1：向数据表中写入数据，见图 4-72。

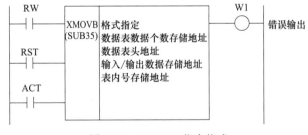

图 4-70 XMOVB 指令格式

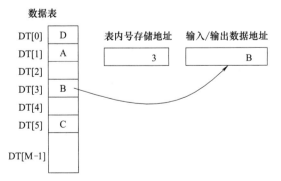

图 4-71 从数据表中读出数据

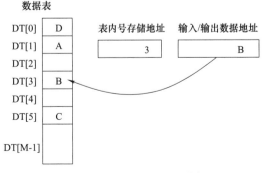

图 4-72 向数据表中写入数据

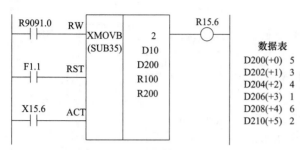

图 4-73　从数据表中读出数据举例

② 格式指定：用于设定数据长度。可以设为 1、2 或 4。

从数据表中读出数据举例如图 4-73 所示。D10＝6，表示数据表数据为 6 个双字节数据；数据表首地址为 D200；如果 R200＝3，表示数据表内号为 3，即对应 D206；读操作表示将 D206 中的数据输出到 R100 中，则 XMOVB 执行后，R100＝1。

向数据表中写数据举例如图 4-74 所示。D10＝6，表示数据表数据为 6 个双字节数据；数据表首地址为 D200；如果 R200＝3，表示数据表内号为 3，即对应 D206；要写入的数据 R100＝7；写操作表示将 R100 中的数据输出到 D206 中，则 XMOVB 执行后，R206＝7。

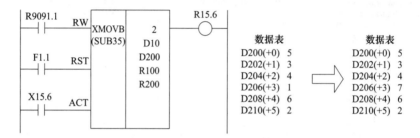

图 4-74　向数据表中写数据举例

13. 位传送指令 MOVBT

MOVBT 指令将指定位置的连续数据位传送至一目标地址。MOVBT 指令格式见图 4-75。

图 4-76 是 MOVBT 指令的一个例子。它将从 R100.6 开始的 4 位信号传送至 R500.3 开始的地址中。

图 4-75　MOVBT 指令格式

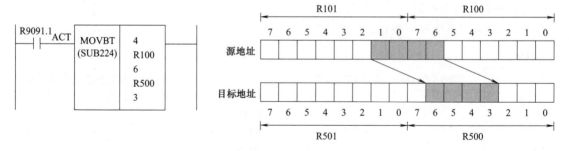

图 4-76　MOVBT 指令举例

4.4.4　比较指令

比较指令共有 24 种，如表 4-17 所示。

表 4-17 比较指令

序号	指令名称	子程序号	说明	序号	指令名称	子程序号	说明
1	COMP	15	BCD 数据比较	13	LTB	209	1 字节二进制小于比较
2	COIN	16	BCD 数据一致性检测	14	LTW	210	2 字节二进制小于比较
3	COMPB	32	二进制数据比较	15	LTD	211	4 字节二进制小于比较
4	EQB	200	1 字节二进制等于比较	16	GEB	212	1 字节二进制大于等于比较
5	EQW	201	2 字节二进制等于比较	17	GEW	213	2 字节二进制大于等于比较
6	EQD	202	4 字节二进制等于比较	18	GED	214	4 字节二进制大于等于比较
7	NEB	203	1 字节二进制不等于比较	19	LEB	215	1 字节二进制小于等于比较
8	NEW	204	2 字节二进制不等于比较	20	LEW	216	2 字节二进制小于等于比较
9	NED	205	4 字节二进制不等于比较	21	LED	217	4 字节二进制小于等于比较
10	GTB	206	1 字节二进制大于比较	22	RNGB	218	1 字节二进制范围比较
11	GTW	207	2 字节二进制大于比较	23	RNGW	219	2 字节二进制范围比较
12	GTD	208	4 字节二进制大于比较	24	RNGD	220	4 字节二进制范围比较

1. BCD 数据比较指令 COMP

COMP 指令是 BCD 码数据大小判别指令。它将输入值和比较值进行比较，将结果输出到 W1。其梯形图格式及举例如图 4-77 所示。

图 4-77 COMP 指令格式及举例

控制条件及参数说明：

① BYT=0：处理数据为 2 位 BCD 码。BYT=1：处理数据为 4 位 BCD 码。

② 输入数据格式：设为 0 表示用常数指定输入数据，设为 1 表示用地址指定输入数据。

③ 比较结果：W1=0 表示输入数据＞比较数据，W1=1 表示输入数据≤比较数据。

图 3-67 中 COMP 指令举例：X15.2 接通时，比较常数 25 和 R102 中的值，如果 25≤R102，R15.2 为 "1"；如果 25＞R102，R15.2 则为 "0"。

2. BCD 数据一致性检测指令 COIN

COIN 指令检测输入值和比较值是否一致。仅适用于 BCD 码数据。其梯形图格式及举例如图 4-78 所示。

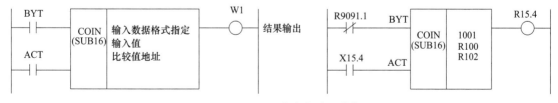

图 4-78 COIN 指令格式及举例

控制条件及参数说明：

① BYT=0：处理数据为 2 位 BCD 码。BYT=1：处理数据为 4 位 BCD 码。

② 输入数据格式：设为 0 表示用常数指定输入数据，设为 1 表示用地址指定输入数据。

③ W1=0：输入值≠比较值。W1=1：输入值=比较值。

图 4-78 中 COIN 指令举例：X15.4＝1 时，比较 R100 和 R102 的值，当 R100＝R102 时，R15.4＝1；当 R100≠R102 时，R15.4＝0。

3. 二进制数据比较指令 COMPB

COMPB 指令比较 1、2 或 4 字节长的二进制数据之间的大小，比较结果存放在 R9000 中。COMPB 指令的梯形图格式及举例如图 4-79 所示。

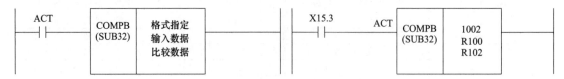

图 4-79　COMPB 指令格式及举例

格式指定及运算结果寄存器说明如图 4-80 所示。

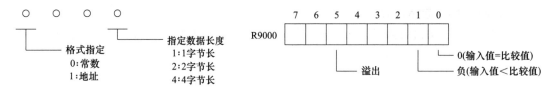

图 4-80　COMPB 格式指定及运算结果寄存器

图 4-79 中 COMPB 指令举例：X15.3 接通时，对 R100～R101 和 R102～R103 的 2 字节的数据值进行比较。值相等时，R9000.0＝1；R100～R101＜R102～R103 时，R9000.1＝1。

4. 二进制数据等于比较指令 EQB/EQW/EQD

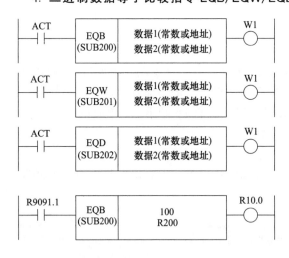

图 4-81　EQB/EQW/EQD 指令格式及举例

EQB（SUB200）/EQW（SUB201）/EQD（SUB202）分别用于 1/2/4 字节有符号二进制数据等于比较。其梯形图格式及举例如图 4-81 所示。比较数据可以为常数或地址。当数据1＝数据2时，W1＝1；当数据1≠数据2时，W1＝0。

图 4-81 指令举例为 1 字节数据等于比较，当 100＝R200 时，R10.0＝1；否则 R10.0＝0。

5. 二进制数据不等于比较指令 NEB/NEW/NED

NEB（SUB203）/NEW（SUB204）/NED(SUB205)分别用于 1/2/4 字节有符号二进制数据不等于比较。其梯形图格式及举例如图 4-82 所示。比较数据可以为常数或地址。当数据1≠数据2时，W1＝1；当数据1＝数据2时，W1＝0。

图 4-82 指令举例为 1 字节数据不等于比较，当 100≠R200 时，R10.0＝1；否则 R10.0＝0。

6. 二进制数据大于比较指令 GTB/GTW/GTD

GTB（SUB206）/GTW（SUB207）/GTD（SUB208）分别用于 1/2/4 字节有符号二进制数据大于比较。其梯形图格式及举例如图 4-83 所示。比较数据可以为常数或地址。当数据1＞数据2时，W1＝1；当数据1≤数据2时，W1＝0。

图4-83指令举例为1字节数据大于比较，当100＞R200时，R10.0＝1；否则R10.0＝0。

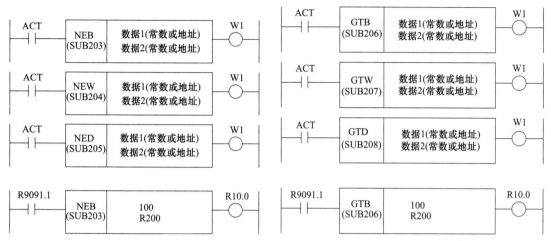

图4-82 NEB/NEW/NED指令格式及举例　　　图4-83 GTB/GTW/GTD指令格式及举例

7. 二进制数据小于比较指令 LTB/LTW/LTD

LTB(SUB209)/LTW(SUB210)/LTD(SUB211)分别用于1/2/4字节有符号二进制数据小于比较。其梯形图格式及举例如图4-84所示。比较数据可以为常数或地址。当数据1＜数据2时，W1＝1；当数据1≥数据2时，W1＝0。

图4-84指令举例为1字节数据小于比较，当100＜R200时，W1＝1；否则R10.0＝0。

8. 二进制数据大于等于比较指令 GEB/GEW/GED

GEB(SUB212)/GEW(SUB213)/GED(SUB214)分别用于1/2/4字节有符号二进制数据大于等于比较。其梯形图格式及举例如图4-85所示。比较数据可以为常数或地址。当数据1≥数据2时，W1＝1；当数据1＜数据2时，W1＝0。

图4-85指令举例为1字节数据大于等于比较，当100≥R200时，R10.0＝1；否则R10.0＝0。

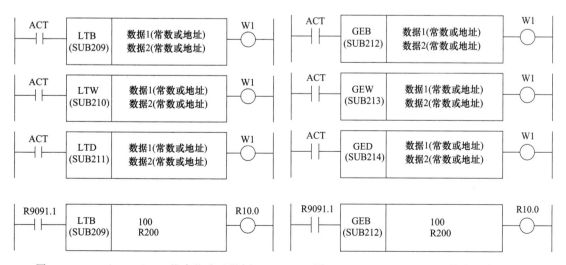

图4-84 LTB/LTW/LTD指令格式及举例　　　图4-85 GEB/GEW/GED指令格式及举例

9. 二进制数据小于等于比较指令 LEB/LEW/LED

LEB(SUB215)/LEW(SUB216)/LED(SUB217) 分别用于 1/2/4 字节有符号二进制数据小于等于比较。其梯形图格式及举例如图 4-86 所示。比较数据可以为常数或地址。当数据 1≤数据 2 时，W1=1；当数据 1＞数据 2 时，W1=0。

图 4-86 指令举例为 1 字节数据小于等于比较，当 100≤R200 时，R10.0=1；否则 R10.0=0。

10. 二进制数据范围比较指令 RNGB/RNGW/RNGD

RNGB(SUB218)/RNGW(SUB219)/RNGD(SUB220) 分别用于 1/2/4 字节有符号二进制数据范围比较。其梯形图格式及举例如图 4-87 所示。比较数据和输入数据可以为常数或地址。当数据 1≤输入数据≤数据 2，或数据 2≤输入数据≤数据 1 时，W1=1；否则，W1=0。

图 4-87 指令举例为 1 字节数据范围比较，当 50≤R200≤100 时，R10.0=1；否则 R10.0=0。

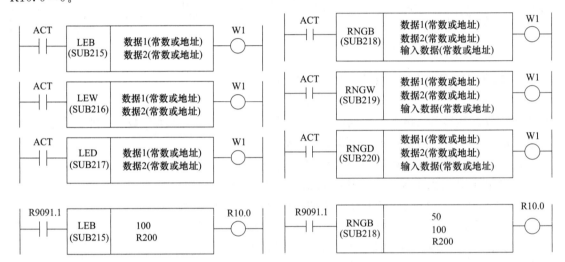

图 4-86　LEB/LEW/LED 指令格式及举例　　　　图 4-87　RNGB/RNGW/RNGD 指令格式及举例

4.4.5　位操作指令

位操作指令一共有 56 种，见表 4-18。

表 4-18　位操作指令

序号	指令	SUB 号	说明	序号	指令	SUB 号	说明
1	DIFU	57	上升沿检测	13	ANDW	269	2 字节逻辑与
2	DIFD	58	下降沿检测	14	ANDD	270	4 字节逻辑与
3	EOR	59	异或	15	ORB	271	1 字节逻辑或
4	AND	60	逻辑与	16	ORW	272	2 字节逻辑或
5	OR	61	逻辑或	17	ORD	273	4 字节逻辑或
6	NOT	62	逻辑非	18	NOTB	274	1 字节逻辑非
7	PARI	11	奇偶检查	19	NOTW	275	2 字节逻辑非
8	SFT	33	移位	20	NOTD	276	4 字节逻辑非
9	EORB	265	1 字节异或	21	SHLB	277	1 字节左移
10	EORW	266	2 字节异或	22	SHLW	278	2 字节左移
11	EORD	267	4 字节异或	23	SHLD	279	4 字节左移
12	ANDB	268	1 字节逻辑与	24	SHLN	280	任意字节左移

续表

序号	指令	SUB号	说明	序号	指令	SUB号	说明
25	SHRB	281	1字节右移	41	BRSTB	297	1字节位复位
26	SHRW	282	2字节右移	42	BRSTW	298	2字节位复位
27	SHRD	283	4字节右移	43	BRSTD	299	4字节位复位
28	SHRN	284	任意字节右移	44	BRSTN	300	任意字节位复位
29	ROLB	285	1字节左循环	45	BTSTB	301	1字节位测试
30	ROLW	286	2字节左循环	46	BTSTW	302	2字节位测试
31	ROLD	287	4字节左循环	47	BTSTD	303	4字节位测试
32	ROLN	288	任意字节左循环	48	BTSTN	304	任意字节位测试
33	RORB	289	1字节右循环	49	BPOSB	305	1字节位检索
34	RORW	290	2字节右循环	50	BPOSW	306	2字节位检索
35	RORD	291	4字节右循环	51	BPOSD	307	4字节位检索
36	RORN	292	任意字节右循环	52	BPOSN	308	任意字节位检索
37	BSETB	293	1字节位设定	53	BCNTB	309	1字节位计数
38	BSETW	294	2字节位设定	54	BCNTW	310	2字节位计数
39	BSETD	295	4字节位设定	55	BCNTD	311	4字节位计数
40	BSETN	296	任意字节位设定	56	BCNTN	312	任意字节位计数

1. 上升沿检测指令 DIFU

DIFU 指令在输入信号上升沿的扫描周期中将输出信号设置为1。DIFU 指令格式及举例见图 4-88。上升沿检测号范围见表 4-19。在一个程序中，上升沿检测号不能重复使用。

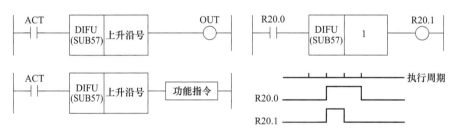

图 4-88　DIFU 指令格式及举例

表 4-19　上升沿检测号范围

	第1～第5路径 PMC				0i-F PMC/L	DCSPMC
	存储器 A	存储器 B	存储器 C	存储器 D		
上升沿检测号	1～256	1～1000	1～2000	1～3000	1～256	1～256

2. 下降沿检测指令 DIFD

DIFD 指令在输入信号下降沿的扫描周期中将输出信号设置为1。DIFD 指令格式及举例见图 4-89。下降沿检测号范围见表 4-20。在一个程序中，下降沿检测号不能重复使用。

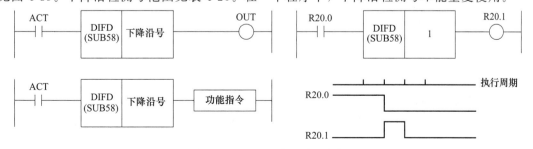

图 4-89　DIFD 指令格式及举例

表 4-20   下降沿检测号范围

	第 1～第 5 路径 PMC				0i-F PMC/L	DCSPMC
	存储器 A	存储器 B	存储器 C	存储器 D		
下降沿检测号	1～256	1～1000	1～2000	1～3000	1～256	1～256

3. 异或指令 EOR

EOR 指令将地址 A 中的内容与常数或地址 B 中的内容相异或,并将结果存入 C 地址。EOR 指令格式见图 4-90。当地址 A 数据和地址 B 数据异或,结果输出到地址 C。

图 4-90 异或指令举例为 1 字节数据异或操作,R100 与 R101 中的数据按位进行异或操作,结果输出到 R200 中。

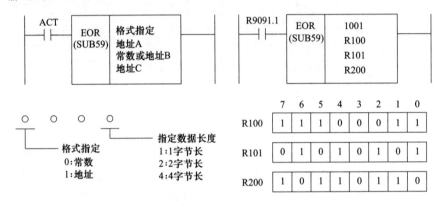

图 4-90   EOR 指令格式及举例

4. 逻辑与指令 AND

AND 指令将地址 A 中的内容与常数或地址 B 中的内容相与,并将结果存入 C 地址。AND 指令格式及举例见图 4-91。

图 4-91 中逻辑与指令举例为 1 字节数据逻辑与操作,R100 与 R101 中的数据按位进行逻辑与操作,结果输出到 R200 中。

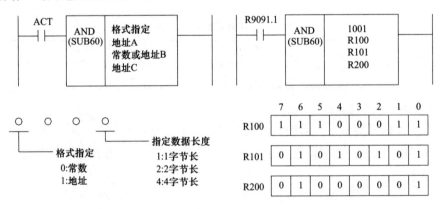

图 4-91   AND 指令格式及举例

5. 逻辑或指令 OR

OR 指令将地址 A 中的内容与常数或地址 B 中的内容相或,并将结果存入 C 地址。OR 指令格式及举例见图 4-92。

图 4-92 中逻辑或指令举例为 1 字节数据逻辑或操作,R100 与 R101 中的数据按位进行

逻辑或操作，结果输出到 R200 中。

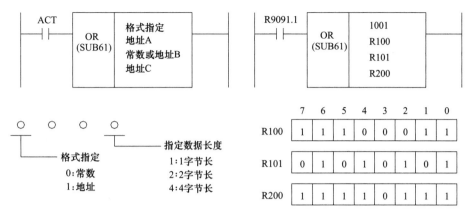

图 4-92　OR 指令格式及举例

6. 逻辑非指令 NOT

NOT 指令将地址 A 中内容的每一位取反后将结果放入地址 B。NOT 指令格式及举例见图 4-93。

图 4-93 中逻辑非指令举例为 1 字节数据逻辑非操作，R100 中的数据按位进行逻辑非操作，结果输出到 R200 中。

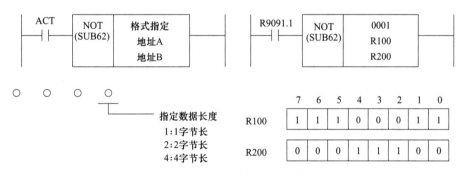

图 4-93　NOT 指令格式及举例

7. 奇偶校验指令 PARI

PARI 对代码信号进行奇偶校验，检测到不正常时输出错误报警。可以选择奇校验，也可以选择偶校验。校验数据为 1 字节数据。PARI 指令格式及举例如图 4-94 所示。

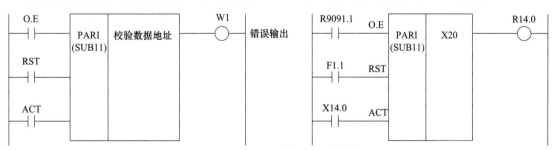

图 4-94　PARI 指令格式及举例

控制条件及参数说明：

① O.E＝0：偶校验。O.E＝1：奇校验。

② 如果校验结果不正常，W1＝1。

图 4-94 PARI 指令举例中，X14.0 为"1"时，对 X20 的位数据中"1"的个数作奇校验，如果不是奇数，R14.0 变为"1"。如 X20＝(01010011)$_2$，则 R14.0＝1；如 X10＝(01101000)$_2$，则 R14.0＝0。F1.1 为"1"时，R14.0 即被复位。

8. 移位指令 SFT

该指令可使 2 字节长的数据左移或右移 1 位。数据"1"在最左方（15 位）左移或在最右方（0 位）右移移出时，W1＝1。SFT 指令格式如图 4-95 所示。

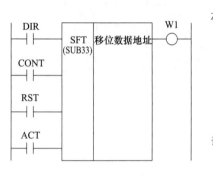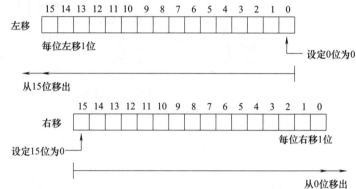

图 4-95　SFT 指令格式

控制条件及参数说明：

① DIR＝0：左移。DIR＝1：右移。

② 状态指定（CONT）。CONT＝0：向指定的方向偏移 1 位，每位的状态都被相邻位的状态所取代；左移后，设定 0 位为"0"；右移后，设定 15 位为"0"。CONT＝1：移位操作时，原本为"1"的位，其状态被保留。

③ 移位数据地址：指定的地址由连续的 2 个字节的存储区组成。

④ W1＝0：移位操作后，没有"1"状态移出。W1＝1：移位操作后，有"1"状态移出。

⑤ ACT＝1，只执行一次移位操作；ACT 置 0 后，再置 1，才又执行一次移位操作。

图 4-96 移位指令举例中，每当 R11.0 从 0 变为 1，双字节数据 R100 中的数据位左移一位，且 R100.0 置 0。

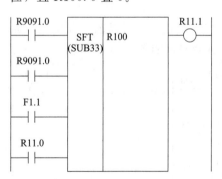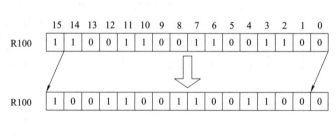

图 4-96　SFT 指令举例

4.4.6　代码转换指令

代码转换指令一共有 12 种，见表 4-21。

表 4-21 代码转换指令

序号	指令	SUB 号	说明	序号	指令	SUB 号	说明
1	COD	7	代码转换	7	TBCDB	313	1 字节二进制转 BCD
2	CODB	27	二进制代码转换	8	TBCDW	314	2 字节二进制转 BCD
3	DCNV	14	数据转换	9	TBCDD	315	4 字节二进制转 BCD
4	DCNVB	31	扩展数据转换	10	FBCDB	316	1 字节 BCD 转二进制
5	DEC	4	译码	11	FBCDW	317	2 字节 BCD 转二进制
6	DECB	25	二进制译码	12	FBCDD	318	4 字节 BCD 转二进制

1. 代码转换指令 COD

该指令的功能是将 BCD 码转换为任意的 2 位或 4 位 BCD 码，见图 4-97。实现代码转换必须提供转换数据输入地址、转换表、转换数据输出地址。

在"转换数据输入地址"中以 2 位 BCD 码形式指定一表内地址，根据该地址从转换表中取出转换数据。转换表内的数据可以是 2 位或 4 位 BCD 码。

COD 指令格式及举例如图 4-98 所示。

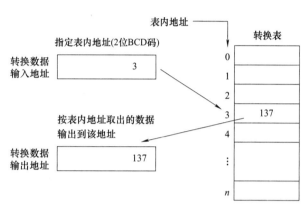

图 4-97 COD 指令功能

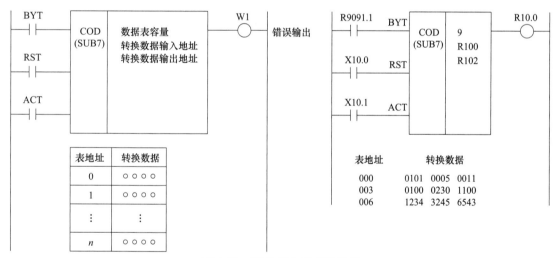

图 4-98 COD 指令格式及举例

控制条件及参数说明：

① 指定数据形式：BYT＝0 表示转换表中数据为 2 位 BCD 码，BYT＝1 表示 4 位 BCD 码。

② 错误输出复位：RST＝0 取消复位，RST＝1 设置错误输出 W1 为 0。

③ 执行指令：ACT。

④ 数据表容量：指定转换数据表数据地址的范围为 0～99，数据表的容量为 $n+1$（n 为最后一个表内地址）。

⑤ 转换数据输入地址：内含转换数据的表地址。转换表中的数据通过该地址查到，并输出。

⑥ 转换数据输出地址：2 位 BCD 码的转换数据需要 1 字节存储器，4 位 BCD 码的转换数据需要 2 字节存储器。

⑦ 错误输出：如果转换输入地址出现错误，W1＝1。

图 4-98 代码转换指令 COD 举例中，当 X10.1 为 1 时，执行代码转换。如果 R100＝0，则 R102＝101；如果 R100＝1，则 R102＝5；如果 R100＝2，则 R102＝11；依次类推。X10.0 是复位信号。

2. 二进制代码转换指令 CODB

此指令为二进制代码转换指令，与 COD 不同的是它可以处理 1 字节、2 字节或 4 字节长度的二进制数据，而且转换表的容量最大可到 256，见图 4-99。

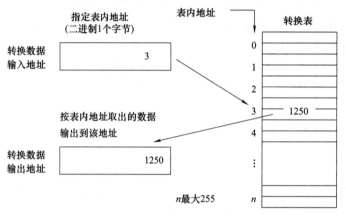

图 4-99　CODB 指令功能

CODB 指令格式如图 4-100 所示。在格式指定中指定所处理的二进制数据的字节数，可以设为 1、2 或 4。

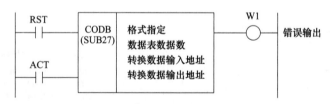

图 4-100　CODB 指令格式

图 4-101 二进制代码转换 CODB 指令举例中，7 段数码管显示 R100 中的数据，R100＝1～8。其转换数据表数据为 1 字节二进制，数据个数为 9 个。当执行代码转换时，如果 R100＝1，则 Y0＝6；如果 R100＝2，则 Y0＝91；如果 R100＝3，则 Y0＝79；依次类推。R9091.1 是 CODB 指令的启动信号，F1.1 是复位信号。

3. 数据转换指令 DCNV

该指令可将二进制代码转换为 BCD 码，或将 BCD 码转换为二进制码。DCNV 指令格式及举例如图 4-102 所示。

控制条件及参数说明：

① BYT＝0：处理数据长度为 1 字节。BYT＝1：处理数据长度为 2 字节。

② CNV＝0：BIN 码转换为 BCD 码。CNV＝1：BCD 码转换为 BIN 码。

③ 转换出错，W1＝1。

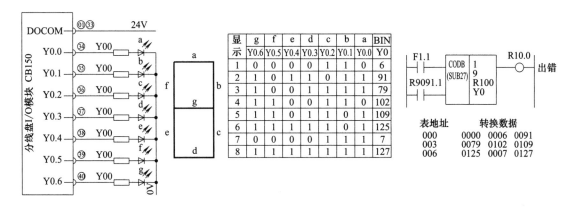

图 4-101 CODB 指令举例

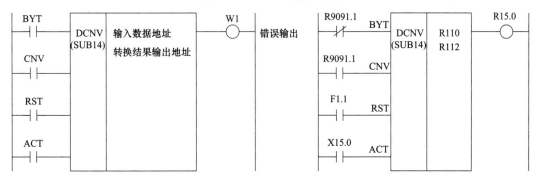

图 4-102 DCNV 指令格式及举例

图 4-102 数据转换 DCNV 指令举例中，当 X15.0＝1 时，把设定在 R110 中 1 字节的 BCD 码转换成二进制码后存放到 R112 中。如 R110 ＝（00110100）$_{BCD}$，则 R112 ＝（00100010）$_2$。

4. 扩展数据转换指令 DCNVB

该指令可将 1、2 或 4 字节二进制代码转换为 BCD 码，或相反转换。DCNVB 指令格式及举例如图 4-103 所示。

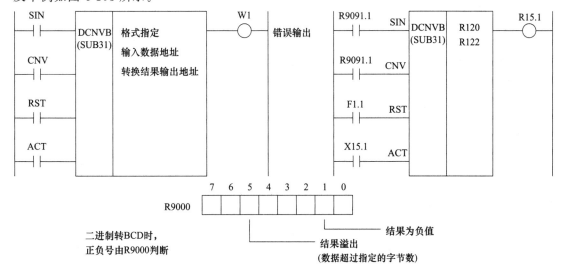

图 4-103 DCNVB 指令格式及举例

控制条件及参数说明：

① SIN：被转换数据的符号。只在将 BCD 码转换为 BIN 码时有意义。SIN=0，BCD 码为正；SIN=1，BCD 码为负。

② CNV=0，BIN 码转换为 BCD 码；CNV=1，BCD 码转换为 BIN 码。

③ 格式指定：输入 1、2 或 4，分别代表 1 字节、2 字节和 4 字节长度。

④ 转换出错，W1=1。

⑤ BIN 码转换为 BCD 码时，正负号由 R9000 判断。

图 4-103 扩展数据转换 DCNVB 指令举例中，当 X15.1=1 时，把设定在 R120 中 1 字节的 BCD 码转换成二进制码后存放到 R122 中。如 R120=（00110100）$_{BCD}$，则 R122=（11011110）$_2$。

5. 译码指令 DEC

当两位 BCD 码与给定的数值一致时输出为 1，不一致时输出为 0。主要用于 M 或 T 功能译码。DEC 指令格式及举例见图 4-104。译码指令包含两部分：译码值和译码位数。

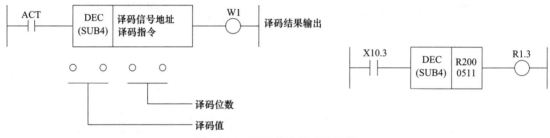

图 4-104　DEC 指令格式及举例

译码值指定译出的译码值，要求为 2 位数。

译码位数的意义如下：

① 01：只译低位数，高位数为 0。

② 10：只译高位数，低位数为 0。

③ 11：高低位均译。

图 4-104 译码指令 DEC 举例中，当 X10.3=1 时，对 R200 中的数据进行译码。如果 R200 中的值为 5，则 R1.3=1；否则 R1.3=0。

6. 二进制译码指令 DECB

DECB 可对 1、2、4 字节二进制代码数据译码，所指定的 8 位连续数据之一与代码数据相同时，对应的输出位为 1。没有相同的数时，输出数据为 0。主要用于 M 或 T 功能译码。格式说明如图 4-105 所示。

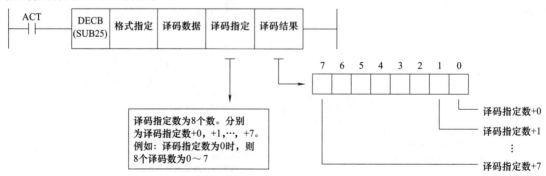

图 4-105　DECB 指令格式

ACT＝0：将所有输出位复位。

ACT＝1：进行数据译码，处理结果设置在输出数据地址。

参数说明如下：

① 格式指定。

0001：代码数据为 1 字节的二进制代码数据。

0002：代码数据为 2 字节的二进制代码数据。

0004：代码数据为 4 字节的二进制代码数据。

② 译码数据地址：给定一个存储代码数据的地址。

③ 译码指定数：给定要译码的 8 位连续数字的第一位。

④ 译码结果地址：给定一个输出译码结果的地址。存储区必须有一个字节的区域。

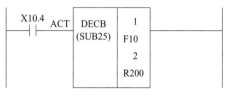

DECB 译码指令举例见图 4-106。在 X10.4 接通后，对 1 个字节的数据 F10 进行译码，当译出结果在 2～9 范围内时，与 R200 对应的位变为 1。当 F10 = 2 时，R200.0 置 1；当 F10 = 3 时，R200.1 置 1；依次类推。

图 4-106　DECB 指令举例

4.4.7　运算指令

运算指令一共有 37 种，见表 4-22。

表 4-22　运算指令

序号	指令	SUB 号	说明	序号	指令	SUB 号	说明
1	ADDB	36	二进制加法	20	DIVSB	328	1 字节二进制除法
2	SUBB	37	二进制减法	21	DIVSW	329	2 字节二进制除法
3	MULB	38	二进制乘法	22	DIVSD	330	4 字节二进制除法
4	DIVB	39	二进制除法	23	MODSB	331	1 字节二进制除法余数
5	ADD	19	BCD 加法	24	MODSW	332	2 字节二进制除法余数
6	SUB	20	BCD 减法	25	MODSD	333	4 字节二进制除法余数
7	MUL	21	BCD 乘法	26	INCSB	334	1 字节二进制加 1
8	DIV	22	BCD 除法	27	INCSW	335	2 字节二进制加 1
9	NUMEB	40	二进制常数定义	28	INCSD	336	4 字节二进制加 1
10	NUME	23	BCD 常数定义	29	DECSB	337	1 字节二进制减 1
11	ADDSB	319	1 字节二进制加法	30	DECSW	338	2 字节二进制减 1
12	ADDSW	320	2 字节二进制加法	31	DECSD	339	4 字节二进制减 1
13	ADDSD	321	4 字节二进制加法	32	ABSSB	340	1 字节二进制绝对值
14	SUBSB	322	1 字节二进制减法	33	ABSSW	341	2 字节二进制绝对值
15	SUBSW	323	2 字节二进制减法	34	ABSSD	342	4 字节二进制绝对值
16	SUBSD	324	4 字节二进制减法	35	NEGSB	343	1 字节二进制符号取反
17	MULSB	325	1 字节二进制乘法	36	NEGSW	344	2 字节二进制符号取反
18	MULSW	326	2 字节二进制乘法	37	NEGSD	345	4 字节二进制符号取反
19	MULSD	327	4 字节二进制乘法				

1. BCD 常数定义指令 NUME

该指令用于常数定义。常数可以是 2 位 BCD 码或 4 位 BCD 码。NUME 指令格式及举例如图 4-107 所示。BCD 常数定义指令 NUME 举例中，将 2 位 BCD 码 R100 定义为常数 12，即 $R100 = (0001\ 0010)_{BCD}$。

BYT＝0，BCD 两位；BYT＝1，BCD 四位。

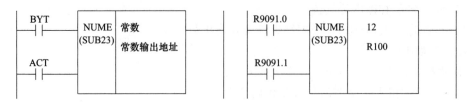

图 4-107　NUME 指令格式及举例

2. BCD 加法运算指令 ADD

用于 2 位或 4 位 BCD 码数据相加。ADD 指令格式及举例如图 4-108 所示。ADD 指令举例中，4 位 BCD 码数据 R100 加常数 123 的结果，输出到 4 位 BCD 码数据 R102 中，即 R102＝R100＋123。

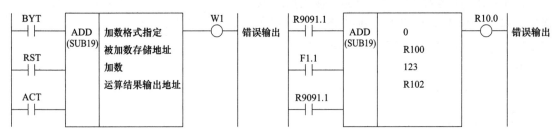

图 4-108　ADD 指令格式及举例

控制条件及参数说明：

① BYT＝0，数据位数为 2 位 BCD；BYT＝1，数据位数为 4 位 BCD。

② 加数指定格式：设 0 用常数指定，设 1 用地址指定。

③ 如果运算结果超过了指定的数据长度，W1＝1。

3. BCD 减法运算指令 SUB

用于 2 位或 4 位 BCD 码数据相减。SUB 指令格式及举例如图 4-109 所示。SUB 指令举例中，4 位 BCD 码数据 R100 减去 4 位 BCD 码数据 R102 的结果，输出到 4 位 BCD 码数据 R104 中，即 R104＝R100－R102。

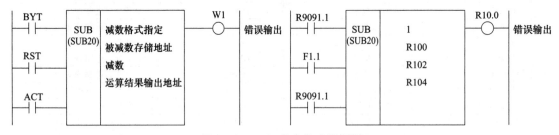

图 4-109　SUB 指令格式及举例

控制条件及参数说明：

① BYT＝0，数据位数为 2 位 BCD；BYT＝1，数据位数为 4 位 BCD。

② 减数指定格式：设 0 用常数指定，设 1 用地址指定。

③ 如果运算结果为负，W1＝1。

4. BCD 乘法运算指令 MUL

用于 2 位或 4 位 BCD 码数据的乘法运算。MUL 指令格式及举例如图 4-110 所示。

MUL 指令举例中，4 位 BCD 码数据 R100 乘以常数 10 的结果，输出到 4 位 BCD 码数据 R102 中，即 R102＝R100×10。

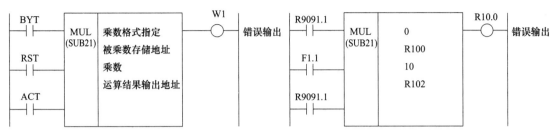

图 4-110　MUL 指令格式及举例

控制条件及参数说明：

① BYT＝0，数据位数为 2 位 BCD；BYT＝1，数据位数为 4 位 BCD。

② 乘数指定格式：设 0 用常数指定，设 1 用地址指定。

③ 如果运算结果超过了指定的长度，W1＝1。

5. BCD 除法运算指令 DIV

2 位或 4 位 BCD 码除法运算，余数被忽略。DIV 指令格式及举例如图 4-111 所示。DIV 指令举例中，4 位 BCD 码数据 R100 除以 4 位 BCD 码数据 R102 的结果，输出到 4 位 BCD 码数据 R104 中，即 R104＝R100/R102。

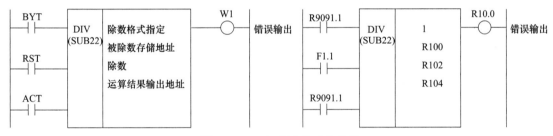

图 4-111　DIV 指令格式及举例

控制条件及参数说明：

① BYT＝0，数据位数为 2 位 BCD；BYT＝1，数据位数为 4 位 BCD。

② 除数指定格式：设 0 用常数指定，设 1 用地址指定。

③ 如果除数为 0，W1＝1。

6. 二进制常数定义指令 NUMEB

该指令用于指定 1、2 或 4 字节长二进制常数。NUMEB 指令格式及举例如图 4-112 所示。二进制常数定义指令 NUMEB 举例中，将 1 字节二进制数据 R100 定义为常数 12，即 R100＝$(0000\ 1100)_2$。

控制条件及参数说明：

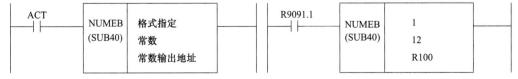

图 4-112　NUMEB 指令格式及举例

① 格式指定：指定数据长度。可设定 1、2 或 4。

② 常数：用十进制形式指定常数。

7. 二进制加法运算指令 ADDB

该指令用于 1、2 和 4 字节长二进制数据的加法运算。ADDB 指令格式及举例如图 4-113 所示。ADDB 指令举例中，进行 2 字节二进制数据加法运算，其中加数为常数 10，R102＝R100＋10。

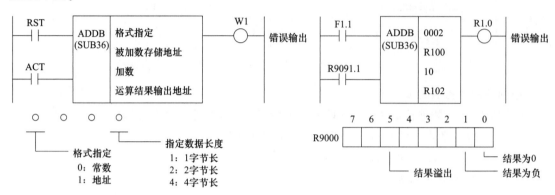

图 4-113　ADDB 指令格式及举例

控制条件及参数说明：

① 格式指定：指定数据长度（1、2 或 4 字节）和加数的指定方法（常数或地址）。

② 运算结果寄存器 R9000：设定运算信息。

8. 二进制减法运算指令 SUBB

该指令用于 1、2 和 4 字节长二进制数据的减法运算。SUBB 指令格式及举例如图 4-114 所示。SUBB 指令举例中，进行 2 字节二进制数据减法运算，其中减数为地址，R104＝R100－R102。

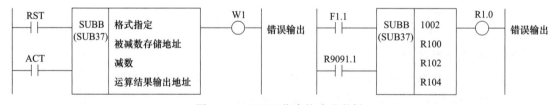

图 4-114　SUBB 指令格式及举例

控制条件及参数说明：

① 格式指定：指定数据长度（1、2 或 4 字节）和减数的指定方法（常数或地址）。指定方式与 ADDB 指令相同。

② 运算结果寄存器 R9000：设定运算信息。结果标志位参见 ADDB 指令。

9. 二进制乘法运算指令 MULB

该指令用于 1、2 和 4 字节长二进制数据的乘法运算。MULB 指令格式及举例如图 4-115 所示。MULB 指令举例中，进行 2 字节二进制数据乘法运算，其中乘数为常数 10，R102＝R100×10。

控制条件及参数说明：

① 格式指定：指定数据长度（1、2 或 4 字节）和乘数的指定方法（常数或地址）。指定

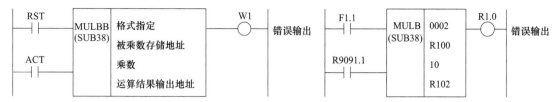

图 4-115　MULB 指令格式及举例

方式与 ADDB 指令相同。

② 运算结果寄存器 R9000：设定运算信息。结果标志位参见 ADDB 指令。

10. 二进制除法运算指令 DIVB

该指令用于 1、2 和 4 字节长二进制数据的除法运算。DIVB 指令格式及举例如图 4-116 所示。DIVB 指令举例中，进行 2 字节二进制数据除法运算，其中除数为地址，R104 ＝ R100/R102。

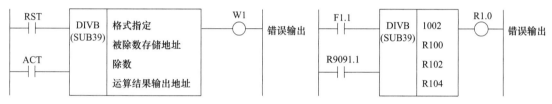

图 4-116　DIVB 指令格式及举例

控制条件及参数说明：

① 格式指定：指定数据长度（1、2 或 4 字节）和除数的指定方法（常数或地址）。指定方式与 ADDB 指令相同。

② 运算结果寄存器 R9000：设定运算信息。结果标志位参见 ADDB 指令。

③ 余数存储在 R9002～R9005 寄存器中。

4.4.8　程序控制指令

程序控制指令一共有 19 种，见表 4-23。

表 4-23　程序控制指令

序号	指令	SUB 号	说明	序号	指令	SUB 号	说明
1	COM	9	公共线控制	11	SPE	72	子程序结束
2	COME	29	公共线控制结束	12	END1	1	第 1 级程序结束
3	JMP	10	跳转	13	END2	2	第 2 级程序结束
4	JMPE	30	跳转结束	14	END3	48	第 3 级程序结束
5	JMPB	68	标号跳转 1	15	END	64	梯形图程序结束
6	JMPC	73	标号跳转 2	16	NOP	70	空操作
7	LBL	69	标号	17	CS	74	事件调用
8	CALL	65	子程序条件调用	18	CM	75	事件子程序调用
9	CALLU	66	子程序无条件调用	19	CE	76	事件调用结束
10	SP	71	子程序定义				

1. 公共线控制指令 COM/COME

COM 指令控制直至公共结束指令 COME 范围内的线圈工作，如图 4-117 所示。在 COM 和 COME 之间不能用 JMP 和 JMPE 实现跳转。

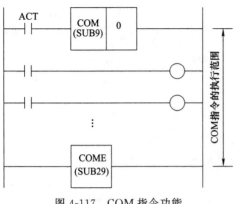

图 4-117　COM 指令功能

COM/COME 指令格式及举例如图 4-118 所示。COME 指令指定 COM 的控制范围，不能单独使用，必须与 COM 配合使用。

ACT＝0：指定范围内的线圈无条件设为 0。

ACT＝1：与 COM 未执行时操作一样。

图 4-118 公共线控制指令 COM/COME 举例中，当 X12.0 为"1"时，信号 Y12.1 和 Y12.2 的状态将分别由信号 X12.1 和 X12.2 的状态决定；当 X12.0 为"0"时，信号 Y12.1 和 Y12.2 将无条件变为 0。

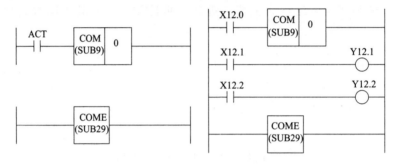

图 4-118　COM/COME 指令格式及举例

2. 跳转指令 JMP/JMPE

JMP 指令使梯形图程序跳转。当指定 JMP 指令时，执行过程跳至跳转结束指令 JMPE 处，不执行 JMP 与 JMPE 之间的逻辑指令，见图 4-119。

JMP/JMPE 指令格式及举例如图 4-120 所示。JMPE 指令指定 JMP 的控制范围，不能单独使用，必须与 JMP 配合使用。

图 4-120 跳转指令 JMP 和 JMPE 举例中，当 X13.0 为"1"时，信号 Y13.1 和 Y13.2 保持不变；当 X13.0 为"0"时，信号 Y13.1 和 Y13.2 的状态将分别由信号 X13.1 和 X13.2 的状态决定。

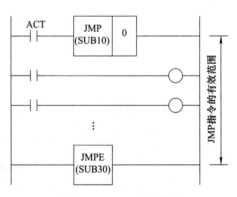

图 4-119　JMP 指令功能

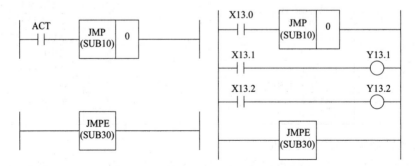

图 4-120　JMP/JMPE 指令格式及举例

3. 标号跳转指令 JMPB/JMPC

JMPB 将控制转移至设置在梯形图程序中的标号后。它可使控制在程序单元内在该指令前后自由跳转。JMPB 指令格式见图 4-121。

如图 4-122 所示，JMPB 指令与传统 JMP 指令相比，有如下附加功能：

①多条跳转指令使用同一标号。

②跳转指令可以嵌套。

JMPC 指令将控制由子程序交还回主程序，确保在主程序中有目的标号代码，见图 4-123。JMPC 的规格与 JMPB 相同，只是 JMPC 总是将控制返回主程序。

JMPC 指令格式见图 4-124。

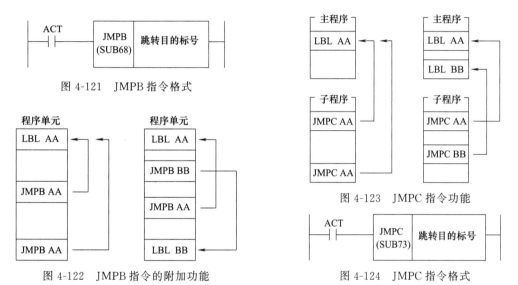

图 4-121　JMPB 指令格式

图 4-122　JMPB 指令的附加功能

图 4-123　JMPC 指令功能

图 4-124　JMPC 指令格式

4. 标号指令 LBL

LBL 指令在梯图中指定一标号。它为 JMPB 和 JMPC 指定跳转目的地。标号必须以地址 L 形式指定。可指定 L1～L9999 中的一个值。同一标号可多次使用，但要在不同程序单元使用。LBL 指令格式及举例见图 4-125。

图 4-125　LBL 指令格式及举例

5. 条件调用子程序指令 CALL

CALL 指令调用一子程序。在 CALL 中指定了子程序号，在条件满足的情况下发生一跳转。子程序号必须以地址形式指定，子程序号从 P1 开始。CALL 指令格式及举例见图 4-126。

图 4-126　CALL 指令格式及举例

6. 无条件调用子程序指令 CALLU

CALLU 指令无条件调用一个子程序。当指定了一个子程序号时，程序跳至子程序。子程序号必须以 P 地址形式指定。CALLU 指令格式及举例见图 4-127。

图 4-127　CALLU 指令格式及举例

7. 子程序指令 SP/SPE

SP 用来生成一个子程序。它和 SPE 一道使用，用来指定子程序的范围。子程序号必须以 P 地址形式指定。SPE 用来指定子程序结束。子程序放在 SP 与 SPE 之间。SP/SPE 指令格式见图 4-128。

图 4-128　SP/SPE 指令格式

8. 程序结束指令 END1/END2/END3/END

在第 1 级程序末尾给出 END1，在第 2 级程序末尾给出 END2，在第 3 级程序末尾给出 END3，分别表示第 1、第 2、第 3 级程序结束。在全部梯形图程序末尾给出 END，表示梯形图程序结束。END1/END2/END3/END 的梯形图格式见图 4-129。

图 4-129　END1/END2/END3/END 指令格式

9. 事件调用指令 CS/CM/CE

CS/CM/CE 指令格式如图 4-130 所示。CS 指令定义事件调用号，CM 指令指定事件调用子程序号，CE 指定事件调用结束。当 R100＝0 时，调用子程序 P10；当 R100＝1 时，调用子程序 P11；当 R100＝n 时，调用子程序 P50，n 最大 255。

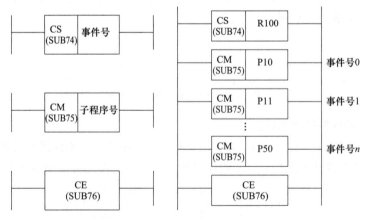

图 4-130　CS/CM/CE 指令格式

4.4.9　信息显示指令

DISPB（SUB41）指令用于在 LCD 上显示外部信息。可以通过指定信息号编制相应的报警。DISPB 指令的梯形图格式如图 4-131 所示。

控制条件及参数说明：

① 信息显示地址 A 见表 4-24。

图 4-131　DISPB 指令格式

表 4-24　信息显示地址 A

数据类型	第1～第5路径 PMC				0i-F PMC/L	DCSPMC
	存储器 A	存储器 B	存储器 C	存储器 D		
信息显示请求	A0～A249	A0～A249	A0～A499	A0～A749	A0～A249	—
信息显示状态	A9000～A9249	A9000～A9249	A9000～A9499	A9000～A9749	A9000～A9249	—

② 如果 ACT＝0，不显示任何信息；当 ACT＝1，依据各信息显示请求地址位（地址 A0～A749）的状态显示信息数据表中设定的信息，如图 4-132 所示。

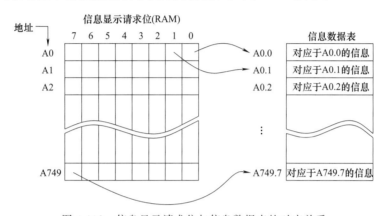

图 4-132　信息显示请求位与信息数据表的对应关系

③ 信息显示请求地址从 A0～A749 共 6000 位，对应于 6000 个信息显示请求位。如果要在 LCD 上显示某一条信息，就将对应的信息显示请求位置为"1"。如果置为"0"则清除相应的信息。

④ 信息数据表中存储的信息分别对应于相应的信息显示请求位。每条信息最多 255 个字符。

⑤ 在每条信息数据开始处定义信息号。信息号 1000～1999 产生报警信息，2000～2999 产生操作信息，见表 4-25。

表 4-25　信息号分类

信息号	CNC 屏幕	显示内容
1000～1999	报警信息屏（路径 1）	报警信息。CNC 路径 1 转到报警状态
2000～2099	操作信息屏	操作信息
2100～2999		操作信息（无信息号）
5000～5999	报警信息屏（路径 2）	报警信息。CNC 路径 2 转到报警状态
7000～7999	报警信息屏（路径 3）	报警信息。CNC 路径 3 转到报警状态

⑥ 为了区分数值数据和其他信息数据，将数值数据写在信息中的"[　]"中，如图 4-133 所示。

⑦ CNC 必须有外部数据输入功能或外部信息显示的选项功能才可使用 DISPB。

例如：A0.0 信息数据"2000 SPINDLE TOOL NO. ＝[I120，R100]"→信息请求位 A0.0＝1，假定 R100＝15，屏幕显示"2000 SPINDLE TOOL NO. ＝15"。

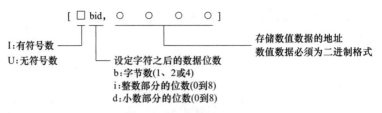

图 4-133 数值数据格式

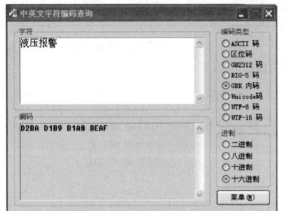

图 4-134 中英文字符编码查询

⑧ 如果要制作中文报警信息，可以借助“中英文字符编码查询”软件，编码类型选择“GBK 内码”，进制选择“十六进制”，在字符框输入中文报警信息，在编码框内显示译码字符，如图 4-134 所示。

将译码字符复制粘贴至 LADDER Ⅲ 软件的信息编辑框，去掉字符中间的空格，在译码字符的首尾分别手动添加“@04”与“01@”，在整个报警信息的开头输入 4 位报警信息号“1234”，得到“1234@04D2BAD1B9B1A8BEAF01@”，如图 4-135 所示。这样当 A0.0=1 时，CNC 报警画面则显示“AL1234 液压报警”。

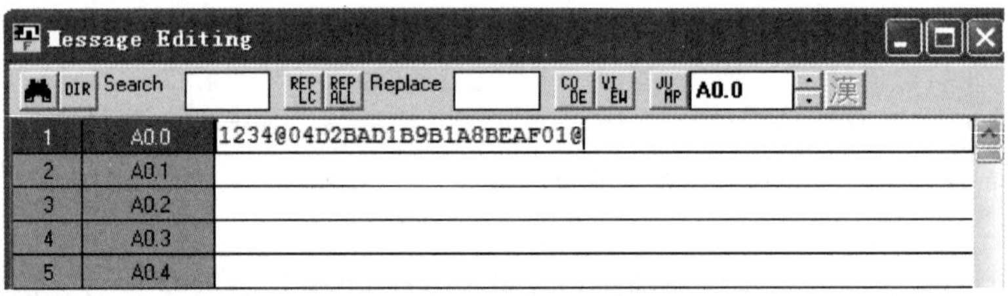

图 4-135 报警信息编辑画面

4.4.10 外部数据输入指令

EXIN（SUB42）是外部数据输入指令，用于外部数据输入。输入数据包括外部刀具补偿、外部信息、外部程序号检索、外部工件坐标系偏移等。EXIN 指令的梯形图格式如图 4-136 所示。

功能	STB，EA×	ED15～ED0
外部程序号检索	1000××××	程序号(4位BCD)
外部刀具补偿	1001××××	补偿量(4位带符号BCD)
外部工件坐标系偏移	1010 轴	偏移量(4位带符号BCD)
外部机械坐标系偏移	1011 轴	偏移量(二进制0～±9999)
置入所要零件数	1110 0000	所要数量 (4位BCD)
置入加工零件数	1110 0001	加工数量 (4位BCD)

轴	
第1轴	0000
第2轴	0001
第3轴	0010
⋮	⋮
第8轴	0111

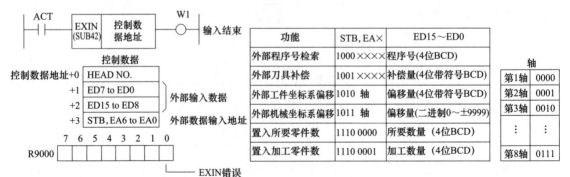

图 4-136 EXIN 指令格式

控制条件及参数说明：

① 控制数据：需要由指定地址开始的连续 4 个字节。对于单路径系统，HEAD NO. ＝0；对于多路径系统，第 1 路径 HEAD NO. ＝0 或 1，第 2 路径 HEAD NO. ＝2，第 3 路径 HEAD NO. ＝3，依次类推。

② ACT＝1，启动执行外部数据输入；当 W1＝1，数据输入结束；此时复位 ACT。

③ 操作输出寄存器 R9000。

图 4-137 外部数据输入 EXIN 举例中，构建了一个从 R100 开始的 4 字节控制数据块。其中 R100＝1，表示数控路径 1；R101＝1234，表示要读取的程序号为 1234；R103＝80，即 R103＝(1000 0000)$_{BCD}$，表示外部数据输入功能为外部程序号检索；因此该程序执行后，数控系统第 1 路径将从存储器中调出 O1234 程序。

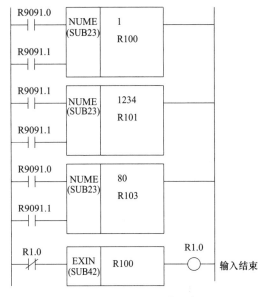

图 4-137　EXIN 指令举例

4.4.11　CNC 窗口指令

1. 读 CNC 窗口数据指令 WINDR

此功能在 PMC 和 CNC 之间经由窗口读取多种数据。窗口功能见表 4-26。WINDR 分为两类。一类在一段扫描时间内完成读取数据，称为高速响应功能。另一类在几段扫描时间内完成读取数据，称为低速响应功能。WINDR 指令格式见图 4-138。

ACT＝0，不执行 WINDR 功能；ACT＝1，执行 WINDR 功能。使用高速响应功能，有可能通过一直保持 ACT 接通来连续读取数据。然而在低速响应功能时，一旦读取一个数据结束，应立即将 ACT 复位一次。控制数据结构如图 4-139 所示。

W1＝0 表示 WINDR 未被执行或正在被执行。W1＝1 表示数据读取结束。

图 4-138　WINDR 指令格式

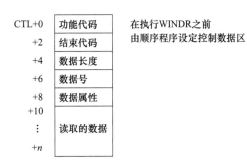

图 4-139　WINDR 控制数据结构

表 4-26　窗口功能列表

组别	序号	功能	功能代码	R/W	响应
CNC 信息	1	读取 CNC 系统信息	0	R	高速
	2	读取刀具偏置值	13	R	高速
	3	写入刀具偏置值	14	W	低速

续表

组别	序号	功能	功能代码	R/W	响应
CNC信息	4	读取工件原点偏置值	15	R	高速
	5	写入工件原点偏置值	16	W	低速
	6	读取参数	17	R	高速
	7	写入参数	18	W	低速
	8	读取设定数据	19	R	高速
	9	写入设定数据	20	W	低速
	10	读取宏变量	21	R	高速
	11	写入宏变量	22	W	低速
	12	读取CNC报警信息	23	R	高速
	13	读取当前程序号	24	R	高速
	14	读取当前顺序号	25	R	高速
	15	读取模态数据	32	R	高速
	16	读取诊断数据	33	R	低速
	17	读取P代码宏变量的数值	59	R	高速
	18	改写P代码宏变量的数值	60	W	低速
	19	读取CNC状态信息	76	R	高速
	20	读取当前程序号	90	R	高速
	21	写入程序检测画面数据	150	W	低速
	22	读取时钟数据（日期和时间）	151	R	高速
轴信息	1	读取各轴的实际速度值	26	R	高速
	2	读取各轴的绝对坐标值	27	R	高速
	3	读取各轴的机械坐标值	28	R	高速
	4	读取各轴G31跳步时的坐标值	29	R	高速
	5	读取伺服延时量	30	R	高速
	6	读取各轴的加/减速延时量	31	R	高速
	7	读取伺服电机负载电流值（A/D变换数据）	34	R	高速
	8	读取主轴实际速度	50	R	高速
	9	读取各轴的相对坐标值	74	R	高速
	10	读取剩余移动量	75	R	高速
	11	读取各轴的实际速度	91	R	高速
	12	读取主轴实际速度	138	R	高速
	13	写入伺服电机转矩限制数据	152	W	低速
	14	读取主轴电机（串行接口）负载信息	153	R	高速
	15	读取预测扰动转矩值	211	R	高速
刀具寿命管理功能	1	读取刀具寿命管理数据（刀具组号）	38	R	高速
	2	读取刀具寿命管理数据（刀具组数）	39	R	高速
	3	读取刀具寿命管理数据（刀具数）	40	R	高速
	4	读取刀具寿命管理数据（可用刀具寿命）	41	R	高速
	5	读取刀具寿命管理数据（刀具使用计数器）	42	R	高速
	6	读取刀具寿命管理数据（刀具长度补偿刀具号）	43	R	高速
	7	读取刀具寿命管理数据（刀具长度补偿刀具序号）	44	R	高速
	8	读取刀具寿命管理数据（刀具半径补偿刀具号）	45	R	高速
	9	读取刀具寿命管理数据（刀具半径补偿刀具序号）	46	R	高速
	10	读取刀具寿命管理数据（刀具信息；刀具号）	47	R	高速
	11	读取刀具寿命管理数据（刀具信息；刀具序号）	48	R	高速
	12	读取刀具寿命管理数据（刀具号）	49	R	高速
	13	读取刀具寿命管理数据（刀具寿命计数类型）	160	R	高速
	14	改写刀具寿命管理数据（刀具组）	163	W	低速
	15	改写刀具寿命管理数据（刀具寿命）	164	W	低速
	16	改写刀具寿命管理数据（刀具寿命计数器）	165	W	低速

续表

组别	序号	功能	功能代码	R/W	响应
刀具寿命 管理功能	17	改写刀具寿命管理数据(刀具寿命计数类型)	166	W	低速
	18	改写刀具寿命管理数据(刀具长度偏置:刀具号)	167	W	低速
	19	改写刀具寿命管理数据(刀具长度偏置:刀具序号)	168	W	低速
	20	改写刀具寿命管理数据(刀具半径补偿:刀具号)	169	W	低速
	21	改写刀具寿命管理数据(刀具半径补偿:刀具序号)	170	W	低速
	22	改写刀具寿命管理数据(刀具状态:刀具号)	171	W	低速
	23	改写刀具寿命管理数据(刀具状态:刀具序号)	172	W	低速
	24	改写刀具寿命管理数据(刀具数)	173	W	低速

2. 写 CNC 窗口数据指令 WINDW

此功能在 PMC 和 CNC 之间经由窗口写多种数据。WINDW 属低速响应功能。WINDW 指令格式如图 4-140 所示。

ACT＝0,不执行 WINDW 功能;ACT＝1,执行 WINDR 功能。在写完数据后,应立即将 ACT 复位一次。控制数据结构如图 4-141 所示。

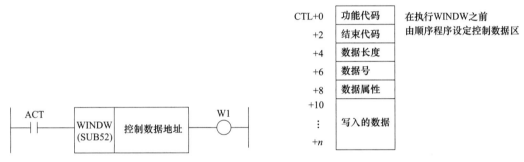

图 4-140 WINDW 指令格式   图 4-141 WINDW 控制数据结构

4.4.12 位置信号指令

1. PSGN2（SUB63）

PSGN2（SUB63）指令格式及举例如图 4-142 所示。它用于检测当前坐标轴位置是否处于设定的范围。设定数据 a 必须小于 b。位置 a≤坐标轴位置≤位置 b 时,W1＝1;否则 W1＝0。图 4-142 位置信号指令 PSGN2 举例中,-800mm≤当前坐标轴位置≤100mm,R1.0＝1;否则 R1.0＝0。

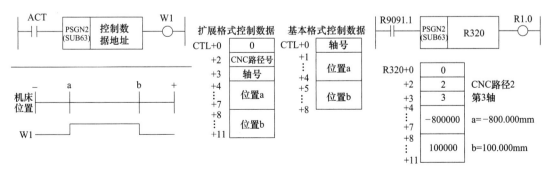

图 4-142 PSGN2 指令格式及举例

2. PSGNL（SUB50）

PSGNL（SUB50）指令格式及举例如图 4-143 所示。它可以设定 8 个位置区间，然后检测当前坐标轴位置是处于哪一区间。该指令不能用于多路径 CNC。图 4-143 中 PSGNL 指令举例为第 3 轴机械位置检测。

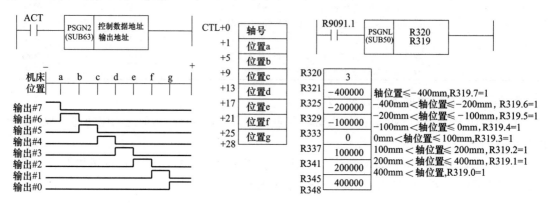

图 4-143　PSGNL 指令格式及举例

4.5　PMC 参数的设定与操作

4.5.1　PMC 参数的输入方法

PMC 参数的输入方法如下：

① 系统置于 MDI 方式或急停状态。

② 显示 CNC 的设定（SETTING）画面，并把"参数写入"置 1。

③ 按［SYSTEM］、［PMC］、［PARAM］键显示 PMC 参数画面。

④ 用软键选择要输入的 PMC 参数种类。

定时器（TIMER）：定时器值设定画面。

计数器（COUNTER）：计数器值设定画面。

K 继电器（KEEPRL）：保持型继电器画面。

数据（DATA）：数据表画面。

设定（SETTING）：PMC 设定画面。

⑤ 移动光标到输入的位置。

⑥ 输入数值，按［INPUT］。

⑦ 输入结束，回 CNC 设定画面，并把"参数写入"置 0。

4.5.2　定时器时间设定

用 ms 为单位设定定时器指令 TMR（SUB3）的设定时间。TIMER 设定画面如图 4-144 所示。

此外，还可用 PMC 程序修改定时器的设定时间。在与定时器号 n 对应的 PMC 地址（$T_{n-1} \sim T_n$）上，可用 2 字节长写入定时器值。

定时器值是一个用定时精度划分时间的计量数。在 CRT 画面上显示以 ms 为单位的时

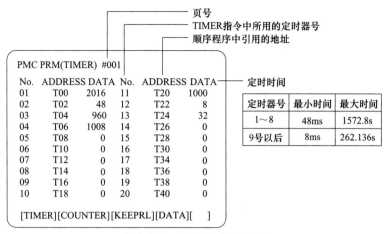

图 4-144　TIMER 设定画面

间。但在写入数据时，使用以定时精度为单位的数值。如在 1 号定时器上设定 960ms 时，写入 20 即可，见图 4-145。

4.5.3　计数器值设定

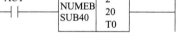

图 4-145　定时器值的写入

计数器 CTR（SUB5）指令的预置值（PRESET）和当前值在如图 4-146 所示画面进行设定和显示。计数器预置值和当前值都是 2 字节长的数据。如 1 号计数器预置值是 C0～C1，当前值是 C2～C3。

在系统参数（SYSPRM）画面上，选择二进制形式时，计数范围为 0～65535；选择 BCD 形式时，计数范围为 0～9999。

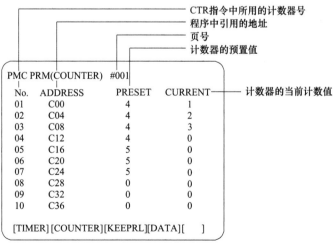

图 4-146　计数器值设定画面

4.5.4　保持型继电器设定

保持型继电器的数据在如图 4-147 所示画面进行设定和显示。保持型继电器的值在切断电源后仍能保持其值。除记忆一些开关状态外，还可作位型 PMC 参数使用。K16～K19 由系统使用。

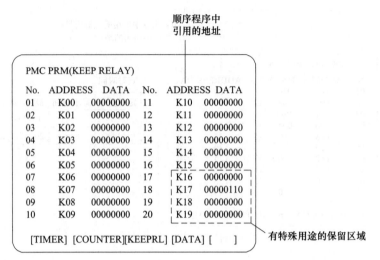

图 4-147　保持型继电器设定画面

4.5.5　数据表设定

数据表包括两种画面：数据表控制数据画面和数据表画面。

按下［DATA］软键后可显示数据表控制数据画面，见图 4-148。其中数据表参数的设定见图 4-149。

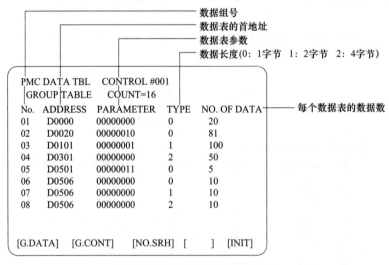

图 4-148　数据表控制数据画面

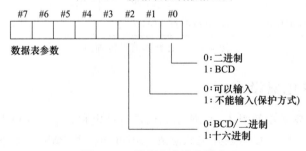

图 4-149　数据表参数的设定

数据表控制数据设定后，按下［G.DATA］软键即可显示数据表画面，见图 4-150。

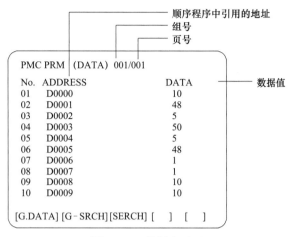

图 4-150　数据表画面

4.5.6　PMC 参数文件格式

PMC 参数文件格式如下：

%
N600000 P2（1 号定时器 96ms）
N600002 P5（2 号定时器 240ms）
……
N610000 P12（1 号计数器预置值 12）
N610002 P3（1 号计数器当前值 3）
……
N620000 P00000001
N620001 P00000000
……
N630000 P4（共有 4 个数据表）
N630002 P00000000（数据表 1 参数设置）
N630003 P0（数据表 1 每个数据长度为 1 个字节）
N630004 P100（数据表 1 数据 100 个字节，即 100 个数据）
N630006 P0（数据表 1 数据起始地址 D0）
N630010 P00000000（数据表 2 参数设置）
N630011 P2（数据表 2 每个数据长度为 4 个字节）
N630012 P1600（数据表 2 数据 1600 个字节，即 400 个数据）
N630014 P100（数据表 2 数据起始地址 D100）
N630018 P00000000（数据表 3 参数设置）
N630019 P1（数据表 3 每个数据长度为 2 个字节）
N630020 P400（数据表 3 数据 400 个字节，即 200 个数据）
N630022 P1700（数据表 3 数据起始地址 D1700）
N630026 P00000000（数据表 4 参数设置）
N630027 P0（数据表 4 每个数据长度为 1 个字节）

N630028 P200（数据表 4 数据 200 个字节，即 200 个数据）

N630030 P2100（数据表 4 数据起始地址 D2100）

N640000 P100（D1 中的数据）

N640001 P3（D2 中的数据）

……

N640100 P2（D100～D103 中的数据）

N640104 P5（D104～D107 中的数据）

……

N641700 P12（D1700～D1701 中的数据）

N641702 P15（D1702～D1703 中的数据）

……

N642100 P12（D2100 中的数据）

N642101 P52（D2101 中的数据）

……

N699999 P0

%

① N600000～：定时器数据。1 个定时器占 2 个字节数据，即 N600000 为 1 号定时器时间值；N600002 为 2 号定时器时间值；依次类推。1～8 号定时器的精度为 48ms，9 号以后定时器的精度为 8ms。

② N610000～：计数器数据。每个计数器由 2 个数据组成：预置值和当前值。这 2 个值各占 2 个字节。如 1 号计数器参数 N610000 为预置值，N610002 为当前值；2 号以后依次类推。

③ N620000～：K 区数据，即保持型继电器数据。

④ N630000～：数据表控制数据。N630000 表示数据表中的分组个数。从 N630002 开始每 4 个数据表示 1 个数据表的分组设定，地址上相差 8 个字节。

⑤ N640000～：数据表中存放的数据。

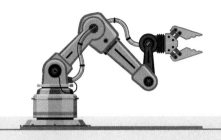

第 5 章

缸体线数控桁架机器人电气控制设计

CNC 接口信号是指 CNC 与 PMC 之间所交换的信号，其中从 CNC 到 PMC 的接口信号以 F 地址表示，从 PMC 到 CNC 的接口信号以 G 地址表示。数控桁架机器人功能的建立需要对这些接口信号进行处理，与此同时，还可能需要对相关系统参数进行设定。因此在设计数控桁架机器人功能时，既要关注接口信号的时序，又要关注相关系统参数的设定。

本章将从运行准备、方式选择、手动进给控制、M 功能、半自动运行、全自动运行等方面介绍缸体线数控桁架机器人电气控制设计。

5.1 数控桁架机器人运行准备

5.1.1 运行准备相关接口信号及参数

1. 急停信号

＊ESP：急停信号，有硬件信号（X8.4）和软件信号（G8.4）两种。硬件急停信号和软件急停信号之一为 0 时，系统立即进入急停状态。进入急停时，伺服回路主接触器 MCC 将断开，并且伺服电机动态制动（将伺服电机动力线进行相间短路，利用电机旋转产生的反电动势产生制动）。对于移动中的轴瞬时停止（CNC 不进行加减速处理），CNC 进入复位状态。

2. 报警与复位信号

① AL（F1.0）：报警信号。该信号为 1 时，表明 CNC 处于报警状态。有如下报警显示：TH 报警、TV 报警、P/S 报警、超程报警、过热报警、伺服报警等。

② BAL（F1.2）：电池报警信号。该信号为 1 时，表明电池电压低于规定电压。应立即更换电池。

③ ERS（G8.7）：外部复位信号。该信号为 1 时，CNC 变为复位状态，并输出复位中信号 RST。

④ RRW（G8.6）：复位反绕信号。该信号为 1 时，CNC 变为复位状态，并且在存储器

运转和存储器编辑方式下，将光标退回到程序的开头位置。

⑤ RST（F1.1）：复位中信号。该信号为 1，表示系统正在复位中。

3. CNC 就绪

① MA（F1.7）：控制装置准备就绪信号。通电后，CNC 控制装置进入可运转状态，即准备完成状态，MA 信号变为 1。

② SA（F0.6）：伺服准备就绪信号。所有轴的伺服系统处于正常运转状态时，该信号变为 1。一般用此信号解除伺服电机抱闸。

4. 互锁

① *IT（G8.0）：互锁信号。该信号置 0，手动运转、自动运转所有轴禁止移动。正在移动的轴减速停止。信号变为 1 后，立即重新启动中断的轴进行移动。参数 3003#0 置 0，该信号有效；置 1，无效。

② *ITn（G130）：各轴互锁信号。该信号为 0 时，手动运转、自动运转禁止对应的轴移动。参数 3003#2 置 0，该信号有效；置 1，无效。

③ STLK（G7.1）：启动锁住信号。自动运转有效且该信号为 1 时，自动运转置于锁住状态。此时，正在移动的轴进行减速停止。该信号变为 0 时，只要还在自动运转状态就立即重新启动中断的轴进行移动。该信号仅在 T 型（车床）控制器中有效。

5. 硬极限超程限位

① *+Ln（G114）：正向硬极限超程信号。该信号为 0 时，轴正向移动禁止，并出现 #506 报警。参数 3004#5 置 1，此信号无效。

② *−Ln（G116）：负向硬极限超程信号。该信号为 0 时，轴负向移动禁止，并出现 #507 报警。参数 3004#5 置 1，此信号无效。

6. 软极限超程限位

① EXLM（G7.6）：软极限切换信号。需要将参数 1300#2（LMS）置 1，EXLM 信号才有效。EXLM 信号为 0 时，软极限使用参数 1320（正向）和 1321（负向）进行行程检测；EXLM 信号为 1 时，使用参数 1326（正向）和 1327（负向）进行行程检测。参数 1320、1321、1326、1327 按机械坐标进行设定。

软极限参数定义的区域外侧为禁区，当轴正向软超程时，出现 #500 报警；当轴负向软超程时，出现 #501 报警。

参数 1301#4（OF1）置 1，轴回到可移动范围自动消除报警；置 0，需复位消除报警。

参数 1300#7（BFA）置 0，轴进入禁区后停止；置 1，在进入禁区前停止。

参数 1311#0（DOTx）置 0，系统一上电软极限检测无效；置 1，有效。如果设定为有效，系统会记忆断电前的机械坐标。

在参数 1311#0（DOTx）=1 时，还可通过参数 1300#6（LZR）设定手动回零前是否进行软极限检测。参数 1300#6 置 0，不进行；置 1，进行。

② RLSOT（G7.7）：软极限检测允许信号。该信号置 1，不进行软极限行程检测。

③ +OTn（F124）：轴正向已经软超程；−OTn（F126）：轴负向已经软超程。参数 1301#6（OTS）置 1，即可向 PMC 输出该信号。此外，参数 1300#1（NAL）置 0，轴手动进入软极限禁区时，系统发出报警；置 1，系统不发出报警，而是向 PMC 输出 F124 或 F126 信号。

5.1.2　运行准备 PMC 程序设计

1. 急停程序

急停信号的连接如图 5-1 所示。KA201 为系统急停继电器，由于安全原因，设置了多个急停按钮和 1 个拉绳开关串联构成系统急停回路，当任何 1 个急停按钮按下，或拉绳开关触发时，KA201 继电器失电，系统急停，伺服动力电源立即切断。

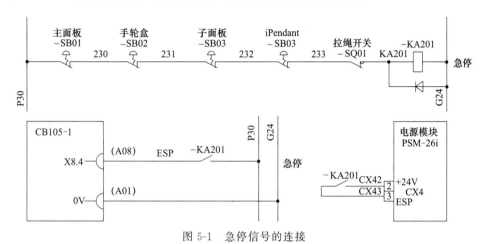

图 5-1　急停信号的连接

图 5-1 中接入 CNC 控制单元的急停信号是固定地址 X8.4；急停程序如下：

2. 硬极限超程程序

X、Z1、Z2 三个轴均设置了正向和负向硬极限行程开关，接常闭触点，其电气连接图如图 5-2 所示。

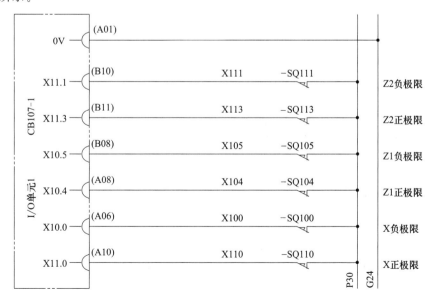

图 5-2　硬极限开关信号的连接

① X、Z1、Z2 三个轴硬超程 PMC 程序。当 G114.0~G114.2 为低电平时，出现 X、Z1、Z2 轴正向硬超程报警，轴正向移动禁止；当 G116.0~G116.2 为低电平时，出现 X、Z1、Z2 轴负向硬超程报警，轴负向移动禁止。程序如下：

② A1、A2 两个轴硬超程 PMC 程序。A1、A2 轴为旋转轴，未设置硬极限开关，用 R9091.1 信号来屏蔽超程信号，相应硬超程 PMC 程序如下：

5.2　数控桁架机器人方式选择

5.2.1　方式选择相关接口信号

1. 方式选择信号

① MD1、2、4（G43.0~G43.2）：方式选择信号。用 MD1、MD2、MD4 三位代码信号进行组合来决定 CNC 的运转方式。信号与方式的对应关系见表 5-1。

② ZRN（G43.7）：回参考点方式。

③ DNCI（G43.5）：远程（DNC）运转信号。

表 5-1　信号与方式的对应关系

运转方式	状态显示	方式确认信号	ZRN (G43.7)	DNCI (G43.5)	MD4 (G43.2)	MD2 (G43.1)	MD1 (G43.0)
程序编辑 EDIT	EDT	MEDT(F3.6)	—	—	0	1	1
存储器运转 MEM	MEM	MMEM(F3.5)	—	0	0	0	1
远程运转 RMT	RMT	MRMT(F3.4)	—	1	0	0	1
手动数据输入 MDI	MDI	MMDI(F3.3)	—	—	0	0	0
手轮进给 增量进给	HND INC	MH(F3.1) MINC(F3.0)	—	—	1	0	0
手动连续进给 JOG	JOG	MJ(F3.2)	0	—	1	0	1
回参考点 REF	REF	MREF(F4.6)	1	0	1	0	1
JOG 示教	TJOG	MTCHIN(F3.7) MJ(F3.2)	0	—	1	1	0
手轮示教	THND	MTCHIN(F3.7) MH(F3.1)	0	—	1	1	1

2. 方式确认信号

① MEDT（F3.6）：编辑方式。可进行加工程序的编辑和数据的输入输出。

② MMEM（F3.5）：存储器运转方式。执行存储于存储器的加工程序。

③ MRMT（F3.4）：远程运转方式。一边从串行口（RS-232C）读取加工程序，一边进行加工。

④ MMDI（F3.3）：手动数据输入方式，又称 MDI 方式。用 MDI 键输入程序直接进行运转或进行参数的设定与调整。

⑤ MH（F3.1）：手轮进给方式。转动手轮使轴移动。

⑥ MINC（F3.0）：增量进给方式。按手动进给按钮（＋X，－X 等）时，轴移动一步。

⑦ MJ（F3.2）：手动连续进给方式，又称 JOG 方式。按手动进给按钮（＋X，－X 等）时，轴便移动。

⑧ MREF（F4.6）：回参考点方式。用手动操作使轴回到参考点。

5.2.2　方式选择 PMC 程序设计

1. 主面板波段开关方式选择

主面板方式选择通过三层七位波段开关－SA30 进行选择，波段开关按自然二进制编码，输入地址 X3.0～X3.2。一共设置编辑、JOG、手轮、MDI、半自动、全自动等 6 个方式，如图 5-3 所示，其中半自动和全自动均为存储器方式。当 SA30 开关置于"子面板"

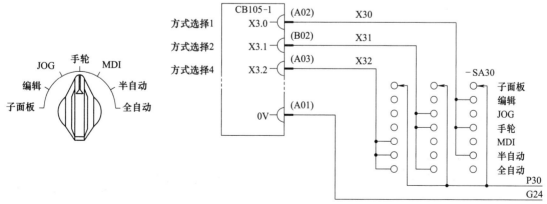

图 5-3　方式选择信号

时，触摸屏上方式选择按钮有效。

方式选择 PMC 程序如下：

① 屏蔽 X3 字节中的高 5 位，输出到 R3。

```
R9091.1 ACT
 ┤├───────┌─────────┬──────────┐──────────────────────────────
          │SUB8     │0000      │
          │MOVE     ├──────────┤
          │         │0111      │
          │         ├──────────┤
          │         │X0003     │
          │         ├──────────┤
          │         │R0003     │
          └─────────┴──────────┘
```

② 对 R3 中数据进行从 0 开始的二进制译码，译码结果输出到 R4。

R4.1＝1：编辑方式。

R4.2＝1：JOG 方式。

R4.3＝1：手轮方式。

R4.4＝1：MDI 方式。

R4.5＝1：半自动方式。

R4.6＝1：全自动方式。

```
R9091.1 ACT
 ┤├───────┌─────────┬──────────────┐──────────────────────────
          │SUB25    │0001          │
          │DECB     ├──────────────┤
          │         │R0003         │
          │         ├──────────────┤
          │         │0000000000    │
          │         ├──────────────┤
          │         │R0004         │
          └─────────┴──────────────┘
```

③ 按表 5-1 中编码要求，编辑、存储器、JOG 方式下，R30.0（MD1_M）信号置 1。

```
 R0004.1   R0004.0                                        R0030.0
 ┬─┤├────────┤/├─────────────────────────────────────────( )──── MD1_M
 │ 编辑_M   子面板_M
 │ R0004.5
 ├─┤├──
 │ 半自动_M
 │ R0004.6
 ├─┤├──
 │ 全自动_M
 │ R0004.2
 └─┤├──
   JOG_M
```

④ 按表 5-1 中编码要求，仅编辑方式下，R30.1（MD2_M）信号置 1。

```
 R0004.1  R0004.0                                         R0030.1
 ─┤├───────┤/├──────────────────────────────────────────( )──── MD2_M
  编辑_M  子面板_M
```

⑤ 按表 5-1 中编码要求，手轮、JOG 方式下，R30.2（MD4_M）信号置 1。

```
 R0004.3   R0004.0                                        R0030.2
 ┬─┤├────────┤/├─────────────────────────────────────────( )──── MD4_M
 │ 手轮_M   子面板_M
 │ R0004.2
 └─┤├──
   JOG_M
```

2. 触摸屏方式选择

触摸屏方式选择设置 5 个方式按钮及相应指示灯，如图 5-4 所示。

触摸屏上方式选择按钮地址定义与 iPendant

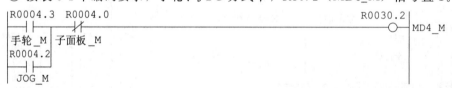

图 5-4　触摸屏方式选择

上按键地址一致，灯地址自由定义，具体定义见表 5-2。

表 5-2 触摸屏方式选择按钮及灯信号地址

序号	名称	按钮地址	灯地址	序号	名称	按钮地址	灯地址
1	编辑	R507.7	R10.1	4	手轮	R509.0	R10.5
2	存储器	R508.6	R10.0	5	JOG	R509.3	R10.4
3	MDI	R508.2	R10.2				

方式选择 PMC 程序如下：

① 检测有无方式选择按钮被按下，当有方式选择按钮按下，R25.0（MDOR）置 1。

```
  R0507.7                                                    R0025.0
├──┤ ├──┬─────────────────────────────────────────────────( )─── MDOR
  EDIT_HMI │
  R0508.6  │
├──┤ ├─────┤
  MEM_HMI  │
  R0508.2  │
├──┤ ├─────┤
  MDI_HMI  │
  R0509.0  │
├──┤ ├─────┤
  HDL_HMI  │
  R0509.3  │
├──┤ ├─────┘
  JOG_HMI
```

② 检测信号 R25.0（MDOR）上升沿。

```
  R0025.0  R0025.2                                           R0025.1
├──┤ ├──────┤/├───────────────────────────────────────────( )─── MDORR
  MDOR     MDORD

  R0025.0                                                    R0025.2
├──┤ ├─────────────────────────────────────────────────────( )─── MDORD
  MDOR
```

③ 按表 5-1 中编码要求，编辑、存储器、JOG 方式下，R31.0（MD1_HMI）信号置 1。

```
  R0507.7   R0025.1   R0004.0                                R0031.0
├──┤ ├───────┤ ├───┬───┤ ├───────────────────────────────( )─── MD1_HMI
  EDIT_HMI  MDORR  │  子面板_M
  R0508.6          │
├──┤ ├─────────────┤
  MEM_HMI          │
  R0509.3          │
├──┤ ├─────────────┤
  JOG_HMI          │
  R0031.0  R0025.1 │
├──┤ ├──────┤/├────┘
  MD1_HMI  MDORR
```

④ 按表 5-1 中编码要求，仅编辑方式下，R31.1（MD2_HMI）信号置 1。

```
  R0507.7   R0025.1   R0004.0                                R0031.1
├──┤ ├───────┤ ├───┬───┤ ├───────────────────────────────( )─── MD2_HMI
  EDIT_HMI  MDORR  │  子面板_M
  R0031.1  R0025.1 │
├──┤ ├──────┤/├────┘
  MD2_HMI  MDORR
```

⑤ 按表 5-1 中编码要求，手摇、JOG 方式下，R31.2（MD4_HMI）信号置 1。

```
R0509.0   R0025.1   R0004.0                              R0031.2
 ├─┤ ├─────┤ ├───────┤ ├───────────────────────────────────( )──── MD4_HMI
 │  HDL_HMI  MDORR    子面板_M                              MD4_HMI
 R0509.3
 ├─┤ ├──┤
 │  JOG_HMI
 R0031.2   R0025.1
 ├─┤ ├─────┤/├──┤
    MD4_HMI  MDORR
```

3. 方式选择接口信号处理

当 R4.0＝0，主面板方式选择开关有效；当 R4.0＝1，触摸屏方式选择开关或 iPendant 方式选择开关有效。

```
R0030.0                                                    G0043.0
 ├─┤ ├─────────────────────────────────────────────────────( )──── MD1
 │  MD1_M
 R0031.0
 ├─┤ ├──┤
    MD1_HMI

R0030.1                                                    G0043.1
 ├─┤ ├─────────────────────────────────────────────────────( )──── MD2
 │  MD2_M
 R0031.1
 ├─┤ ├──┤
    MD2_HMI

R0030.2                                                    G0043.2
 ├─┤ ├─────────────────────────────────────────────────────( )──── MD4
 │  MD4_M
 R0031.2
 ├─┤ ├──┤
    MD4_HMI
```

4. 方式选择指示灯

触摸屏上设置了编辑、存储器、MDI、手轮、JOG 等 5 个方式指示灯，如图 5-4 所示。主面板一共设置编辑、JOG、手轮、MDI、半自动、全自动等 6 个方式指示灯，电气连接图如图 5-5 所示。

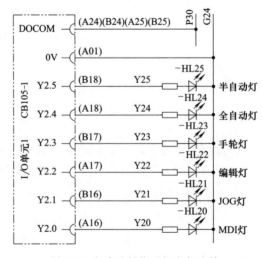

图 5-5   方式选择指示灯电气连接

① MDI、存储器、半自动、全自动方式选择指示灯，使用 F3.3、F3.5 等方式确认信号，PMC 程序如下：

② 编辑、手轮、JOG 方式选择指示灯，使用 F3.6、F3.1、F3.2 等方式确认信号，PMC 程序如下：

5.3　数控桁架机器人手动进给控制设计

5.3.1　软位置开关设计

1. 软位置开关定义

为保证坐标轴运动或手爪动作的安全，各坐标轴都定义了不同数量的软位置开关。

X 轴共定义了 16 个软位置开关，见表 5-3。当 X 轴实时机械坐标 E110 在 D600±5mm 范围内时，开关信号 E300.0 为 1；其他开关原理类同，不再赘述。

表 5-3　X 轴软位置开关定义

序号	名称	开关信号	中心位置	位置偏差
1	X 在上料位	E300.0	D600	±5mm
2	X 在 OP140A 取料位	E300.1	D604	±5mm
3	X 在 OP140A 放料位	E300.2	D608	±5mm
4	X 在 OP140B 取料位	E300.3	D612	±5mm
5	X 在 OP140B 放料位	E300.4	D616	±5mm

续表

序号	名称	开关信号	中心位置	位置偏差
6	X 在♯1 抽检台	E300.5	D620	±5mm
7	X 在 OP150A 放料位	E300.7	D628	±5mm
8	X 在 OP150A 取料位	E301.0	D632	±5mm
9	X 在 OP150B 放料位	E301.1	D636	±5mm
10	X 在 OP150B 取料位	E301.2	D640	±5mm
11	X 在♯2 抽检台	E301.3	D644	±5mm
12	X 在 OP160A 取料位	E301.5	D652	±5mm
13	X 在 OP160A 放料位	E301.6	D656	±5mm
14	X 在 OP160B 取料位	E301.7	D660	±5mm
15	X 在 OP160B 放料位	E302.0	D664	±5mm
16	X 在下料位	E302.1	D668	±5mm

Z1 轴共定义了 10 个软位置开关，见表 5-4。当 Z1 轴实时机械坐标 E114 在 D700±5mm 范围内时，开关信号 E303.0 为 1；其他开关原理类同，不再赘述。

表 5-4　Z1 轴软位置开关定义

序号	名称	开关信号	中心位置	位置偏差
1	Z1 在上料位	E303.0	D700	±5mm
2	Z1 在 OP140A 位	E303.1	D704	±5mm
3	Z1 在 OP140B 位	E303.2	D708	±5mm
4	Z1 在♯1 抽检位	E303.3	D712	±5mm
5	Z1 在 OP150A 位	E303.4	D716	±5mm
6	Z1 在 OP150B 位	E303.5	D720	±5mm
7	Z1 在♯2 抽检位	E303.6	D724	±5mm
8	Z1 在 OP160A 位	E303.7	D728	±5mm
9	Z1 在 OP160B 位	E304.0	D732	±5mm
10	Z1 在原位	E307.0	D900	±5mm

Z2 轴共定义了 10 个软位置开关，见表 5-5。当 Z2 轴实时机械坐标 E118 在 D800±5mm 范围内时，开关信号 E305.0 为 1；其他开关原理类同，不再赘述。

表 5-5　Z2 轴软位置开关定义

序号	名称	开关信号	中心位置	位置偏差
1	Z2 在 OP140A 位	E305.0	D800	±5mm
2	Z2 在 OP140B 位	E305.1	D804	±5mm
3	Z2 在♯1 抽检位	E305.2	D808	±5mm
4	Z2 在 OP150A 位	E305.3	D812	±5mm
5	Z2 在 OP150B 位	E305.4	D816	±5mm
6	Z2 在♯2 抽检位	E305.5	D820	±5mm
7	Z2 在 OP160A 位	E305.6	D824	±5mm
8	Z2 在 OP160B 位	E305.7	D828	±5mm
9	Z2 在下料位	E306.0	D832	±5mm
10	Z2 在原位位	E307.1	D900	±5mm

A1/A2 轴各定义了 2 个软位置开关，A1/A2 轴在 0°和在 90°的开关，见表 5-6。

表 5-6　A1/A2 轴软位置开关定义

序号	名称	开关信号	中心位置	位置偏差
1	A1＝0°	E308.0	D900	±5°
2	A1＝90°	E308.1	D904	±5°
3	A2＝0°	E309.0	D900	±5°
4	A2＝90°	E309.0	D904	±5°

2. 各轴实时机械坐标读取

利用窗口功能读取各坐标轴机械坐标，构建控制数据块如图 5-6 所示。其首地址为 E100，总长度 30 个字节。功能代码 28 表示读取机械坐标，轴号−1 表示读取所有轴。执行窗口功能后，读取的各轴机械坐标存放在 E110～E129 中，每个轴占 4 个字节，X 轴坐标 E110～E113，Z1 轴坐标 E114～E117，Z2 轴坐标 E118～E121，A1 轴坐标 E122～E125，A2 轴坐标 E126～E129。

窗口功能读取机械坐标 PMC 程序如下：

① 读机械坐标值 PMC 窗口操作代码为 28，将它设定到 （E100～E101）中。

读机械坐标控制数据块

地址	项目	值
E100	功能代码	28
E102	结束代码	不需指定
E104	数据长度	不需指定
E106	数据号	0
E108	轴号	−1
E110 ⋮ E129	轴坐标	数据区 不需指定

图 5-6　读坐标轴机械坐标控制数据块

```
R9091.1  ACT
  ─┤├────────┌─────────────────┐
           │ SUB40  0002     │
           │ NUMEB           │
           │        0000000028│
           │        E0100    │
           └─────────────────┘
```

② 读取所有坐标轴，轴号置−1 到 E108～E109 中。

```
R9091.1  ACT
  ─┤├────────┌─────────────────┐
           │ SUB40  0002     │
           │ NUMEB           │
           │        −000000001│
           │        E0108    │
           └─────────────────┘
```

③ 窗口读轴机械坐标操作。结果存放在 E110～E129 中。

```
E0001.0  ACT                              E0001.0
  ─┤/├────────┌──────────────┐             ─( )──  读完成
           │ SUB51  E0100 │
           │ WINDR        │
           └──────────────┘
```

3. 软位置开关功能块

为简化程序编写，特设计一个可重复调用的软位置开关功能块，如图 5-7 所示。它有 4 个入口参数和 1 个出口参数，分别定义如下：

EN：启动信号，BOOL 变量。

real_pos：实时位置坐标，DINT 变量。

ideal_pos：目标位置坐标，DINT 变量。

range：开关宽度，DINT 变量。

SWITCH：软位置开关信号，BOOL 变量。

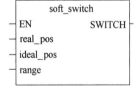

图 5-7　软位置开关功能块

当 $ideal\_pos - range \leqslant real\_pos \leqslant ideal\_pos + range$ 时，SWITCH 信号置 1；否则为 0。功能块内部 PMC 程序如下：

① 计算软位置开关坐标上限，即 $max\_pos = ideal\_pos + range$。

```
F0001.1  RST                              err1
  ─┤├────────┌──────────────┐             ─( )──
   EN   ACT  │ SUB36  1004  │
  ─┤├────────│ ADDB         │
           │        ideal_pos│
           │        range  │
           │        max_pos│
           └──────────────┘
```

② 计算软位置开关坐标下限，即 min_pos＝ideal_pos－range。

```
F0001.1  RST                              err2
  ┤├──────┬─SUB37 │1004─────────────────────○
   EN    ACT│ SUBB │ideal_pos
            │     │range
            │     │min_pos
```

③ 当 min_pos≤real_pos 时，min_ok 置 1。R9000.0 是比较指令 COMPB 的"相等"标志位，R9000.1 是比较指令 COMPB 的"小于"标志位。

```
 EN    ACT
  ┤├──────┬─SUB32 │1004
          │ COMPB │min_pos
          │      │real_pos
          │      │

R9000.0                                   min_ok
  ┤├──┬──────────────────────────────────○── min_pos<=real_pos
  ┌───┘
R9000.1
```

④ 当 real_pos≤max_pos 时，max_ok 置 1。

```
 EN    ACT
  ┤├──────┬─SUB32 │1004
          │ COMPB │real_pos
          │      │max_pos
          │      │

R9000.0                                   max_ok
  ┤├──┬──────────────────────────────────○── real_pos<=max_pos
  ┌───┘
R9000.1
```

⑤ 软位置开关信号 SWITCH。

```
min_ok  max_ok                            SWITCH
  ┤├────┤├──────────────────────────────────○── 软位置开关
```

4. 软位置开关功能块调用

以 X 在 OP140A 取料位软位置开关，说明 soft_switch 功能块的调用。X 实时坐标 E110 赋值给 real_pos，中心坐标 D604 赋值给 ideal_pos，5000 赋值给 range。当 （D604－5000）≤ E110≤（D604＋5000） 时，软位置开关 E300.1 为 1；否则为 0。

```
                    soft_switch_2
                    soft_switch
R9091.1        ┌──────────────────┐        E0300.1
  ┤├───────────┤EN        SWITCH├──────────○── X_OP140A取_OK
  E0110────────┤real_pos         │
  D0604────────┤ideal_pos        │
   5000────────┤range            │
               └──────────────────┘
```

5.3.2　坐标轴互锁设计

1. 轴互锁接口信号及相关参数

＊IT（G8.0）：互锁信号。该信号为"0"时，手动运转、自动运转所有轴禁止移动。

正在移动的轴减速停止。信号变为"1"后,立即重新启动中断的轴进行移动。系统参数 3003♯0 置 1 可使 ∗IT 信号无效。

∗IT1～∗IT8 (G130.0～G130.7):第 1 轴～第 8 轴互锁信号。该信号为"0"时,手动运转、自动运转禁止对应的轴移动。系统参数 3003♯2 置 1 可使 ∗ITx 信号无效。

2. 所有轴互锁

所有轴互锁信号 G8.0 不使用,可以用"1"信号屏蔽之。

```
    R9091.1                                              G0008.0
├───┤ ├────────────────────────────────────────────────( )────  所有轴互锁信号
     L1
```

3. X 轴互锁

X 轴的解除互锁需满足下列全部条件:

① Z1 轴在 (0±5)mm 范围内 (E307.0);

② Z2 轴在 (0±5)mm 范围内 (E307.1);

③ A1 轴在 0°±5°范围内 (E308.0);

④ A2 轴在 0°±5°范围内 (E309.0)。

X 轴互锁 PMC 程序如下:

```
RD        E307.0;"Z1=0"
AND       E308.0;"A1=0"
AND       E307.1;"Z2=0"
AND       E309.0;"A2=0"
WRT       G130.0;"X 轴互锁"
```

4. Z1 轴互锁

Z1 轴的解除互锁需满足下列条件之一:

① 手摇方式 (F3.1);

② Z1 轴在 (0±5) mm 范围内 (E307.0);

③ X 轴在上料位 (E300.0);

④ X 轴在 OP140A 放料位 (E300.2);

⑤ X 轴在 OP140B 放料位 (E300.4);

⑥ X 轴在 OP150A 取料位 (E301.0);

⑦ X 轴在 OP150B 取料位 (E301.2);

⑧ X 轴在♯2 抽检位 (E301.3);

⑨ X 轴在 OP160A 放料位 (E301.6);

⑩ X 轴在 OP160B 放料位 (E302.0)。

Z1 轴互锁 PMC 程序如下:

```
RD        E300.0;"X_IN_Roller_OK"
OR        E300.2;"X_OP140A 放_OK"
OR        E300.4;"X_OP140B 放_OK"
OR        E301.0;"X_OP150A 取_OK"
OR        E301.2;"X_OP150B 取_OK"
RD.STK    E301.3;"X_CHK♯2_OK"
AND       R795.1;"♯2 抽检台在位"
OR.STK
```

OR	E301.6;"X_OP160A 放_OK"
OR	E302.0;"X_OP160B 放_OK"
OR	E307.0;"Z1＝0"
OR	F3.1;"MH"
WRT	G130.1;"Z1 轴互锁"

5. Z2 轴互锁

Z2 轴的解除互锁需满足下列条件之一：

① 手摇方式（F3.1）；

② Z2 轴在（0±5）mm 范围内（E307.1）；

③ X 轴在 OP140A 取料位（E300.1）；

④ X 轴在 OP140B 取料位（E300.3）；

⑤ X 轴在♯1 抽检位（E300.5）；

⑥ X 轴在 OP150A 放料位（E300.7）；

⑦ X 轴在 OP150B 放料位（E301.1）；

⑧ X 轴在 OP160A 取料位（E301.5）；

⑨ X 轴在 OP160B 取料位（E301.7）；

⑩ X 轴在下料位（E302.1）。

Z2 轴互锁 PMC 程序如下：

RD	E300.1;"X_OP140A 取_OK"
OR	E300.3;"X_OP140B 取_OK"
RD.STK	E300.5;"X_CHK♯1_OK"
AND	R795.0;"♯1 抽检台在位"
OR.STK	
OR	E300.7;"X_OP150A 放_OK"
OR	E301.1;"X_OP150B 放_OK"
OR	E301.5;"X_OP160A 取_OK"
OR	E301.7;"X_OP160B 取_OK"
OR	E302.1;"X_OUT_ROLL_OK"
OR	E307.1;"Z2＝0"
OR	F3.1;"MH"
WRT	G130.2;"Z2 轴互锁"

6. A1 轴互锁

A1 轴的解除互锁需满足下列条件之一：

① 手摇方式（F3.1）；

② A1 轴在 0°±5°范围内（E308.0）；

③ X 轴在上料位（E300.0）；

④ X 轴在 OP140A 放料位（E300.2）；

⑤ X 轴在 OP140B 放料位（E300.4）；

⑥ X 轴在 OP150A 取料位（E301.0）；

⑦ X 轴在 OP150B 取料位（E301.2）；

⑧ X 轴在♯2 抽检位（E301.3）；

⑨ X 轴在 OP160A 放料位（E301.6）；

⑩ X 轴在 OP160B 放料位（E302.0）。

A1 轴互锁 PMC 程序如下：

```
RD        E300.0;"X_IN_Roller_OK"
OR        E300.2;"X_OP140A 放_OK"
OR        E300.4;"X_OP140B 放_OK"
OR        E301.0;"X_OP150A 取_OK"
OR        E301.2;"X_OP150B 取_OK"
RD.STK    E301.3;"X_CHK#2_OK"
AND       R795.1;"#2 抽检台在位"
OR.STK
OR        E301.6;"X_OP160A 放_OK"
OR        E302.0;"X_OP160B 放_OK"
OR        E308.0;"A1＝0"
OR        F3.1;"MH"
WRT       G130.3;"A1 轴互锁"
```

7. A2 轴互锁

A2 轴的解除互锁需满足下列条件之一：

① 手摇方式（F3.1）；

② A2 轴在 0°±5°范围内（E309.0）；

③ X 轴在 OP140A 取料位（E300.1）；

④ X 轴在 OP140B 取料位（E300.3）；

⑤ X 轴在#1 抽检位（E300.5）；

⑥ X 轴在 OP150A 放料位（E300.7）；

⑦ X 轴在 OP150B 放料位（E301.1）；

⑧ X 轴在 OP160A 取料位（E301.5）；

⑨ X 轴在 OP160B 取料位（E301.7）；

⑩ X 轴在下料位（E302.1）。

A2 轴互锁 PMC 程序如下：

```
RD        E300.1;"X_OP140A 取_OK"
OR        E300.3;"X_OP140B 取_OK"
RD.STK    E300.5;"X_CHK#1_OK"
AND       R795.0;"#1 抽检台在位"
OR.STK
OR        E300.7;"X_OP150A 放_OK"
OR        E301.1;"X_OP150B 放_OK"
OR        E301.5;"X_OP160A 取_OK"
OR        E301.7;"X_OP160B 取_OK"
OR        E302.1;"X_OUT_ROLL_OK"
OR        E309.0;"A2＝0"
OR        F3.1;"MH"
WRT       G130.4;"A2 轴互锁"
```

5.3.3　手轮进给相关接口信号及参数

1. 手轮进给轴选

手轮进给方式下，通过手轮进给轴选择信号选定移动坐标轴后，旋转手摇脉冲发生器，可以使坐标轴进行微量移动。手摇脉冲发生器旋转一个刻度（一格），轴产生的移动量等于最小输入增量，另外，每旋转一个刻度，轴的移动也可以选择最小输入增量的 10 倍或其他倍数的移动量（由参数 7113 和 7114 所定义的倍数）。手轮移动倍率可以由手轮增量选择信号选择。

参数 7100♯0（JHD）可选择在 JOG 方式下手轮进给是否有效。

参数 7102♯0（HNGx）可以改变旋转手轮时坐标轴的移动方向，从而使手轮旋转方向与轴的移动方向相对应。

HSnA～HSnD：手轮进给轴选择信号。这些信号选择手轮进给作用于哪一坐标轴，见图 5-8。每一个手摇脉冲发生器（最多 3 台）与一组信号相对应，每组信号包括 4 个，分别是 A、B、C、D，信号名中的数字表明所用的手摇脉冲发生器的编号。编码信号

	#7	#6	#5	#4	#3	#2	#1	#0
G18	HS2D	HS2C	HS2B	HS2A	HS1D	HS1C	HS1B	HS1A
G19					HS3D	HS3C	HS3B	HS3A

图 5-8　手轮进给轴选择信号

A、B、C、D 与进给轴的对应关系如表 5-7 所示。

表 5-7　手轮进给轴选择信号

手轮进给轴选择				进给轴
HSnD	HSnC	HSnB	HSnA	
0	0	0	0	不选择（无进给轴）
0	0	0	1	第 1 轴
0	0	1	0	第 2 轴
0	0	1	1	第 3 轴
0	1	0	0	第 4 轴
0	1	0	1	第 5 轴
0	1	1	0	第 6 轴
0	1	1	1	第 7 轴
1	0	0	0	第 8 轴

2. 手轮倍率

MP1，MP2（G19.4，G19.5）：手轮进给倍率选择信号。

MP21，MP22（G87.0，G87.1）：第 2 手轮进给倍率选择信号。

MP31，MP32（G87.3，G87.4）：第 3 手轮进给倍率选择信号。

此 3 组信号用于手轮进给或手轮进给中断期间，确定手摇脉冲发生器所产生的每个脉冲的移动距离。手轮倍率信号和位移量的对应关系见表 5-8。

表 5-8　手轮倍率信号和位移量的对应关系

手轮倍率信号						移动距离
MP2(G19.5)	MP22(G87.1)	MP32(G87.4)	MP1(G19.4)	MP21(G87.0)	MP31(G87.3)	手轮进给
0			0			最小输入增量×1
0			1			最小输入增量×10
1			0			最小输入增量×m
1			1			最小输入增量×n

参数 7100♯5（MPx）用于选择哪组倍率信号有效。参数 7100♯5＝0，手轮倍率信号 MP1、MP2 作用于所有手轮；参数 7100♯5＝1，各个手轮的倍率信号独立，手轮倍率信号 MP1、MP2 只作用于第 1 手轮，具体见表 5-9。

表 5-9　参数 7100♯5 与手轮倍率信号的对应关系

参数 7100♯5	手轮	手轮倍率	设定倍率参数	
			m	n
0	所有手轮	MP1、MP2	No7113	No7114
1	第 1 手轮	MP1、MP2	No7113	No7114
	第 2 手轮	MP21、MP22	No7131	No7132
	第 3 手轮	MP31、MP32	No7133	No7134

5.3.4　坐标轴手轮进给程序设计

1. 第 1 手轮轴选 PMC 程序

便携式手轮操作盒上的手轮定义为第 1 手轮，其脉冲信号接入 I/O 单元 1 上 JA3 接口，连接电路如图 5-9 所示。

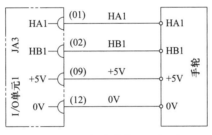

图 5-9　手轮脉冲信号电气图

便携式手轮操作盒上还拥有 1 个轴选开关和 1 个手轮倍率开关，其信号接入 I/O 单元 1 上 CB104-1 接口，连接电路如图 5-10 所示。

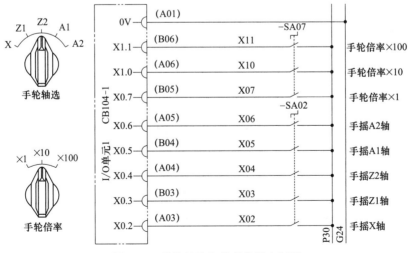

图 5-10　手轮轴选与倍率信号电气图

第 1 手轮进给 PMC 程序如下：

① 按表 5-7，选择第 1、3、5 轴，即 X 轴、Z2 轴、A2 轴，信号 G18.0（HS1A）置 1。

```
X0000.2  F0003.1                                        G0018.0
──┤├──────┤├──────────────────────────────────────────○────  HS1A
 HX_SEL    MH
X0000.4
──┤├──
 HZ2_SEL
X0000.6
──┤├──
 HA2_SEL
```

② 按表 5-7，选择第 2、3 轴，即 Z1 轴、Z2 轴，信号 G18.1（HS1B）置 1。

```
X0000.3  F0003.1                                        G0018.1
──┤├──────┤├──────────────────────────────────────────○────  HS1B
 HZ1_SEL    MH
X0000.4
──┤├──
 HZ2_SEL
```

③ 按表 5-7，选择第 4、5 轴，即 A1 轴、A2 轴，信号 G18.2（HS1C）置 1。

```
X0000.5  F0003.1                                        G0018.2
──┤├──────┤├──────────────────────────────────────────○────  HS1C
 HA1_SEL    MH
X0000.6
──┤├──
 HA2_SEL
```

④ 按表 5-8，倍率×10，倍率信号 G19.4（MP1）置 1；倍率×100，倍率信号 G19.5（MP2）置 1。参数№7113＝100。

```
X0001.0  F0003.1                                        G0019.4
──┤├──────┤├──────────────────────────────────────────○────  MP1
 H10_SEL    MH
X0001.1  F0003.1                                        G0019.5
──┤├──────┤├──────────────────────────────────────────○────  MP2
 H100_SEL   MH
```

2. 第 2 手轮轴选 PMC 程序

iPendant 上手轮定义为第 2 手轮。其轴选和倍率选择在触摸屏上操作，见图 5-11。第 2 手轮使用独立倍率信号，共设 4 个挡位倍率。

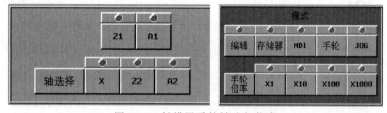

图 5-11　触摸屏手轮轴选与倍率

触摸屏上手轮有关按钮与指示灯信号地址如表 5-10 所示。

表 5-10　触摸屏上手轮有关按钮与指示灯信号地址

序号	名称	按钮地址	指示灯地址	序号	名称	按钮地址	指示灯地址
1	X	R552.0	R553.0	6	×1	R550.0	R551.0
2	Z1	R552.1	R553.1	7	×10	R550.1	R551.1
3	Z2	R552.2	R553.2	8	×100	R550.2	R551.2
4	A1	R552.3	R553.3	9	×1000	R550.3	R551.3
5	A2	R552.4	R553.4				

iPendant 相关系统参数设定如下：

① No3206#7＝1：CNC 双显功能使用。

② No11540＝2：iPendant 操作模式控制信号使用 R 地址。

③ No11541＝1200：iPendant 操作模式控制信号使用地址 R1200。

④ No11542＝2：iPendant 按键信号使用 R 地址。

⑤ No11543＝500：iPendant 按键信号使用地址 R500，长度 10 个字节。

⑥ No11546＝2：iPendant 上手轮接口号。

第 2 手轮轴选 PMC 程序如下：

① iPendant 进入 M-OPE 模式时，使能手轮 2。

```
R0500.0                                                    R1200.2
 ┤├                                                    ─○─  iPendant手轮可用
 MOPEC
```

② X 轴选信号保持。

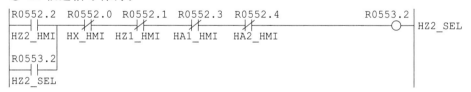

③ Z1 轴选信号保持。

④ Z2 轴选信号保持。

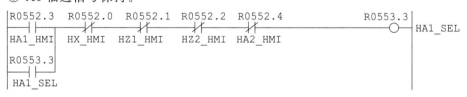

⑤ A1 轴选信号保持。

⑥ A2 轴选信号保持。

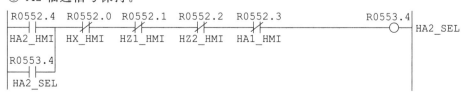

⑦ 按表 5-7，选择第 1、3、5 轴，即 X 轴、Z2 轴、A2 轴，信号 G18.4（HS2A）为 1。

```
  R0553.0                                                    G0018.4
 ──┤├──────────────────────────────────────────────────────○── HS2A
  HX_SEL
  R0553.2
 ──┤├──
  HZ2_SEL
  R0553.4
 ──┤├──
  HA2_SEL
```

⑧ 按表 5-7，选择第 2、3 轴，即 Z1 轴、A2 轴，信号 G18.5（HS2B）为 1。

```
  R0553.2                                                    G0018.5
 ──┤├──────────────────────────────────────────────────────○── HS2B
  HZ2_SEL
  R0553.1
 ──┤├──
  HZ1_SEL
```

⑨ 按表 5-7，选择第 4、5 轴，即 A1 轴、A2 轴，信号 G18.6（HS2C）为 1。

```
  R0553.3                                                    G0018.6
 ──┤├──────────────────────────────────────────────────────○── HS2C
  HA1_SEL
  R0553.4
 ──┤├──
  HA2_SEL
```

第 2 手轮倍率 PMC 程序如下：

① 手轮倍率选择×1。

```
  R0550.0   R0550.1    R0550.2    R0550.3                     R0551.0
 ──┤├───────┤/├────────┤/├────────┤/├──────────────────────○── X1_SEL
  X1_HMI   X10_HMI   X100_HMI  X1000_HMI
  R0551.0
 ──┤├──
  X1_SEL
```

② 手轮倍率选择×10。

```
  R0550.1   R0550.0    R0550.2    R0550.3                     R0551.1
 ──┤├───────┤/├────────┤/├────────┤/├──────────────────────○── X10_SEL
  X10_HMI   X1_HMI   X100_HMI  X1000_HMI
  R0551.1
 ──┤├──
  X10_SEL
```

③ 手轮倍率选择×100。参数№7131＝100。

```
  R0550.2   R0550.0    R0550.1    R0550.3                     R0551.2
 ──┤├───────┤/├────────┤/├────────┤/├──────────────────────○── X100_SEL
  X100_HMI   X1_HMI   X10_HMI  X1000_HMI
  R0551.2
 ──┤├──
  X100_SEL
```

④ 手轮倍率选择×1000。参数№7132＝1000。

```
  R0550.3   R0550.0    R0550.1    R0550.2                     R0551.3
 ──┤├───────┤/├────────┤/├────────┤/├──────────────────────○── X1000_SEL
  X1000_HMI   X1_HMI   X10_HMI  X1000_HMI
  R0551.3
 ──┤├──
  X1000_SEL
```

⑤ 按表 5-8，手轮倍率选择×10 和×1000 时，G87.0（MP21）为 1。

⑥ 按表 5-8，手轮倍率选择×100 和×1000 时，G87.1（MP22）为 1。

5.3.5　JOG 进给相关接口信号及参数

1. JOG 进给轴方向选择

在 JOG 方式下，进给轴方向选择信号置为 1，将会使坐标轴沿着所选方向连续移动。一般，手动 JOG 进给，在同一时刻仅允许一个轴移动，但通过设定参数 1002♯0（JAX）也可选择 3 个轴同时移动。JOG 进给速度由参数 1423 来定义。使用 JOG 进给速度倍率开关可调整 JOG 进给速度。快速进给被选择后，以快速进给速度移动，此时与 JOG 进给速度倍率开关信号无关。

JOG 进给中，当 $+Jn$ 或 $-Jn$ 进给轴方向选择信号为 1 时，坐标轴连续进给。

① $+Jn$（G100）或 $-Jn$（G102）：轴进给方向信号，见图 5-12。信号名中的符号（+或−）指明进给方向。J 后所跟数字表明控制轴号。

	#7	#6	#5	#4	#3	#2	#1	#0
G100	+J8	+J7	+J6	+J5	+J4	+J3	+J2	+J1
G102	−J8	−J7	−J6	−J5	−J4	−J3	−J2	−J1

图 5-12　轴进给方向信号

② RT（G19.7）：手动快速进给选择信号。在 JOG 进给方式下用此信号选择快速进给速度。

2. JOG 进给倍率

$*JV0\sim *JV15$（G10～G11）：手动进给速度倍率信号。该信号用来选择 JOG 进给或增量进给方式的速率。这些信号是 16 位的二进制编码信号，它对应的倍率如下所示：

$$倍率值(\%) = 0.01\% \times \sum_{i=0}^{15} |2^i \times V_i|$$

此处，当 $*JVi$ 为"1"时，$V_i = 0$；当 $*JVi$ 为"0"时，$V_i = 1$。

当所有的信号（$*JV0\sim *JV15$）全部为"1"或"0"时，倍率值为 0，在这种情况下，进给停止。倍率可以 0.01% 的间隔在 0%～655.34% 的范围内定义。

$*JV0\sim *JV15$ 倍率信号与倍率值的关系见表 5-11。

表 5-11　JOG 倍率信号与倍率值的关系

$*JV0\sim *JV15$（G10～G11）				倍率值/%
#15～#12	#11～#8	#7～#4	#3～#0	
1111	1111	1111	1111	0
1111	1111	1111	1110	0.01
1111	1111	1111	0101	0.10

续表

| *JV0~*JV15(G10~G11) | | | | 倍率值/% |
#15~#12	#11~#8	#7~#4	#3~#0	
1111	1111	1001	1011	1.00
1111	1100	0001	0111	10.00
1101	1000	1110	1111	100.00
0110	0011	1011	1111	400.00
0000	0000	0000	0001	655.34
0000	0000	0000	0000	0

3. 快进倍率

4挡倍率（F_0，25%，50%，100%）可用于快速移动速度。F_0由参数1421设定。

ROV1，ROV2（G14.0，G14.1）：快速移动倍率信号。编码信号与快移倍率的对应关系见表5-12。

表5-12　快速移动倍率信号与快移倍率的对应关系

| 快速移动倍率信号 | | 倍率值 | 快速移动倍率信号 | | 倍率值 |
ROV1(G14.0)	ROV2(G14.1)		ROV1(G14.0)	ROV2(G14.1)	
0	0	100%	1	0	25%
0	1	50%	1	1	F_0

5.3.6　坐标轴JOG进给程序设计

1. 坐标轴JOG进给方向控制

坐标轴JOG进给方向按钮有2组信号：一组为iPendant上按键＋J1~＋J5和－J1~－J5，轴1~轴5分别对轴X、Z1、Z2、A1、A2，见图5-13；另一组为触摸屏上按键，见图5-14。

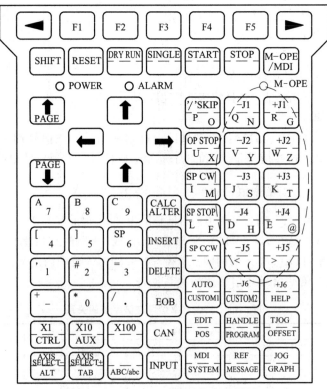

图5-13　iPendant上轴进给方向按键

2组JOG进给方向按键信号定义相同的地址，见表5-13。

图5-14 触摸屏上轴进给方向按键

表5-13 JOG进给方向按键信号地址

iPendant按键	触摸屏按键	地址
+J1	X轴正向	R506.5
+J2	Z1轴正向	R507.0
+J3	Z2轴正向	R507.3
+J4	A1轴正向	R507.6
+J5	A2轴正向	R508.1
−J1	X轴负向	R506.4
−J2	Z1轴负向	R502.5
−J3	Z2轴负向	R507.2
−J4	A1轴负向	R507.5
−J5	A2轴负向	R508.0

坐标轴JOG进给方向控制PMC程序如下：

```
RD        R506.5;"＋J1_PB"
WRT       G100.0;"J1＋"
RD        R506.4;"－J1_PB"
WRT       G102.0;"J1－"
RD        R507.0;"＋J2_PB"
WRT       G100.1;"J2＋"
RD        R502.5;"－J2_PB"
WRT       G102.1;"J2－"
RD        R507.3;"＋J3_PB"
WRT       G100.2;"J3＋"
RD        R507.2;"－J3_PB"
WRT       G102.2;"J3－"
RD        R507.6;"＋J4_PB"
WRT       G100.3;"J4＋"
RD        R507.5;"－J4_PB"
WRT       G102.3;"J4－"
RD        R508.1;"＋J5_PB"
WRT       G100.4;"J5＋"
RD        R508.0;"－J5_PB"
WRT       G102.4;"J5－"
```

2. JOG 倍率

JOG倍率修调只在触摸屏上操作，设两个按键，一个为"倍率＋"按键（地址R7.0），按一下倍率增加10%，最高加到150%为止；另一个为"倍率－"按键（地址R7.1），按一下倍率减少10%，最低减到0%为止，如图5-15所示。触摸屏上实际倍率值（间隔：1%）显示变量为D10。

图5-15 触摸屏JOG倍率修调

JOG倍率PMC程序如下：
① "JV＋_PB"按键上升沿。

```
 R0007.0   R0208.1                                          R0208.0
───┤├────────┤/├──────────────────────────────────────────────( )───  JV+U
  JV+_PB     JV+D

 R0007.0                                                     R0208.1
───┤├─────────────────────────────────────────────────────────( )───  JV+D
  JV+_PB
```

② "JV－_PB" 按键上升沿。

```
 R0007.1   R0208.3                                          R0208.2
───┤├────────┤/├──────────────────────────────────────────────( )───  JV－U
  JV－_PB    JV－D

 R0007.1                                                     R0208.3
───┤├─────────────────────────────────────────────────────────( )───  JV－D
  JV－_PB
```

③ 按一下 "JV＋_PB" 按键，倍率增加 10%，即倍率 D10＝D10＋10。

```
 R0501.1  RST   ┌──────────┬──────┐                         R0501.0
───┤├────────── │ SUB36    │ 0002 │───────────────────────────( )───  ERR10
 R0208.0  ACT   │ ADDB     │      │
───┤├────────── │          │ D0010│
                │          │      │
                │          │ 0000000010
                │          │      │
                │          │ D0010│
                └──────────┴──────┘
```

④ 按一下 "JV－_PB" 按键，倍率减少 10%，即倍率 D10＝D10－10。

```
 R0501.2  RST   ┌──────────┬──────┐                         R0501.2
───┤├────────── │ SUB37    │ 0002 │───────────────────────────( )───  ERR11
 R0208.2  ACT   │ SUBB     │      │
───┤├────────── │          │ D0010│
                │          │      │
                │          │ 0000000010
                │          │      │
                │          │ D0010│
                └──────────┴──────┘
```

⑤ 如果倍率 D10＜0，则让 D10＝0。

```
 R9091.1  ACT   ┌──────────┬──────────────┐
───┤├────────── │ SUB32    │ 0002         │───────────────────
                │ COMPB    │              │
                │          │ 0000000000   │
                │          │              │
                │          │ D0010        │
                └──────────┴──────────────┘

 R9000.1                                                     R0208.4
───┤/├─────────────────────────────────────────────────────────( )───  D10＜0
 R0208.4  ACT   ┌──────────┬──────────────┐
───┤├────────── │ SUB40    │ 0002         │───────────────────
                │ NUMEB    │              │
                │          │ 0000000000   │
                │          │              │
                │          │ D0010        │
                └──────────┴──────────────┘
```

⑥ 如果倍率 D10＞150，则让 D10＝150。

```
 R9091.1  ACT   ┌──────────┬──────────────┐
───┤├────────── │ SUB32    │ 0002         │───────────────────
                │ COMPB    │              │
                │          │ 0000000150   │
                │          │              │
                │          │ D0010        │
                └──────────┴──────────────┘

 R9000.1                                                     R0208.5
───┤├─────────────────────────────────────────────────────────( )───  D10＞150
 R0208.5  ACT   ┌──────────┬──────────────┐
───┤├────────── │ SUB40    │ 0002         │───────────────────
                │ NUMEB    │              │
                │          │ 0000000150   │
                │          │              │
                │          │ D0010        │
                └──────────┴──────────────┘
```

⑦ 由于 JOG 倍率接口信号 G10 的间隔为 0.01%，因此计算 D20＝D10×100。

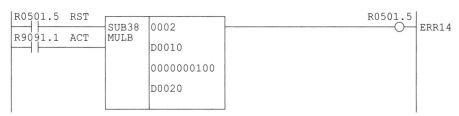

⑧ 由于 JOG 倍率接口信号 G10 为低电平有效，因此 D20 按位取非，输出给 JOG 倍率接口信号 G10。

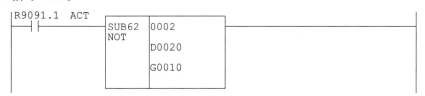

5.4　数控桁架机器人 M 功能设计

5.4.1　数控桁架机器人 M 功能定义

缸体数控桁架机器人一共定义了三类 M 功能：

① 手爪动作 M 功能；

② 安全检查 M 功能；

③ 信号交互 M 功能。

该数控桁架机器人有 2 个手爪，其张开和闭合均为气动动作，定义 4 个 M 功能用于手爪的张开和闭合动作控制，具体定义见表 5-14。

表 5-14　手爪动作 M 功能定义

序号	M 功能	定义	序号	M 功能	定义
1	M10	Z1 手爪闭合	3	M13	Z2 手爪闭合
2	M11	Z1 手爪张开	4	M14	Z2 手爪张开

数控桁架机器人安全检查 M 功能主要包括轴是否在安全位置、手爪是否有料等，具体定义见表 5-15。

表 5-15　安全检查 M 功能定义

序号	M 功能	定义	序号	M 功能	定义
1	M38	Z1 手爪有料检查	5	M69	Z 安全位置检查
2	M39	Z1 手爪无料检查	6	M70	Z、A 安全位置检查
3	M40	Z2 手爪有料检查	7	M71	A 安全位置检查
4	M41	Z2 手爪无料检查			

数控桁架机器人信号交互 M 功能主要包括各个工位放料完成、取料完成等，具体定义见表 5-16。

表 5-16　信号交互 M 功能定义

序号	M 功能	定义	序号	M 功能	定义
1	M20	请求信号确认	11	M50	请求响应确认
2	M21	OP140A 放料完成	12	M51	OP140A 取料完成
3	M22	OP150A 放料完成	13	M52	OP150A 取料完成
4	M23	OP140B 放料完成	14	M53	OP140B 取料完成
5	M24	OP150B 放料完成	15	M54	OP150B 取料完成
6	M25	OP160A 放料完成	16	M55	OP160A 取料完成
7	M26	OP160B 放料完成	17	M56	OP160B 取料完成
8	M27	下料辊道放料完成	18	M28	上料辊道取料完成
9	M31	♯1 抽检台放料完成	19	M33	♯1 抽检台取料完成
10	M32	♯2 抽检台放料完成	20	M34	♯2 抽检台取料完成

5.4.2　数控桁架机器人手爪动作 M 功能互锁设计

1. Z1 手爪互锁设计

按照分工，Z1 手爪在上料辊道取料，在 OP140A 和 OP140B 工位放料，在 OP150A 和 OP150B 工位取料，在♯2 抽检台放料和取料，在 OP160A 和 OP160B 工位放料。Z1 手爪一共 8 个操作工位。Z1 手爪允许动作的条件即为在相应操作工位 X 和 Z1 轴均到位。

使用软位置开关信号进行互锁，Z1 手爪互锁 PMC 程序如下：

2. Z2 手爪互锁设计

按照分工，Z2 手爪在 OP140A 和 OP140B 工位取料，在♯1 抽检台放料和取料，在 OP150A 和 OP150B 工位放料，在 OP160A 和 OP160B 工位取料，在下料辊道放料。Z2 手爪一共 8 个操作工位。Z2 手爪允许动作的条件即为在相应操作工位 X 和 Z2 轴均到位。

使用软位置开关信号进行互锁，Z2 手爪互锁 PMC 程序如下：

5.4.3　数控桁架机器人手爪动作 M 功能设计

1. M 功能相关接口信号及参数

当 CNC 程序指定了 M 代码时，代码信号和选通信号被送给 PMC。PMC 用这些信号启动或关断相关功能。1 个程序段最多可指定 3 个 M 代码。通常，在 1 个程序段中只能指定 1 个 M 代码。参数№3030 指定 M 代码的最大位数，如果指定的值超出了最大位数，就会发生报警。

M 功能的处理时序见图 5-16。其基本处理过程如下：

① 假定在程序中指定 M××：对于 M 代码，受参数 3030 设定的允许位数限制，如果指定的位数超过了设定值，就发生报警。

② 送出代码信号 M00～M31（F10～F13）后，经过参数 3010 设定的时间 TMF（标准值为 16ms），选通信号 MF（F7.0）置为 1。代码信号 M00～M31 是用二进制表达的程序指令值××。如果移动、暂停、主轴速度或其他功能与辅助功能在同一程序段被执行，当送出

辅助功能的代码信号时，开始执行其他功能。

③ 当选通信号 MF（F7.0）置 1 时，PMC 读取代码信号并执行相应的操作。

④ 在一个程序段中指定的移动、暂停或其他功能结束后，需等待分配结束信号 DEN（F1.3）置 1，才能执行另一个操作。

⑤ M 功能操作结束后，PMC 将结束信号 FIN（G4.3）设定为 1。结束信号用于 M 功能、S 功能、T 功能、B 功能的结束。如果同时执行这些功能，必须等到所有功能都结束后，结束信号才能设定为 1。

⑥ 如果结束信号为 1 的持续时间超过了参数 №3011 所设定的时间周期 TFIN（标准值为 16ms），CNC 将选通信号 MF（F7.0）置为 0，并通知已收到结束信号。

⑦ 当选通信号 MF（F7.0）为 0 时，在 PMC 中将结束信号 FIN（G4.3）置为 0。

⑧ 当结束信号 FIN（G4.3）为 0 时，CNC 将所有代码信号 M00～M31（F10～F13）置为 0，并结束辅助功能的全部顺序操作。

⑨ 一旦同一程序段中的其他指令操作都已完成，CNC 就执行下一个程序段。

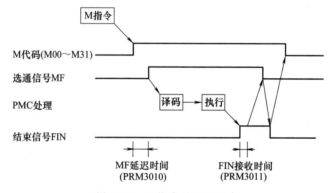

图 5-16　M 指令的处理时序

2. 电气原理图设计

1）输出信号相关电气原理图设计

数控桁架机器人手爪 1 闭合/张开输出地址为 Y4.1/Y4.2，手爪 2 闭合/张开输出地址为 Y4.4/Y4.5，它们全部接 I/O 单元 1 的 CB106-1 接口。4 个输出信号经中间继电器驱动相应气动电磁阀，具体电气原理图见图 5-17。

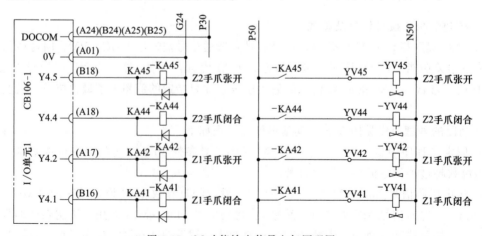

图 5-17　M 功能输出信号电气原理图

2）输入信号相关电气原理图设计

数控桁架机器人手爪 M 功能输入信号包括按钮信号和动作到位开关检测信号。

为方便手动操作，数控桁架机器人手爪 1 和手爪 2 分别设置 2 个按钮，信号接入 I/O 单元 1 的 CB105-1 接口，具体电气原理图如图 5-18 所示。

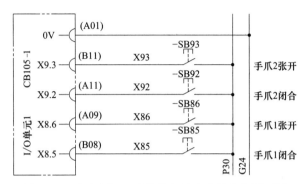

图 5-18 手爪动作 M 功能按钮输入信号电气原理图

为了检测手爪动作是否到位，手爪 1 和手爪 2 分别设置了 4 个接近开关，用于检测气缸动作到位与否，因输入接口采用漏型接法，接近开关全部为 PNP 型三线式，具体电气原理图如图 5-19 所示。

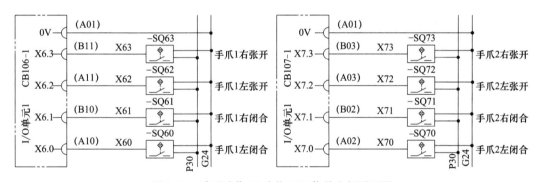

图 5-19 手爪动作 M 功能 I/O 信号电气原理图

3. 手爪动作 M 功能程序设计

1）手爪动作 M 功能译码

M08～M15 连续 8 个 M 代码译码，结果输出到 R101，其中 M10（R101.2）/M11（R101.3）用于 Z1 手爪闭合/张开，M13（R101.5）/M14（R101.6）用于 Z2 手爪闭合/张开。

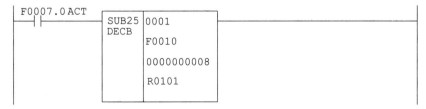

2）Z1 手爪闭合 M10 动作

存储器方式下，通过 M10 代码启动 Z1 手爪闭合；非存储器方式下，通过主面板按钮 SB85（地址 X8.5）或触摸屏按钮 R860.0 启动 Z1 手爪闭合。所有方式，Z1 手爪互锁信号 R21.0 为 1 时，才允许 Z1 手爪闭合操作。

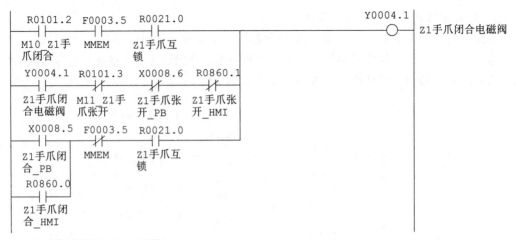

3）Z1 手爪张开 M11 动作

存储器方式下，通过 M11 代码启动 Z1 手爪张开；非存储器方式下，通过主面板按钮 SB86（地址 X8.6）或触摸屏按钮 R860.1 启动 Z1 手爪张开。所有方式，Z1 手爪互锁信号 R21.0 为 1 时，才允许 Z1 手爪张开操作。

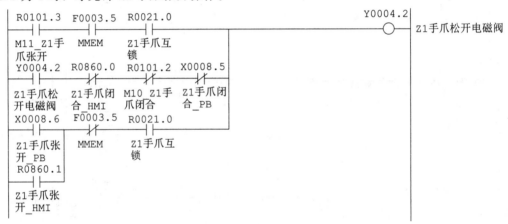

4）Z2 手爪闭合 M13 动作

存储器方式下，通过 M13 代码启动 Z2 手爪闭合；非存储器方式下，通过主面板按钮 SB92（地址 X9.2）或触摸屏按钮 R850.0 启动 Z2 手爪闭合。所有方式，Z2 手爪互锁信号 R21.1 为 1 时，才允许 Z2 手爪闭合操作。

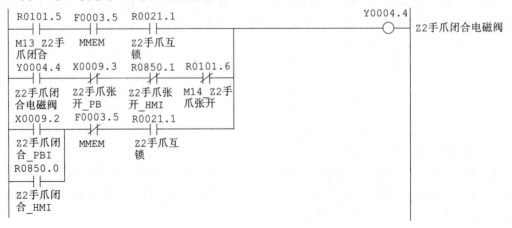

5）Z2 手爪张开 M14 动作

存储器方式下，通过 M14 代码启动 Z2 手爪张开；非存储器方式下，通过主面板按钮 SB93（地址 X9.3）或触摸屏按钮 R850.1 启动 Z2 手爪张开。所有方式，Z2 手爪互锁信号 R21.1 为 1 时，才允许 Z2 手爪张开操作。

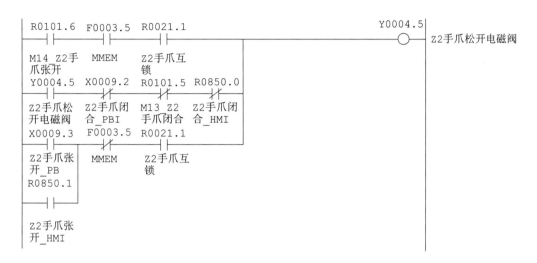

6）手爪动作 M 功能完成

手爪闭合或张开动作完成通过到位接近开关确认，且对开关信号进行了延时处理，可根据开关实际安装情况，适当调整延时时间。

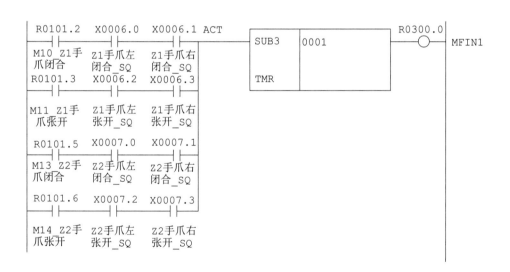

5.4.4　数控桁架机器人安全检查 M 功能设计

1. 电气原理图设计

为确保操作安全，手爪 1 和手爪 2 上设置了有料检测开关 SQ64 和 SQ74；Z1、Z2、A1、A2 坐标轴原位也设置了检测开关 SQ103、SQ112、SQ65、SQ75。其电气原理图如图 5-20 所示。

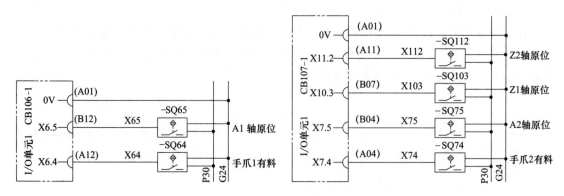

图 5-20   安全检测 M 功能电气原理图

2. 安全检查 M 功能程序设计

1）安全检查 M 功能译码

① 手爪 1 有无料检查 M 功能译码。M32～M39 连续 8 个 M 代码译码，结果输出到 R104，其中 M38（R104.6）/M39（R104.7）用于检查 Z1 手爪有料无料。

```
F0007.0 ACT
──┤├──────┌────────┬──────┐
          │ SUB25  │ 0001 │
          │ DECB   │      │
          │        │ F0010│
          │        │      │
          │        │0000000032
          │        │      │
          │        │ R0104│
          └────────┴──────┘
```

② 手爪 2 有无料检查 M 功能译码。M40～M47 连续 8 个 M 代码译码，结果输出到 R105，其中 M40（R105.0）/M41（R105.1）用于检查 Z2 手爪有料无料。

```
F0007.0 ACT
──┤├──────┌────────┬──────┐
          │ SUB25  │ 0001 │
          │ DECB   │      │
          │        │ F0010│
          │        │      │
          │        │0000000040
          │        │      │
          │        │ R0105│
          └────────┴──────┘
```

③ 轴安全位置检查 M 功能译码。M64～M71 连续 8 个 M 代码译码，结果输出到 R108，其中 M69（R108.5）/M70（R108.6）/M71（R108.7）用于检查轴是否在安全位置。

```
F0007.0 ACT
──┤├──────┌────────┬──────┐
          │ SUB25  │ 0001 │
          │ DECB   │      │
          │        │ F0010│
          │        │      │
          │        │0000000064
          │        │      │
          │        │ R0108│
          └────────┴──────┘
```

2）安全检查 M 功能完成信号

① 通过手爪有料开关 SQ64 和 SQ74，分别确认手爪 1 和手爪 2 有料无料检查 M 功能完成。手爪有料检查可以通过触摸屏上按钮开关 R807.6 进行屏蔽，在不带料空运转时需要此项操作。

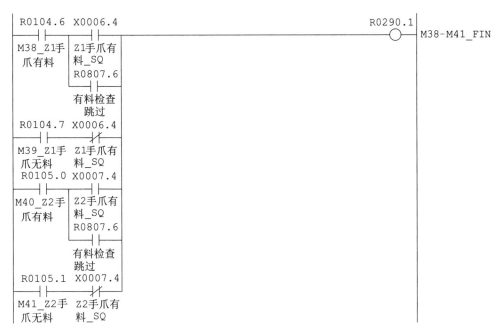

② 通过 Z1 原位开关 SQ103 和 Z2 原位开关 SQ112，确认 Z 轴处于安全位置；通过 A1 原位开关 SQ65 和 A2 原位开关 SQ75，确认 A 轴处于安全位置。

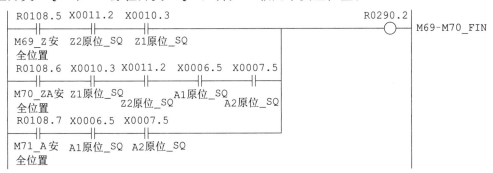

③ 安全检查 M 功能完成信号汇总。

```
R0290.1                                                              R0300.1
├─┤├──────────────────────────────────────────────────────────────○───  MFIN2
M38-M41_
FIN
R0290.2
├─┤├──
M69-M70_
FIN
```

5.4.5　数控桁架机器人信号交互 M 功能设计

1. 电气原理图设计

缸体线各机床加工工位放料/取料请求信号是数控桁架机器人与各机床间的交互信号，其电气原理图如图 5-21 所示。图中 P1/N1 为各机床的 DC24V 电源；I/O 单元 2 为数控机器人侧的 I/O 模块，漏型输入连接；OD32D2 为机床侧的机架 I/O 模块，源型输出连接。这些信号除用于放料/取料启动外，还用于信号交互有关 M 代码的结束信号。

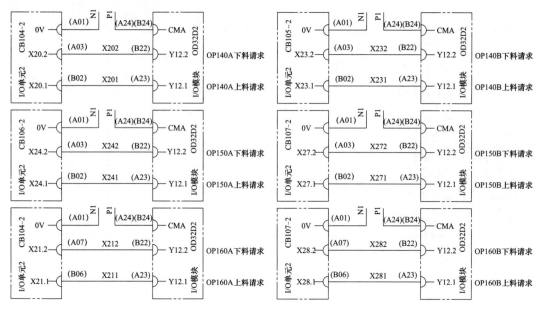

图 5-21　信号交互 M 功能电气原理图

2. 信号交互 M 功能程序设计

1）信号交互 M 功能译码

① M16～M23 代码译码，结果输出到 R102。

```
F0007.0  ACT
 ┤├              SUB25    0001
                 DECB
                         F0010

                         0000000016

                         R0102
```

② M24～M31 代码译码，结果输出到 R103。

```
F0007.0  ACT
 ┤├              SUB25    0001
                 DECB
                         F0010

                         0000000024

                         R0103
```

③ M32～M39 代码译码，结果输出到 R104。

```
F0007.0  ACT
 ┤├              SUB25    0001
                 DECB
                         F0010

                         0000000032

                         R0104
```

④ M48～M55 代码译码，结果输出到 R106。

```
F0007.0  ACT
  ┤├          ┌─────────────────────┐
            │ SUB25  │ 0001        │
            │ DECB   │             │
            │        │ F0010       │
            │        │             │
            │        │ 0000000048  │
            │        │             │
            │        │ R0106       │
            │        │             │
            └─────────────────────┘
```

⑤ M56～M63 代码译码，结果输出到 R107。

```
F0007.0  ACT
  ┤├          ┌─────────────────────┐
            │ SUB25  │ 0001        │
            │ DECB   │             │
            │        │ F0010       │
            │        │             │
            │        │ 0000000056  │
            │        │             │
            │        │ R0107       │
            │        │             │
            └─────────────────────┘
```

2）信号交互 M 功能完成信号

① M21～M26 功能结束。各机床加工工位请求上料信号关闭，结束相应放料完成 M 功能。

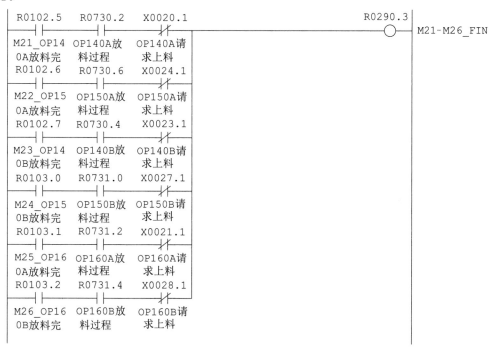

② M51～M56 功能结束。各机床加工工位请求下料信号关闭，结束相应取料完成 M 功能。

③ M27～M28 功能结束。

④ M31～M34 功能结束。

⑤ M50 功能结束。M50 用于结束各工位请求信号，M50 代码发出后延时 500ms 即结束。

⑥ M20 功能结束。

RD	G54.0;"上料线取料请求"
OR	G54.1;"OP140A 取料请求"
OR	G54.2;"OP140A 放料请求"
OR	G54.3;"OP140B 取料请求"
OR	G54.4;"OP140B 放料请求"
OR	G54.5;"OP150A 取料请求"
OR	G54.6;"OP150A 放料请求"
OR	G54.7;"OP150B 取料请求"
OR	G55.0;"OP150B 放料请求"
OR	G55.1;"OP160A 取料请求"
OR	G55.2;"OP160A 放料请求"
OR	G55.3;"OP160B 取料请求"
OR	G55.4;"OP160B 放料请求"
OR	G55.5;"下料线放料请求"
OR	G55.6;"＃1 抽检取料请求"
OR	G55.7;"＃1 抽检放料请求"
OR	G56.0;"＃2 抽检取料请求"
OR	G56.1;"＃2 抽检放料请求"
AND	R102.4;"M20_流程确认"
WRT	R720.0;"M20_FIN"

⑦ 信号交互 M 功能结束信号汇总。

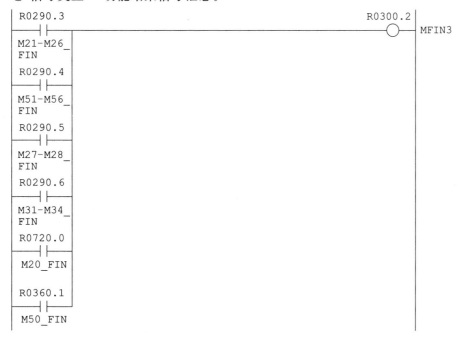

5.4.6　数控桁架机器人 M 功能结束信号处理

3 类 M 功能的结束信号分别是手爪动作 M 功能结束信号 R300.0，安全检查 M 功能结束信号 R300.1，信号交互功能结束信号 R300.2，将它们汇总后输出给接口信号 G4.3。

G4.3（FIN）信号上升沿将关闭 M 功能选通信号 F7.0，G4.3（FIN）信号下降沿将清除 F10～F13 中的 M 代码。

5.5　数控桁架机器人半自动运行控制设计

5.5.1　数控桁架机器人半自动宏程序设计

1. X 定位半自动宏程序

Z1 手爪和 Z2 手爪 X 定位一共 16 个坐标位置，如图 5-22 所示。

Z1 手爪 X 定位一共有 8 个位置：上料端取料位（♯510）、OP140A 放料位（♯520）、OP140B 放料位（♯530）、OP150A 取料位（♯550）、OP150B 取料位（♯560）、♯2 抽检台取放料位（♯570）、OP160A 放料位（♯580）、OP160B 放料位（♯590）。

Z2 手爪 X 定位一共有 8 个位置：OP140A 取料位（♯525）、OP140B 取料位（♯535）、♯1 抽检台取放料位（♯545）、OP150A 放料位（♯555）、OP150B 放料位（♯565）、OP160A 取料位（♯585）、OP160B 取料位（♯595）、下料端放料位（♯600）。

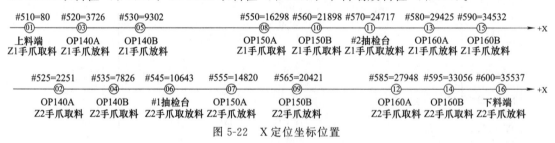

图 5-22　X 定位坐标位置

编写 16 个 X 定位半自动宏程序，手爪 1 取放料 X 定位程序和手爪 2 取放料 X 定位程序各 8 个。具体程序号见表 5-17。

表 5-17　X 定位半自动宏程序

手爪 1			手爪 2		
序号	程序号	功能	序号	M 功能	定义
1	O40	X 定位上料端取料位	1	O41	X 定位 OP140A 取料位
2	O42	X 定位 OP140A 放料位	2	O43	X 定位 OP140B 取料位
3	O44	X 定位 OP140B 放料位	3	O46	X 定位 OP150A 放料位

续表

手爪1			手爪2		
序号	程序号	功能	序号	M功能	定义
4	O45	X定位OP150A取料位	4	O48	X定位OP150B放料位
5	O47	X定位OP150B取料位	5	O49	X定位OP160A取料位
6	O50	X定位OP160A放料位	6	O51	X定位OP160B取料位
7	O52	X定位OP160B放料位	7	O53	X定位♯1抽检台取放料位
8	O54	X定位♯2抽检台取放料位	8	O55	X定位下料端放料位

1）X定位到上料端取料位

O40

M71；A轴安全位置

G01 Z2＝0 F4000

G01 Z1＝0 F6000

G01 A1＝0 F1000

G01 A2＝0 F1000

M70；Z、A轴安全位置

G01 X♯510 F30000；Z1手爪上料端取料X位置

M2

2）X定位到OP140A取料位

O41

M71；A轴安全位置

G01 Z2＝0 F4000

G01 Z1＝0 F6000

G01 A1＝0 F1000

G01 A2＝0 F1000

M70 ；Z、A轴安全位置

G01 X♯525 F30000；Z2手爪OP140A取料X位置

M2

3）X定位到OP140A放料位

O42

M71；A轴安全位置

G01 Z2＝0 F4000

G01 Z1＝0 F4000

G01 A1＝0 F1000

G01 A2＝0 F1000

M70；Z、A轴安全位置

G01 X♯520 F30000；Z1手爪OP140A放料X位置

M2

4）X定位到OP140B取料位

O43

M71；A轴安全位置

G01 Z2＝0 F4000

G01 Z1＝0 F6000

G01 A1＝0 F1000

G01 A2＝0 F1000

M70;Z、A 轴安全位置

G01 X＃535 F30000;Z2 手爪 OP140B 取料 X 位置

M2

5）X 定位到 OP140B 放料位

O44

M71;A 轴安全位置

G01 Z2＝0 F4000

G01 Z1＝0 F4000

G01 A1＝0 F1000

G01 A2＝0 F1000

M70;Z、A 轴安全位置

G01 X＃530 F30000;Z1 手爪 OP140B 放料 X 位置

M2

6）X 定位到 OP150A 取料位

O45

M71;A 轴安全位置

G01 Z2＝0 F4000

G01 Z1＝0 F6000

G01 A1＝0 F1000

G01 A2＝0 F1000

M70;Z、A 轴安全位置

G01 X＃550 F30000;Z1 手爪 OP150A 取料 X 位置

M2

7）X 定位到 OP150A 放料位

O46

M71;A 轴安全位置

G01 Z2＝0 F4000

G01 Z1＝0 F4000

G01 A1＝0 F1000

G01 A2＝0 F1000

M70;Z、A 轴安全位置

G01 X＃555 F30000;Z2 手爪 OP150A 放料 X 位置

M2

8）X 定位到 OP150B 取料位

O47

M71;A 轴安全位置

G01 Z2＝0 F4000

G01 Z1＝0 F6000

G01 A1＝0 F1000

G01 A2＝0 F1000

M70;Z、A 轴安全位置

G01 X＃560 F30000;Z1 手爪 OP150B 取料 X 位置

M2

9）X 定位到 OP150B 放料位

O48

M71;A 轴安全位置

G01 Z2＝0 F4000

G01 Z1＝0 F4000

G01 A1＝0 F1000

G01 A2＝0 F1000

M70;Z、A 轴安全位置

G01 X♯565 F30000;Z2 手爪 OP150B 放料 X 位置

M2

10）X 定位到 OP160A 取料位

O49

M71;A 轴安全位置

G01 Z2＝0 F4000

G01 Z1＝0 F4000

G01 A1＝0 F1000

G01 A2＝0 F1000

M70;Z、A 轴安全位置

G01 X♯585 F30000;Z2 手爪 OP160A 取料 X 位置

M2

11）X 定位到 OP160A 放料位

O50

M71;A 轴安全位置

G01 Z2＝0 F4000

G01 Z1＝0 F4000

G01 A1＝0 F1000

G01 A2＝0 F1000

M70;Z、A 轴安全位置

G01 X♯580 F30000;Z1 手爪 OP160A 放料 X 位置

M2

12）X 定位到 OP160B 取料位

O51

M71;A 轴安全位置

G01 Z2＝0 F4000

G01 Z1＝0 F4000

G01 A1＝0 F1000

G01 A2＝0 F1000

M70;Z、A 轴安全位置

G01 X♯595 F30000;Z2 手爪 OP160B 取料 X 位置

M2

13）X 定位到 OP160B 放料位

O52

M71；A轴安全位置

G01 Z2＝0 F4000

G01 Z1＝0 F4000

G01 A1＝0 F1000

G01 A2＝0 F1000

M70；Z、A轴安全位置

G01 X＃590 F30000；Z1手爪OP160B放料X位置

M2

16）X定位到＃1抽检台取放料位

O53

M71；A轴安全位置

G01 Z2＝0 F4000

G01 Z1＝0 F6000

G01 A1＝0 F1000

G01 A2＝0 F1000

M70；Z、A轴安全位置

G01 X＃545 F30000；Z2手爪＃1抽检台取放料X位置

M2

15）X定位到＃2抽检位

O54

M71；A轴安全位置

G01 Z2＝0 F4000

G01 Z1＝0 F4000

G01 A1＝0 F1000

G01 A2＝0 F1000

M70；Z、A轴安全位置

G01 X＃570 F30000；Z1手爪＃2抽检台取放料X位置

M2

16）X定位到下料端放料位

O55

M71；A轴安全位置

G01 Z2＝0 F4000

G01 Z1＝0 F6000

G01 A1＝0 F1000

G01 A2＝0 F1000

M70；Z、A轴安全位置

G01 X＃600 F30000；Z2手爪下料端放料X位置

M2

2.取料半自动宏程序

　　Z1手爪和Z2手爪取料半自动过程Z轴运动示意图如图5-23所示。如果姿态是0°附近，其姿态调整在Z原位进行，此时取料过程Z轴位置数为3个，即Z原位、逼近位置和到位位置。从逼近位置至到位位置，或从到位位置到逼近位置，运行速度为低速，固定为1000mm/min。其他运行段速度为高速，用变量指定速度。

手爪 1 工件标志变量为♯501，手爪 2 工件标志变量为♯502，♯1 抽检台工件标志变量为♯503，♯2 抽检台工件标志变量为♯504，它们的取值为 0、10、11、12、13、14、15、16。

0：表示手爪无工件。

10：上料端毛坯料。

11：OP140A 已加工完成。

12：OP140B 已加工完成。

13：OP150A 已加工完成。

14：OP150B 已加工完成。

15：OP160A 已加工完成。

16：OP160B 已加工完成。

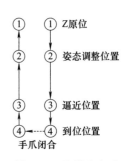

图 5-23 取料半自动
Z 轴运动示意图

取料过程按子程序编写，以方便半自动和全自动调用，Z1 手爪和 Z2 手爪取料半自动宏程序如表 5-18 所示。

表 5-18 取料半自动宏程序

序号	主程序号	子程序号	功能
1	O60	O160	Z1 手爪上料辊道取料
2	O61	O161	Z2 手爪 OP140A 取料
3	O62	O162	Z2 手爪 OP140B 取料
4	O63	O163	Z1 手爪 OP150A 取料
5	O64	O164	Z1 手爪 OP150B 取料
6	O65	O165	Z2 手爪 OP160A 取料
7	O66	O166	Z2 手爪 OP160B 取料
8	O67	O167	Z2 手爪♯1 抽检台取料
9	O68	O168	Z1 手爪♯2 抽检台取料

1）Z1 手爪上料辊道取料

```
O60(UNLOAD_IN_ROLL)
M98 P160
M2
O160(UNLOAD_IN_ROLL)
M50
M39;Z1 手爪无料确认
IF［♯501 NE 0］GOTO10
M70;Z、A 轴安全位置
G01 Z1＝0 F4000
G01 A1＝0 F1000
G01 Z2＝0 F4000
G01 A2＝0 F1000
G01 X♯510 F♯801;手爪 1 定位上料端取料 X 位置
G04 P500
G01 A1＝♯513 F♯812;A1 轴运动调整手爪 1 姿态
G01 Z1＝♯511 F♯802;Z1 逼近位置
G01 Z1＝♯512 F1000;Z1 到位位置
M10;Z1 手爪闭合
```

```
M38；Z1 手爪有料确认
G04 P500
＃501＝10
G01 Z1＝＃511 F1000
G01 Z1＝0 F＃803
G01 A1＝0 F＃812
M70；Z、A 轴安全位置
M28；上料辊道取料完成
GOTO20
N10 ＃3000＝1(Z1 GRIP WORK No ALARM)
N20 M99
```

2）Z2 手爪 OP140A 取料

```
O61(UNLOAD_OP140A)
M98 P161
M2
O161(UNLOAD_OP140A)
M50
M41；Z2 手爪无料确认
IF［＃502 NE 0］GOTO10
M70；Z、A 轴安全位置
G01 Z1＝0 F4000
G01 A1＝0 F1000
G01 Z2＝0 F4000
G01 A2＝0 F1000
G01 X＃525 F＃801；手爪 2 定位 OP140A 取料 X 位置
G04 P500
G01 Z2＝＃529 F＃802；Z2 定位到姿态调整位置
G01 A2＝＃528 F＃812；A2 轴运动调整手爪 2 姿态
G01 Z2＝＃526 F＃802；Z2 逼近位置
G01 Z2＝＃527 F1000；Z2 到位位置
M13；Z2 手爪闭合
G04 P500
G01 Z2＝＃526 F1000
G01 Z2＝＃529 F＃803
G01 A2＝0 F＃812
M40；Z2 手爪有料确认
＃502＝11
G01 Z2＝0 F＃803
M70；Z、A 轴安全位置
M51；OP140A 取料完成
GOTO20
N10 ＃3000＝2(Z2 GRIP WORK No ALARM)
N20 M99
```

3）Z2 手爪 OP140B 取料

O62(UNLOAD_OP140B)

M98 P162

M2

O162(UNLOAD_OP140B)

M50

M41;Z2 手爪无料确认

IF［＃502 NE 0］GOTO10

M70;Z、A 轴安全位置

G01 Z1＝0 F4000

G01 A1＝0 F1000

G01 Z2＝0 F4000

G01 A2＝0 F1000

G01 X＃535 F＃801;手爪 2 定位 OP140B 取料 X 位置

G04 P500

G01 Z2＝＃539 F＃802;Z2 定位到姿态调整位置

G01 A2＝＃538 F＃812;A2 轴运动调整手爪 2 姿态

G01 Z2＝＃536 F＃802;Z2 逼近位置

G01 Z2＝＃537 F1000;Z2 到位位置

M13;Z2 手爪闭合

G04 P500

G01 Z2＝＃536 F1000

G01 Z2＝＃539 F＃803

G01 A2＝0 F＃812

M40;Z2 手爪有料确认

＃502＝12

G01 Z2＝0 F＃803

M70;Z、A 轴安全位置

M53;OP140B 取料完成

GOTO20

N10 ＃3000＝2(Z2 GRIP WORK No ALARM)

N20M99

4）Z1 手爪 OP150A 取料

O63(UNLOAD_OP150A)

M98 P163

M2

O163(UNLOAD_OP150A)

M50

M39;Z1 手爪无料确认

IF［＃501 NE 0］GOTO10

M70;Z、A 轴安全位置

G01 Z1＝0 F4000

G01 A1＝0 F1000

G01 Z2＝0 F4000

G01 A2＝0 F1000

G01 X#550 F#801;手爪 1 定位 OP150A 取料 X 位置

G04 P500

G01 Z1=#554 F#802;Z1 定位到姿态调整位置

G01 A1=#553 F#812;A1 轴运动调整手爪 1 姿态

G01 Z1=#551 F#802;Z1 逼近位置

G01 Z1=#552 F1000;Z1 到位位置

M10;Z1 手爪闭合

G04 P500

G01 Z1=#551 F1000

G01 Z1=#554 F#803

G01 A1=0 F#812

M38;Z1 手爪有料确认

#501=13

G01 Z1=0 F#803

M70;Z、A 轴安全位置

M52;OP150A 取料完成

GOTO20

N10 #3000=1(Z1 GRIP WORK No ALARM)

N20 M99

5）Z1 手爪 OP150B 取料

O64(UNLOAD_OP150B)

M98 P164

M2

O164(UNLOAD_OP150B)

M50

M39;Z1 手爪无料确认

IF［#501 NE 0］GOTO10

M70;Z、A 轴安全位置

G01 Z1=0 F4000

G01 A1=0 F1000

G01 Z2=0 F4000

G01 A2=0 F1000

G01 X#560 F#801;手爪 1 定位 OP150B 取料 X 位置

G04 P500

G01 Z1=#564 F#802;Z1 定位到姿态调整位置

G01 A1=#563 F#812;A1 轴运动调整手爪 1 姿态

G01 Z1=#561 F#802;Z1 逼近位置

G01 Z1=#562 F1000;Z1 到位位置

M10;Z1 手爪闭合

G04 P500

G01 Z1=#561 F1000

G01 Z1=#564 F#803

G01 A1=0 F#812

M38;Z1 手爪有料确认

＃501＝14

G01 Z1＝0 F＃803

M70;Z、A 轴安全位置

M54;OP150B 取料完成

GOTO20

N10＃3000＝1(Z1 GRIP WORK No ALARM)

N20 M99

6) Z2 手爪 OP160A 取料

O65(UNLOAD_OP160A)

M98P165

M2

O165(UNLOAD_OP160A)

M50

M41;Z2 手爪无料确认

IF［＃502 NE 0］GOTO10

M70;Z、A 轴安全位置

G01 Z1＝0 F4000

G01 A1＝0 F1000

G01 Z2＝0 F4000

G01 A2＝0 F1000

G01 X＃585 F＃801;手爪 2 定位 OP160A 取料 X 位置

G04 P500

G01 A2＝＃588 F＃812;A2 轴运动调整手爪 2 姿态

G01 Z2＝＃586 F＃802;Z2 逼近位置

G01 Z2＝＃587 F1000;Z2 到位位置

M13;Z2 手爪闭合

G04 P500

G01 Z2＝＃586 F1000

G01 Z2＝0 F＃803

G01 A2＝0 F＃812

M40;Z2 手爪有料确认

＃502＝15

M70;Z、A 轴安全位置

M55;OP160A 取料完成

GOTO20

N10＃3000＝2(Z2 GRIP WORK No ALARM)

N20 M99

7) Z2 手爪 OP160B 取料

O66(UNLOAD_OP160B)

M98 P166

M2

O166(UNLOAD_OP160B)

M50

M41;Z2 手爪无料确认

IF［♯502 NE 0］GOTO10

M70；Z、A轴安全位置

G01 Z1＝0 F4000

G01 A1＝0 F1000

G01 Z2＝0 F4000

G01 A2＝0 F1000

G01 X♯595 F♯801；手爪2定位OP160B取料X位置

G04 P500

G01 A2＝♯598 F♯812；A2轴运动调整手爪2姿态

G01 Z2＝♯596 F♯802；Z2逼近位置

G01 Z2＝♯597 F1000；Z2到位位置

M13；Z2手爪闭合

G04 P500

G01 Z2＝♯596 F1000

G01 Z2＝0 F♯803

G01 A2＝0 F♯812

M40；Z2手爪有料确认

♯502＝16

M70；Z、A轴安全位置

M56；OP160B取料完成

GOTO20

N10 ♯3000＝2(Z2 GRIP WORK No ALARM)

N20 M99

8）Z2手爪♯1抽检台取料

O67(UNLOAD_CHK♯1)

M98 P167

M2

O167(UNLOAD_CHK♯1)

M50

M41；Z2手爪无料确认

IF［♯502 NE 0］GOTO10

M70；Z、A轴安全位置

G01 Z1＝0 F4000

G01 A1＝0 F1000

G01 Z2＝0 F4000

G01 A2＝0 F1000

G01 X♯545 F♯801；手爪2定位♯1抽检台取料X位置

G04 P500

G01 Z2＝♯549 F♯802；Z2定位到姿态调整位置

G01 A2＝♯548 F♯812；A2轴运动调整手爪2姿态

G01 Z2＝♯546 F♯802；Z2逼近位置

G01 Z2＝♯547 F1000；Z2到位位置

M13；Z2手爪闭合

G04 P500

G01 Z2＝＃546 F1000

G01 Z2＝＃549 F＃803

G01 A2＝0 F＃812

M40；Z2 手爪有料确认

＃502＝＃503

＃503＝0

G01 Z2＝0 F＃803

M70；Z、A 轴安全位置

M33；＃1 抽检台取料完成

GOTO20

N10 ＃3000＝2(Z2 GRIP WORK No ALARM)

N20 M99

9）Z1 手爪＃2 抽检台取料

O68(UNLOAD_CHK＃2)

M98 P168

M2

O168(UNLOAD_CHK＃2)

M50

M39；Z1 手爪无料确认

IF［＃501 NE 0］GOTO10

M70；Z、A 轴安全位置

G01 Z1＝0 F4000

G01 A1＝0 F1000

G01 Z2＝0 F4000

G01 A2＝0 F1000

G01 X＃570 F＃801；手爪 1 定位＃2 抽检台取料 X 位置

G04 P500

G01 Z1＝＃574 F＃802；Z1 定位到姿态调整位置

G01 A1＝＃573 F＃812；A1 轴运动调整手爪 1 姿态

G01 Z1＝＃571 F＃802；Z1 逼近位置

G01 Z1＝＃572 F1000；Z1 到位位置

M10；Z1 手爪闭合

G04 P500

G01 Z1＝＃571 F1000

G01 Z1＝＃574 F＃803

G01 A1＝0 F＃812

M38；Z1 手爪有料确认

＃501＝＃504

＃504＝0

G01 Z1＝0 F＃803

M70；Z、A 轴安全位置

M34；＃2 抽检台取料完成

GOTO20

N10 ＃3000＝1(Z1 GRIP WORK No ALARM)

N20 M99

3. 放料半自动宏程序

Z1 手爪和 Z2 手爪放料半自动过程 Z 轴运动示意图如图 5-24 所示。如果姿态是 0°附近，其姿态调整在 Z 原位进行，此时放料过程 Z 轴位置数为 3 个，即 Z 原位、逼近位置和到位位置。从逼近位置至到位位置运行速度为低速，固定为 1000mm/min。其他运行段速度为高速，用变量指定速度。

手爪 1 工件标志变量为♯501，手爪 2 工件标志变量为♯502，♯1 抽检台工件标志变量为♯503，♯2 抽检台工件标志变量为♯504，它们的取值为 0、10、11、12、13、14、15、16。

0：表示手爪无工件。

10：上料端毛坯料。

11：OP140A 已加工完成。

12：OP140B 已加工完成。

13：OP150A 已加工完成。

14：OP150B 已加工完成。

15：OP160A 已加工完成。

16：OP160B 已加工完成。

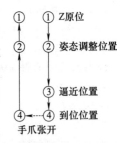

图 5-24　放料半自动
Z 轴运动示意图

放料过程按子程序编写，以方便半自动和全自动调用，Z1 手爪和 Z2 手爪放料半自动宏程序如表 5-19 所示。

表 5-19　放料半自动宏程序

序号	主程序号	子程序号	功能
1	O71	O171	Z1 手爪 OP140A 放料
2	O72	O172	Z1 手爪 OP140B 放料
3	O73	O173	Z2 手爪 OP150A 放料
4	O74	O174	Z2 手爪 OP150B 放料
5	O75	O175	Z1 手爪 OP160A 放料
6	O76	O176	Z1 手爪 OP160B 放料
7	O77	O177	Z2 手爪♯1 抽检台放料
8	O78	O178	Z1 手爪♯2 抽检台放料
9	O70	O170	Z2 手爪下料辊道放料

1）Z1 手爪 OP140A 放料

```
O71(LOAD_OP140A)
M98 P171
M2
O171(LOAD_OP140A)
M50
M38;Z1手爪有料确认
IF[♯501 NE 10]GOTO10
M70;Z、A轴安全位置
G01 Z1＝0 F4000
G01 A1＝0 F1000
G01 Z2＝0 F4000
G01 A2＝0 F1000
G01 X♯520 F♯801;手爪1定位OP140A放料X位置
```

G04 P500

G01 Z1=＃524 F＃804;Z1 定位到姿态调整位置

G01 A1=＃523 F＃812;A1 轴运动调整手爪 1 姿态

G01 Z1=＃521 F＃804;Z1 逼近位置

G01 Z1=＃522 F1000;Z1 到位位置

M11;Z1 手爪张开

G04 P500

G01 Z1=＃524 F＃805

G01 A1=0 F＃812

M39;Z1 手爪无料确认

＃501=0

G01 Z1=0 F＃805

M70;Z、A 轴安全位置

M21;OP140A 放料完成

GOTO20

N10 ＃3000=1(Z1 GRIP WORK No ALARM)

N20 M99

2）Z1 手爪 OP140B 放料

O72(LOAD_OP140B)

M98 P172

M2

O172(LOAD_OP140B)

M50

M38;Z1 手爪有料确认

IF［＃501 NE 10］GOTO10

M70;Z、A 轴安全位置

G01 Z1=0 F4000

G01 A1=0 F1000

G01 Z2=0 F4000

G01 A2=0 F1000

G01 X＃530 F＃801;手爪 1 定位 OP140B 放料 X 位置

G04 P500

G01 Z1=＃534 F＃804;Z1 定位到姿态调整位置

G01 A1=＃533 F＃812;A1 轴运动调整手爪 1 姿态

G01 Z1=＃531 F＃804;Z1 逼近位置

G01 Z1=＃532 F1000;Z1 到位位置

M11;Z1 手爪张开

G04 P500

G01 Z1=＃534 F＃805

G01 A1=0 F＃812

M39;Z1 手爪无料确认

＃501=0

G01 Z1=0 F＃805

M70;Z、A 轴安全位置

M23;OP140B 放料完成

GOTO20

N10 ＃3000＝1(Z1 GRIP WORK No ALARM)

N20 M99

3) Z2 手爪 OP150A 放料

O73(LOAD_OP150A)

M98 P173

M2

O173(LOAD_OP150A)

M50

M40;Z2 手爪有料确认

IF［＃502 NE 11］GOTO10

M70;Z、A 轴安全位置

G01 Z1＝0 F4000

G01 A1＝0 F1000

G01 Z2＝0 F4000

G01 A2＝0 F1000

G01 X＃555 F＃801;手爪 2 定位 OP150A 放料 X 位置

G04 P500

G01 Z2＝＃559 F＃804;Z2 定位到姿态调整位置

G01 A2＝＃558 F＃812;A2 轴运动调整手爪 2 姿态

G01 Z2＝＃556 F＃804;Z2 逼近位置

G01 Z2＝＃557 F1000;Z2 到位位置

M14;Z2 手爪张开

G04 P500

G01 Z2＝＃559 F＃805

G01 A2＝0 F＃812

M41;Z2 手爪无料确认

＃502＝0

G01 Z2＝0 F＃805

M70;Z、A 轴安全位置

M22;OP150A 放料完成

GOTO20

N10 ＃3000＝2(Z2 GRIP WORK No ALARM)

N20 M99

4) Z2 手爪 OP150B 放料

O74(LOAD_OP150B)

M98 P174

M2

O174(LOAD_OP150B)

M50

M40;Z2 手爪有料确认

IF［＃502 NE 12］GOTO10

M70;Z、A 轴安全位置

G01 Z1＝0 F4000

G01 A1＝0 F1000

G01 Z2＝0 F4000

G01 A2＝0 F1000

G01 X＃565 F＃801;手爪2定位OP150B放料X位置

G04 P500

G01 Z2＝＃569 F＃804;Z2定位到姿态调整位置

G01 A2＝＃568 F＃812;A2轴运动调整手爪2姿态

G01 Z2＝＃566 F＃804;Z2逼近位置

G01 Z2＝＃567 F1000;Z2到位位置

M14;Z2手爪张开

G04 P500

G01 Z2＝＃569 F＃805

G01 A2＝0 F＃812

M41;Z2手爪无料确认

＃502＝0

G01 Z2＝0 F＃805

M70;Z、A轴安全位置

M24;OP150B放料完成

GOTO20

N10 ＃3000＝2(Z2 GRIP WORK No ALARM)

N20 M99

5）Z1手爪OP160A放料

O75(LOAD_OP160A)

M98 P175

M2

O175(LOAD_OP160A)

M50

M38;Z1手爪有料确认

IF［＃501 NE 13］GOTO10

M70;Z、A轴安全位置

G01 Z1＝0 F4000

G01 A1＝0 F1000

G01 Z2＝0 F4000

G01 A2＝0 F1000

G01 X＃580 F＃801;手爪1定位OP160A放料X位置

G04 P500

G01 A1＝＃583 F＃812;A1轴运动调整手爪1姿态

G01 Z1＝＃581 F＃804;Z1逼近位置

G01 Z1＝＃582 F1000;Z1到位位置

M11;Z1手爪张开

G04 P500

M39;Z1手爪无料确认

＃501＝0

G01 Z1＝0 F＃805

G01 A1＝0 F＃812

M70;Z、A轴安全位置

M25;OP160A放料完成

GOTO20

N10 ＃3000＝1(Z1 GRIP WORK No ALARM)

N20 M99

6) Z1手爪OP160B放料

O76(LOAD_OP160B)

M98 P176

M2

O176(LOAD_OP160B)

M50

M38;Z1手爪有料确认

IF［＃501 NE 14］GOTO10

M70;ZA轴安全位置

G01 Z1＝0 F4000

G01 A1＝0 F1000

G01 Z2＝0 F4000

G01 A2＝0 F1000

G01 X＃590 F＃801;手爪1定位OP160B放料X位置

G04 P500

G01 A1＝＃593 F＃812;A1轴运动调整手爪1姿态

G01 Z1＝＃591 F＃804;Z1逼近位置

G01 Z1＝＃592 F1000;Z1到位位置

M11;Z1手爪张开

G04 P500

M39;Z1手爪无料确认

＃501＝0

G01 Z1＝0 F＃805

G01 A1＝0 F＃812

M70;Z、A轴安全位置

M26;OP160B放料完成

GOTO20

N10 ＃3000＝1(Z1 GRIP WORK No ALARM)

N20 M99

7) Z2手爪＃1抽检台放料

O77(LOAD_CHK＃1)

M98 P177

M2

O177(LOAD_CHK＃1)

M50

M40;Z2手爪有料确认

IF［＃502 EQ 11］GOTO10

IF［＃502 NE 12］GOTO20

N10 M70；Z、A轴安全位置

G01 Z1＝0 F4000

G01 A1＝0 F1000

G01 Z2＝0 F4000

G01 A2＝0 F1000

G01 X＃545 F＃801；手爪2定位＃1抽检台放料X位置

G04 P500

G01 Z2＝＃549 F＃804；Z2定位到姿态调整位置

G01 A2＝＃548 F＃812；A2轴运动调整手爪2姿态

G01 Z2＝＃546 F＃804；Z2逼近位置

G01 Z2＝＃547 F1000；Z2到位位置

M14；Z2手爪张开

G04 P500

G01 Z2＝＃549 F＃805

G01 A2＝0 F＃812

M41；Z2手爪无料确认

＃503＝＃502

＃502＝0

G01 Z2＝0 F＃805

M70；Z、A轴安全位置

M31；＃1抽检台放料完成

GOTO30

N20 ＃3000＝2(Z2 GRIP WORK No ALARM)

N30 M99

8）Z1手爪＃2抽检台放料

O78(LOAD_CHK＃2)

M98 P178

M2

O178(LOAD_CHK＃2)

M50

M38；Z1手爪有料确认

IF［＃501 EQ 13］GOTO10

IF［＃501 NE 14］GOTO20

N10 M70；Z、A轴安全位置

G01 Z1＝0 F4000

G01 A1＝0 F1000

G01 Z2＝0 F4000

G01 A2＝0 F1000

G01 X＃570 F＃801；手爪1定位＃2抽检台放料X位置

G04 P500

G01 Z1＝＃574 F＃804；Z1定位到姿态调整位置

G01 A1＝＃573 F＃812；A1轴运动调整手爪1姿态

G01 Z1＝＃571 F＃804；Z1逼近位置

G01 Z1＝＃572 F1000;Z1 到位位置

M11;Z1 手爪张开

G04 P500

G01 Z1＝＃574 F＃805

G01 A1＝0 F＃812

M39;Z1 手爪无料确认

＃504＝＃501

＃501＝0

G01 Z1＝0 F＃805

M70;Z、A 轴安全位置

M32;＃2 抽检台放料完成

GOTO30

N20 ＃3000＝1(Z1 GRIP WORK No ALARM)

N30 M99

9）Z2 手爪下料辊道放料

O70(LOAD_OUT_Roller)

M98 P170

M2

O170(LOAD_OUT_Roller)

M50

M40;Z2 手爪有料确认

IF［＃502 EQ 15］GOTO10

IF［＃502 NE 16］GOTO20

N10 M70;Z、A 轴安全位置

G01 Z1＝0 F4000

G01A1＝0 F1000

G01 Z2＝0 F4000

G01 A2＝0 F1000

G01 X＃600 F＃801;手爪 2 定位下料辊道放料 X 位置

G04 P500

G01 A2＝＃603 F＃812;A2 轴运动调整手爪 2 姿态

G01 Z2＝＃601 F＃804;Z2 逼近位置

G01 Z2＝＃602 F1000;Z2 到位位置

M14;Z2 手爪张开

M41;Z2 手爪无料确认

G04 P500

＃502＝0

G01 Z2＝0 F＃805

G01 A2＝0 F＃812

M70;Z、A 轴安全位置

M27;下料辊道放料完成

GOTO30

N20 ＃3000＝2(Z2 GRIP WORK No ALARM)

N30 M99

5.5.2 宏程序编辑、检索、运行等相关接口信号及参数

1. 存储器保护相关接口信号及参数

存储器保护接口信号 KEY1～KEY4（G46.3～G46.6）用于允许或禁止存储器数据的编辑与修改。信号被设定为"0"时，禁止对应的操作。信号被设定为"1"时，允许对应的操作。通过参数 No3290♯7 的设定，可以调整各个信号的保护内容。

1）参数 No3290♯7＝0

KEY1（G46.3）：允许刀具偏置量、工件原点偏置量、工件坐标系偏移量的输入。

KEY2（G46.4）：允许设定数据、宏变量、刀具寿命管理数据的输入。

KEY3（G46.5）：允许程序的登录和编辑。

KEY4（G46.6）：允许 PMC 参数的输入。

2）参数 No3290♯7＝1

KEY1（G46.3）：允许程序的登录和编辑、PMC 参数的输入。

KEY2～KEY4（G46.4～G46.6）：不使用。

2. 程序运行启动相关接口信号

在存储器方式、DNC 运行方式或 MDI 方式下，若自动运行启动信号 ST（G7.2）从 1 变为 0（下降沿），则 CNC 进入自动运行启动状态并开始运行。

在下列情况下，该信号被忽略：

① 当系统处于 MEM、RMT 和 MDI 以外的方式时；

② 当进给暂停信号 * SP（G8.5）为 0 时；

③ 当急停信号 * ESP（G8.4）为 0 时；

④ 当外部复位信号 ERS（G8.7）为 1 时；

⑤ 当复位反绕信号 RRW（G8.6）为 1 时；

⑥ 当 MDI 上的＜RESET＞键被按下时；

⑦ 当 CNC 处于报警状态时；

⑧ 当 CNC 处于 NOT READY 状态时；

⑨ 当自动运行正在执行中；

⑩ 当程序再启动信号 SRN（G6.0）为 1 时；

⑪ 当 CNC 正在搜索顺序号时。

自动运行期间，在下列状态下 CNC 进入进给暂停状态并且停止运行：

① 当进给暂停信号 * SP（G8.5）为 0 时；

② 当方式变为手动运行方式（JOG、INC、HND、REF、TJOG 或 THND）时。

自动运行期间，在下列状态下 CNC 进入自动运行的停止状态，并且停止自动运行：

① 单程序段运行期间一个程序段指令执行结束时；

② MDI 方式下，指令执行结束时；

③ 当 CNC 出现报警时；

④ 操作方式转为其他自动运行方式或存储器编辑方式（EDIT）后，当一个程序段指令执行结束时。

自动运行期间，在下列状态下 CNC 进入复位状态且停止运行：

① 急停信号 * ESP（G8.4）置为 0；

② 外部复位信号 ERS（G8.7）置为1；

③ 复位反绕信号 RRW（G8.6）置为1；

④ 按下 MDI 上的＜RESET＞键。

ST（G7.2）：循环启动信号。启动自动运行。在存储器方式（MEM）、DNC 运行方式（RMT）或手动数据输入方式（MDI）中，信号 ST 置1，然后置为0时，CNC 进入循环启动状态并开始运行。ST 信号时序图如图 5-25 所示。

＊SP（G8.5）：进给暂停信号。暂停自动运行。自动运行期间，若 ＊SP 信号置为0，CNC 将进入进给暂停状态且运行停止。＊SP 信号置为0时，不能启动自动运行。＊SP 信号时序图如图 5-26 所示。

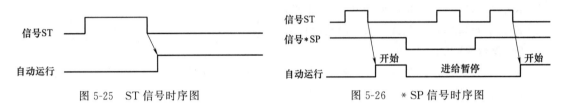

图 5-25　ST 信号时序图　　　　　图 5-26　＊SP 信号时序图

CNC 运行状态见表 5-20。

表 5-20　CNC 运行状态

信号状态	循环启动灯 STL	进给暂停灯 SPL	自动运行灯 OP
循环启动状态	1	0	1
进给暂停状态	0	1	1
自动运行停止状态	0	0	1
复位状态	0	0	0

CNC 各运行状态说明如下：

① 循环启动状态：CNC 正在执行存储器运行或手动数据输入运行指令。

② 进给暂停状态：指令处于执行保持时，CNC 既不执行存储器运行，也不执行手动数据输入运行。

③ 自动运行停止状态：存储器运行或手动数据输入运行已经结束且停止。

④ 复位状态：自动运行被强行终止。

指示 CNC 运行状态的接口信号有：

OP（F0.7）：自动运行灯信号。该信号通知 PMC 正在执行自动运行。

STL（F0.5）：循环启动灯信号。该信号通知 PMC 已经启动了自动运行。

SPL（F0.4）：进给暂停灯信号。该信号通知 PMC 已经进入进给暂停状态。

3. 程序测试相关接口信号及参数

1）单程序段

单程序段运行仅对自动运行有效。自动运行期间当单程序段信号 SBK（G46.1）置为1时，在执行完当前程序段后，CNC 进入自动运行停止状态。当单程序段信号 SBK（G46.1）置为0时，重新执行自动运行。

SBK（G46.1）：单程序段信号。使单程序段有效。该信号置为1时，执行单程序段操作。该信号为0时，执行正常操作。

MSBK（F4.3）：单程序段检测信号。通知 PMC 单程序段信号的状态。单程序段 SBK 为1时，该信号为1；单程序段 SBK 为0时，该信号为0。

2）跳程序段

自动运行中，当在程序段的开头指定了一个斜杠和数字（/n，n＝1～9），且跳过任选程序段信号 BDT1～BDT9 设定为 1 时，与 BDTn 信号相对应的标有/n 的程序段被忽略。例如：

/2 N123 X100 Y200;

BDT1～BDT9（G44.0，G45.0～G45.7）：跳过任选程序段信号。选择包含/n 的程序段是被执行还是被忽略。在自动运行期间，当相应地跳过任选程序段信号为 1 时，包含/n 的程序段被忽略。当信号为 0 时，程序段正常执行。

MBDT1～MBDT9（F4.0，F5.0～F5.7）：跳过任选程序段检测信号。通知 PMC 跳过任选程序段信号 BDT1～BDT9 的状态，有 9 个信号与 9 个跳过任选程序段信号相对应。MBDTn 信号与 BDTn 信号相对应。当跳过任选程序段信号 BDTn 设定为 1 时，相对应的 MBDTn 信号设定为 1；当跳过任选程序段信号 BDTn 设定为 0 时，相对应的 MBDTn 信号设定为 0。

3）进给速度倍率

进给速度倍率信号用来增加或减少编程进给速度。一般用于程序检测。例如，当在程序中指定的进给速度为 100mm/min 时，将倍率设定为 50％，实际进给速度为 50mm/min。

＊FV0～＊FV7（G12）：进给速度倍率信号。切削进给速度倍率信号共有 8 个二进制编码信号，倍率值计算公式为：

$$倍率值 = \sum_{i=0}^{7}(2^i \times V_i)\%$$

当＊FVi 为 1 时，$V_i＝0$；当＊FVi 为 0 时，$V_i＝1$。所有的信号都为 0 和所有的信号都为 1 时，倍率都被认为是 0％。因此，倍率可在 0％～254％的范围内以 1％为间隔进行选择。

4. 程序检索相关接口信号及参数

1）外部工件号检索

外部工件号检索信号 PN1、PN2、PN4、PN8、PN16（G9.0～G9.4）：在存储器方式下，可以用此 5 个接口信号从存储器中检索出所需要的程序。能够检索的程序号为 1～31，与接口信号的对应关系见表 5-21。

表 5-21 外部工件号检索接口信号与程序号的对应关系

| 外部工件号检索接口信号 | | | | | 程序号 |
PN16	PN8	PN4	PN2	PN1	
0	0	0	0	0	不检索
0	0	0	0	1	01
0	0	0	1	0	02
0	0	0	1	1	03
……					
1	1	1	1	1	31

自动运行处于复位状态，即自动运行中信号 OP（F0.7）为"0"时，在存储器运行方式下，将自动运行启动信号 ST（G7.2）由"1"变为"0"，检索程序并启动运行。

扩展外部工件号检索信号 EPN0～EPN13（G24.0～G25.5）：用于指定存储器运行方式下执行的工件程序号。按照表 5-22 所示，EPN0～EPN13（二进制）与工件程序号对应。

参数№3006＃1 用于选择哪组工件号检索信号有效。参数№3006＃1＝0，PN1～PN16（G9.0～G9.4）有效；参数№3006＃1＝1，EPN0～EPN13（G24.0～G25.5）有效。

表 5-22　扩展外部工件号检索接口信号与程序号的对应关系

外部工件号检索接口信号														程序号
EPN13	EPN12	EPN11	EPN10	EPN9	EPN8	EPN7	EPN6	EPN5	EPN4	EPN3	EPN2	EPN1	EPN0	
0	0	0	0	0	0	0	0	0	0	0	0	0	0	不检索
0	0	0	0	0	0	0	0	0	0	0	0	0	1	0001
0	0	0	0	0	0	0	0	0	0	0	0	1	0	0002
......														
1	0	0	1	1	1	0	0	0	0	1	1	1	0	9998
1	0	0	1	1	1	0	0	0	0	1	1	1	1	9999

外部工件号检索启动信号 EPNS（G25.7）：该信号只执行工件号检索，而不启动程序运行。当信号从"1"变为"0"时执行检索功能。参数№3006♯2 设定为"1"时该信号有效，否则使用基于 ST（G7.2）信号的检索功能。

如果指定的程序号检索不到，会出现 DS0059 报警。

2）外部程序号检索

外部数据输入功能是从外部向 CNC 发送数据并执行规定动作的一种功能，它包括：

① 外部刀具补偿。

② 外部程序号检索。

③ 外部工件坐标系偏移。

④ 外部机械原点偏移。

⑤ 外部报警信息。

⑥ 外部操作信息。

⑦ 加工件计数、要求工件数代入。

外部程序号检索相关接口信号如下：

① EA0～EA6（G2.0～G2.6）：外部数据输入用地址信号，表示输入的外部数据的数据种类。进行外部程序号检索时，G2.0～G2.6 全为 0。

② ED0～ED31（G0，G1，G210，G211）：外部数据输入用数据信号，表示输入的外部数据的数据本身。进行外部程序号检索时，仅 G0～G1 有效，存放不带符号的 4 位 BCD 数，为 1～9999。

③ ESTB（G2.7）：外部数据输入用读取信号，此信号表示外部数据输入的地址、数据已准备好。CNC 在该信号成为 1 的时刻，开始读取外部数据输入的地址、数据。

④ EREND（F60.0）：外部数据输入用读取完成信号，此信号表示 CNC 已经读取完外部数据输入。

⑤ ESEND（F60.1）：外部数据输入用检索完成信号，此信号表示外部数据输入已经完成。

外部程序号检索时序图如图 5-27 所示。基本过程如下：

① PMC 侧设定表示数据种类的地址 EA0～EA6（G2.0～G2.6）全为 0；在地址 ED0～ED15（G0～G1）中设定不带符号的 4 位 BCD 数表示程序号。

② PMC 侧接着将读取信号 ESTB

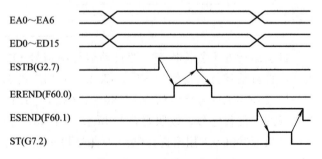

图 5-27　外部程序号检索时序图

（G2.7）设定为1。

③ 当 ESTB（G2.7）成为1时，CNC 读取地址、数据。

④ 读取完成时，CNC 将读取完成信号 EREND（F60.0）设定为1。

⑤ 当 EREND（F60.0）成为1时，PMC 侧将 ESTB（G2.7）设定为0。

⑥ 当 ESTB（G2.7）成为0时，CNC 将 EREND（F60.0）设定为0。

⑦ 当 ESEND（F60.1）为1时，表示外部程序号检索结束。此时可以启动程序运行。

⑧ ST（G7.2）从1变为0时，检索出的程序开始运行，此时 CNC 自动将 ESEND（F60.1）变为0。

其他说明如下：

① 外部程序号检索，在参数№6300#4（ESR）为1时有效。

② 不管方式如何都受理外部程序号检索的数据，而检索动作只有在 MEM 方式下处于复位状态时执行。复位状态就是在自动运行中指示灯熄灭的状态，即 OP（F0.7）为0的状态。

③ 与所设定的程序号对应的程序尚未被存储在存储器中时，会发出报警（DS1128）。

④ 将程序号设定为0的程序检索，会发出报警（DS0059）。

5.5.3　数控桁架机器人半自动运行 PMC 程序设计

1. 半自动运行触摸屏设计

数控桁架机器人半自动运行包括 X 定位、取料、放料三类操作。

1）X 定位

X 定位有16个位置，与之对应的触摸屏按钮16个，X 定位完成有相应指示灯点亮，X 定位按钮与指示灯如图5-28所示。

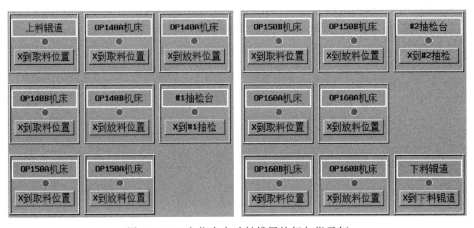

图5-28　X 定位半自动触摸屏按钮与指示灯

16个 X 定位按钮与指示灯的地址定义见表5-23。

表5-23　X 定位触摸屏按钮与指示灯地址

序号	地址		注释	序号	地址		注释
	按钮	到位灯			按钮	到位灯	
1	R420.0	E300.0	X 到上料辊道取料位置	4	R421.1	E300.2	X 到 OP140A 放料位置
2	R420.1	E302.1	X 到下料辊道放料位置	5	R422.0	E300.3	X 到 OP140B 取料位置
3	R421.0	E300.1	X 到 OP140A 取料位置	6	R422.1	E300.4	X 到 OP140B 放料位置

续表

序号	地址		注释	序号	地址		注释
	按钮	到位灯			按钮	到位灯	
7	R423.0	E301.0	X 到 OP150A 取料位置	12	R425.1	E301.6	X 到 OP160A 放料位置
8	R423.1	E300.7	X 到 OP150A 放料位置	13	R426.0	E301.7	X 到 OP160B 取料位置
9	R424.0	E301.2	X 到 OP150B 取料位置	14	R426.1	E302.0	X 到 OP160B 放料位置
10	R424.1	E301.1	X 到 OP150B 放料位置	15	R427.0	E300.5	X 到 ＃1 抽检台
11	R425.0	E301.5	X 到 OP160A 取料位置	16	R428.0	E301.3	X 到 ＃2 抽检台

2）取放料

取料操作有 9 个按钮，其中 Z1 手爪取料操作 4 个按钮，Z2 手爪取料操作 5 个按钮，各个取料按钮上的指示灯点亮表示允许取料操作。

放料操作有 9 个按钮，其中 Z1 手爪放料操作 5 个按钮，Z2 手爪放料操作 4 个按钮，各个放料按钮上的指示灯点亮表示允许放料操作。

取放料半自动触摸屏按钮与允许操作指示灯如图 5-29 所示。

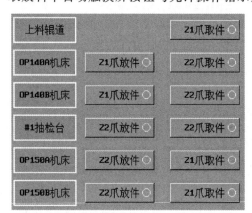

图 5-29　取放料半自动触摸屏按钮与允许操作指示灯

取放料触摸屏按钮与指示灯地址定义见表 5-24。

表 5-24　取放料触摸屏按钮与指示灯地址

序号	地址		注释	序号	地址		注释
	按钮	允许灯			按钮	允许灯	
1	R420.6	E5.0	Z1 爪上料辊道取料	1	R421.5	E5.2	Z1 爪 OP140A 放料
2	R421.6	E5.1	Z2 爪 OP140A 取料	2	R422.5	E5.4	Z1 爪 OP140B 放料
3	R422.6	E5.3	Z2 爪 OP140B 取料	3	R427.5	E8.1	Z2 爪 ＃1 抽检台放料
4	R427.6	E8.0	Z2 爪 ＃1 抽检台取料	4	R423.5	E5.6	Z2 爪 OP150A 放料
5	R423.6	E5.5	Z1 爪 OP150A 取料	5	R424.5	E7.0	Z2 爪 OP150B 放料
6	R424.6	E5.7	Z1 爪 OP150B 取料	6	R428.5	E8.3	Z1 爪 ＃2 抽检台放料
7	R428.6	E8.2	Z1 爪 ＃2 抽检台取料	7	R425.5	E7.2	Z1 爪 OP160A 放料
8	R425.6	E7.1	Z2 爪 OP160A 取料	8	R426.5	E7.4	Z1 爪 OP160B 放料
9	R426.6	E7.3	Z2 爪 OP160B 取料	9	R420.5	E7.5	Z2 爪下料辊道放料

2. 半自动运行相关电气原理图设计

1）机床工位取放料安全操作信号

半自动运行涉及与机床的交互信号，机床侧到机器人侧信号 8 个，机器人侧到机床侧信号 4 个，机器人与各机床信号交互具体地址定义如图 5-30 所示。

半自动运行主要涉及机床侧到机器人侧信号。为保证操作的安全，机器人取放料半自动运行条件信号将包括机床侧"机床异常""夹具松开""机床门开""夹具原位"等信号。

图 5-30　机器人与各机床信号交互地址定义

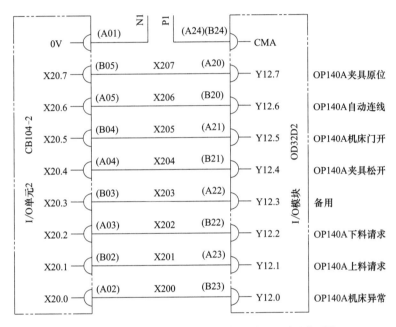

图 5-31　OP140A 到机器人信号交互电气原理图

图 5-31 为 OP140A 机床到机器人的信号交互电气原理图。

2）抽检工位取放料安全操作信号

♯1 抽检台和♯2 抽检台分别安装 4 个光电开关，用于检测有无料、门是否关闭、旋转是否到位或抽检台是否在位，抽检工位取放料安全操作信号电气原理图如图 5-32 所示。

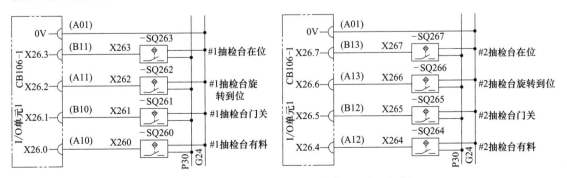

图 5-32　抽检工位取放料安全操作信号电气原理图

3. 半自动运行 PMC 程序设计

1) Z1 手爪松开/夹紧状态判别

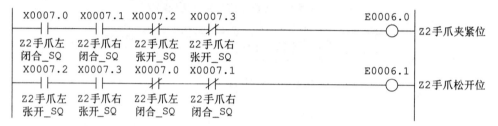

2) Z2 手爪松开/夹紧状态判别

```
 X0007.0   X0007.1   X0007.2   X0007.3                           E0006.0
 ──┤├───────┤├───────┤/├───────┤/├──────────────────────────────○──── Z2手爪夹紧位
 Z2手爪左   Z2手爪右   Z2手爪左   Z2手爪右
 闭合_SQ    闭合_SQ    张开_SQ    张开_SQ
 X0007.2   X0007.3   X0007.0   X0007.1                           E0006.1
 ──┤├───────┤├───────┤/├───────┤/├──────────────────────────────○──── Z2手爪松开位
 Z2手爪左   Z2手爪右   Z2手爪左   Z2手爪右
 张开_SQ    张开_SQ    闭合_SQ    闭合_SQ
```

3) Z1 手爪工件号判别

① 窗口读宏变量功能代码 21，设定到 D100。

```
 R9091.1  ACT
 ──┤├──────┌─────────┬──────────┐
           │ SUB40   │ 0002     │
           │ NUMEB   │          │
           │         │0000000021│
           │         │          │
           │         │ D0100    │
           └─────────┴──────────┘
```

② 宏变量数据长度 6（字节），设定到 D104。

```
 R9091.1  ACT
 ──┤├──────┌─────────┬──────────┐
           │ SUB40   │ 0002     │
           │ NUMEB   │          │
           │         │0000000006│
           │         │          │
           │         │ D0104    │
           └─────────┴──────────┘
```

③ 宏变量号 501，设定到 D106，表示读 #501 变量值。

```
 R9091.1  ACT
 ──┤├──────┌─────────┬──────────┐
           │ SUB40   │ 0002     │
           │ NUMEB   │          │
           │         │0000000501│
           │         │          │
           │         │ D0106    │
           └─────────┴──────────┘
```

④ 宏变量值小数位数 3，设定到 D108。

```
 R9091.1  ACT
 ──┤├──────┌─────────┬──────────┐
           │ SUB40   │ 0002     │
           │ NUMEB   │          │
           │         │0000000003│
           │         │          │
           │         │ D0108    │
           └─────────┴──────────┘
```

⑤ 窗口读宏变量 ♯501。

```
 R0120.0  ACT                                              R0120.0
───┤/├──────┌──────┬──────┐─────────────────────────────────( )
            │SUB51 │D0100 │
            │WINDR │      │
            └──────┴──────┘
```

⑥ 窗口读出的数据 D110 除以 1000，结果输出到 D116，得到 Z1 手爪工件号。

```
 F0001.1  RST                                              R0120.1
───┤ ├──────┌──────┬──────────┐──────────────────────────────( )
 R9091.1 ACT│SUB39 │0004      │
───┤ ├──────│DIVB  │          │
            │      │D0110     │
            │      │          │
            │      │0000001000│
            │      │          │
            │      │D0116     │
            └──────┴──────────┘
```

⑦ D116＝0，表示 Z1 手爪无料。

```
 R9091.1 ACT
───┤ ├──────┌──────┬──────────┐───────────────────────────────
            │SUB32 │0004      │
            │COMPB │          │
            │      │0000000000│
            │      │          │
            │      │D0116     │
            └──────┴──────────┘
 R9000.0                                                   R0121.0
───┤ ├─────────────────────────────────────────────────────( )──D116=0
```

⑧ D116＝10，表示 Z1 手爪工件号为 10，即上料辊道的毛坯料。

```
 R9091.1 ACT
───┤ ├──────┌──────┬──────────┐───────────────────────────────
            │SUB32 │0004      │
            │COMPB │          │
            │      │0000000010│
            │      │          │
            │      │D0116     │
            └──────┴──────────┘
 R9000.0                                                   R0121.1
───┤ ├─────────────────────────────────────────────────────( )──D116=10
```

⑨ D116＝13，表示 Z1 手爪工件号为 13，即工件已被 OP150A 加工完成。

```
 R9091.1 ACT
───┤ ├──────┌──────┬──────────┐───────────────────────────────
            │SUB32 │0004      │
            │COMPB │          │
            │      │0000000013│
            │      │          │
            │      │D0116     │
            └──────┴──────────┘
 R9000.0                                                   R0121.3
───┤ ├─────────────────────────────────────────────────────( )──D116=13
```

⑩ D116＝14，表示 Z1 手爪工件号为 14，即工件已被 OP150B 加工完成。

```
 R9091.1 ACT
───┤ ├──────┌──────┬──────────┐───────────────────────────────
            │SUB32 │0004      │
            │COMPB │          │
            │      │0000000014│
            │      │          │
            │      │D0116     │
            └──────┴──────────┘
 R9000.0                                                   R0121.4
───┤ ├─────────────────────────────────────────────────────( )──D116=14
```

4) Z2 手爪工件号判别

① 窗口读宏变量功能代码 21，设定到 D120。

```
R9091.1  ACT
──┤├──────┌────────┬──────────────┐──────────────────────
          │ SUB40  │ 0002         │
          │ NUMEB  │              │
          │        │ 0000000021   │
          │        │              │
          │        │ D0120        │
          └────────┴──────────────┘
```

② 宏变量数据长度 6（字节），设定到 D124。

```
R9091.1  ACT
──┤├──────┌────────┬──────────────┐──────────────────────
          │ SUB40  │ 0002         │
          │ NUMEB  │              │
          │        │ 0000000006   │
          │        │              │
          │        │ D0124        │
          └────────┴──────────────┘
```

③ 宏变量号 502，设定到 D126，表示读♯502 变量值。

```
R9091.1  ACT
──┤├──────┌────────┬──────────────┐──────────────────────
          │ SUB40  │ 0002         │
          │ NUMEB  │              │
          │        │ 0000000502   │
          │        │              │
          │        │ D0126        │
          └────────┴──────────────┘
```

④ 宏变量值小数位数 3，设定到 D128。

```
R9091.1  ACT
──┤├──────┌────────┬──────────────┐──────────────────────
          │ SUB40  │ 0002         │
          │ NUMEB  │              │
          │        │ 0000000003   │
          │        │              │
          │        │ D0128        │
          └────────┴──────────────┘
```

⑤ 窗口读宏变量♯502。

```
R0120.2  ACT                                            R0120.2
──┤/├─────┌────────┬──────────────┐──────────────────────( )──
          │ SUB51  │ D0120        │
          │ WINDR  │              │
          └────────┴──────────────┘
```

⑥ 窗口读出的数据 D130 除以 1000，结果输出到 D136，得到 Z2 手爪工件号。

```
F0001.1  RST                                            R0120.3
──┤├──────┌────────┬──────────────┐──────────────────────( )──
          │ SUB39  │ 0004         │
R9091.1  ACT DIVB   │              │
──┤├──────│        │ D0130        │
          │        │              │
          │        │ 0000001000   │
          │        │              │
          │        │ D0136        │
          └────────┴──────────────┘
```

⑦ D136＝0，表示 Z2 手爪无料。

```
R9091.1    ACT
 ├──┤├──────────┬─────────┬──────────────────────────
            │ SUB32   │ 0004
            │ COMPB   │
            │         │ 0000000000
            │         │
            │         │ D0136
            │         │
 R9000.0    └─────────┘                    R0122.0
 ├──┤├────────────────────────────────────────( )──── D136=0
```

⑧ D136＝11，表示 Z2 手爪工件号为 11，即工件已被 OP140A 加工完成。

```
R9091.1    ACT
 ├──┤├──────────┬─────────┬──────────────────────────
            │ SUB32   │ 0004
            │ COMPB   │
            │         │ 0000000011
            │         │
            │         │ D0136
            │         │
 R9000.0    └─────────┘                    R0122.1
 ├──┤├────────────────────────────────────────( )──── D136=11
```

⑨ D136＝12，表示 Z2 手爪工件号为 12，即工件已被 OP140B 加工完成。

```
R9091.1    ACT
 ├──┤├──────────┬─────────┬──────────────────────────
            │ SUB32   │ 0004
            │ COMPB   │
            │         │ 0000000012
            │         │
            │         │ D0136
            │         │
 R9000.0    └─────────┘                    R0122.2
 ├──┤├────────────────────────────────────────( )──── D136=12
```

⑩ D136＝15，表示 Z2 手爪工件号为 15，即工件已被 OP160A 加工完成。

```
R9091.1    ACT
 ├──┤├──────────┬─────────┬──────────────────────────
            │ SUB32   │ 0004
            │ COMPB   │
            │         │ 0000000015
            │         │
            │         │ D0136
            │         │
 R9000.0    └─────────┘                    R0122.5
 ├──┤├────────────────────────────────────────( )──── D136=15
```

⑪ D136＝16，表示 Z2 手爪工件号为 16，即工件已被 OP160B 加工完成。

```
R9091.1    ACT
 ├──┤├──────────┬─────────┬──────────────────────────
            │ SUB32   │ 0004
            │ COMPB   │
            │         │ 0000000016
            │         │
            │         │ D0136
            │         │
 R9000.0    └─────────┘                    R0122.6
 ├──┤├────────────────────────────────────────( )──── D136=16
```

5）X 定位半自动条件

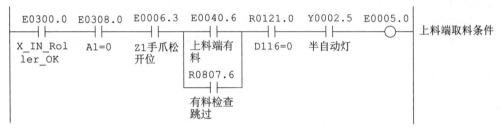

6）取料半自动条件

① 上料辊道取料条件，包括半自动方式、X 定位到上料辊道位置、A1 轴原位、Z1 手爪无料、Z1 手爪松开等。空运行时可用触摸屏信号 R807.6 屏蔽上料辊道有料检测。

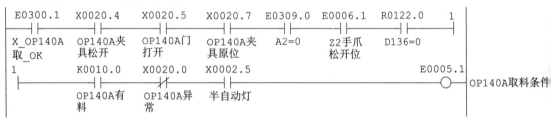

② OP140A 取料条件，包括半自动方式、X 定位到 OP140A 取料位、A2 轴原位、Z2 手爪无料、Z2 手爪松开、OP140A 夹具松开、OP140A 门打开、OP140A 夹具原位、OP140A 有料、OP140A 无异常等。

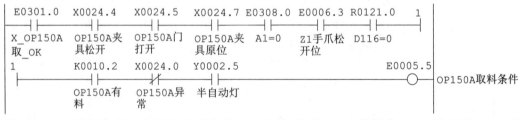

③ OP140B 取料条件，包括半自动方式、X 定位到 OP140B 取料位、A2 轴原位、Z2 手爪无料、Z2 手爪松开、OP140B 夹具松开、OP140B 门打开、OP140B 夹具原位、OP140B 有料、OP140B 无异常等。

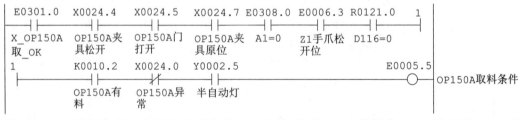

④ OP150A 取料条件，包括半自动方式、X 定位到 OP150A 取料位、A1 轴原位、Z1 手爪无料、Z1 手爪松开、OP150A 夹具松开、OP150A 门打开、OP150A 夹具原位、OP150A 有料、OP150A 无异常等。

⑤ OP150B 取料条件，包括半自动方式、X 定位到 OP150B 取料位、A1 轴原位、Z1 手爪无料、Z1 手爪松开、OP150B 夹具松开、OP150B 门打开、OP150B 夹具原位、OP150B 有料、OP150B 无异常等。

```
E0301.2   X0027.4   X0027.5   X0027.7  E0308.0   E0006.3  R0121.0        1
 ├─┤├─────┤├────────┤├────────┤├───────┤├────────┤├───────┤├─────────────┤├──
X_OP150B  OP150B夹  OP150B门  OP150B夹  A1=0     Z1手爪   D116=0
取_OK     具松开    打开      具原位             松开位
  1       K0010.3   X0027.0   Y0002.5                            E0005.7
 ├─┤├─────┤├────────┤├────────┤/├───────┤├──────────────────────────( )──  OP150B取料条件
          OP150B有  OP150B异  半自动灯
          料        常
```

⑥ OP160A 取料条件，包括半自动方式、X 定位到 OP160A 取料位、A2 轴原位、Z2 手爪无料、Z2 手爪松开、OP160A 夹具松开、OP160A 门打开、OP160A 夹具原位、OP160A 有料、OP160A 无异常等。

```
E0301.5   X0021.4   X0021.5   X0021.7  E0309.0   E0006.1  R0122.0        1
 ├─┤├─────┤├────────┤├────────┤├───────┤├────────┤├───────┤├─────────────┤├──
X_OP160A  OP160A夹  OP160A门  OP160A夹  A2=0     Z2手爪松  D136=0
取_OK     具松开    打开      具原位             开位
  1       K0010.4   X0021.0   Y0002.5                            E0007.1
 ├─┤├─────┤├────────┤├────────┤/├───────┤├──────────────────────────( )──  OP160A取料条件
          OP160A有  OP160A异  半自动灯
          料        常
```

⑦ OP160B 取料条件，包括半自动方式、X 定位到 OP160B 取料位、A2 轴原位、Z2 手爪无料、Z2 手爪松开、OP160B 夹具松开、OP160B 门打开、OP160B 夹具原位、OP160B 有料、OP160B 无异常等。

```
E0301.7   X0028.4   X0028.5   X0028.7  E0309.0   E0006.1  R0122.0        1
 ├─┤├─────┤├────────┤├────────┤├───────┤├────────┤├───────┤├─────────────┤├──
X_OP160B  OP160B夹  OP160B门  OP160B夹  A2=0     Z2手爪松  D136=0
取_OK     具松开    打开      具原位             开位
  1       K0010.5   X0028.0   Y0002.5                            E0007.3
 ├─┤├─────┤├────────┤├────────┤/├───────┤├──────────────────────────( )──  OP160B取料条件
          OP160B有  OP160B异  半自动灯
          料        常
```

⑧ ♯1 抽检台取料条件，包括半自动方式、X 定位到 ♯1 抽检台、A2 轴原位、Z2 手爪无料、Z2 手爪松开、♯1 抽检台有料、♯1 抽检台门关闭、♯1 抽检台旋转到位、♯1 抽检台在位等。

```
E0300.5  E0309.0   E0006.1   X0026.0  R0122.0   X0026.1  X0026.2        1
 ├─┤├─────┤├────────┤├────────┤├───────┤├────────┤├───────┤├─────────────┤├──
X_CHK#1_  A2=0     Z2手爪松  1#抽检台  D136=0   1#抽检台  1#抽检台
OK                 开位      有料               门关      旋转到位
  1       X0026.3   Y0002.5                                      E0008.0
 ├─┤├─────┤├────────┤├──────────────────────────────────────────( )──  #1抽检取料条件
          #1抽检台  半自动灯
          在位
```

⑨ ♯2 抽检台取料条件，包括半自动方式、X 定位到 ♯2 抽检台、A1 轴原位、Z1 手爪无料、Z1 手爪松开、♯2 抽检台有料、♯2 抽检台门关闭、♯2 抽检台旋转到位、♯2 抽检台在位等。

```
E0301.3  E0308.0   E0006.3   X0026.4  R0121.0   X0026.5  X0026.6        1
 ├─┤├─────┤├────────┤├────────┤├───────┤├────────┤├───────┤├─────────────┤├──
X_CHK#2_  A1=0     Z1手爪松  2#抽检台  D116=0   2#抽检台  2#抽检台
OK                 开位      有料               门关      到位
  1       X0026.7   Y0002.5                                      E0008.2
 ├─┤├─────┤├────────┤├──────────────────────────────────────────( )──  #2抽检取料条件
          2#抽检台  半自动灯
          在位
```

7）放料半自动条件

① OP140A 放料条件，包括半自动方式、X 定位到 OP140A 放料位、A1 轴原位、Z1 手爪有料、Z1 手爪工件号 D116＝10、Z1 手爪夹紧、OP140A 夹具松开、OP140A 门打开、OP140A 夹具原位、OP140A 无料、OP140A 无异常等。

```
 E0300.2   X0020.4   X0020.5   X0020.7   E0308.0  E0006.2  R0121.1         1
 ──┤├──────┤├────────┤├────────┤├────────┤├───────┤├───────┤├─────
 X_OP140A  OP140A夹  OP140A门  OP140A夹           A1=0  Z1手爪夹 D116=10
 放_OK     具松开    打开      具原位                     紧位
  1         K0010.0   X0020.0   Y0002.5                           E0005.2
 ──┤├──────┤/├───────┤/├───────┤├────────────────────────────────( )──── OP140A放料条件
            OP140A有  OP140A异  半自动灯
            料        常
```

② OP140B 放料条件，包括半自动方式、X 定位到 OP140B 放料位、A1 轴原位、Z1 手爪有料、Z1 手爪工件号 D116＝10、Z1 手爪夹紧、OP140B 夹具松开、OP140B 门打开、OP140B 夹具原位、OP140B 无料、OP140B 无异常等。

```
 E0300.4   X0023.4   X0023.5   X0023.7   E0308.0  E0006.2  R0121.1         1
 ──┤├──────┤├────────┤├────────┤├────────┤├───────┤├───────┤├─────
 X_OP140B  OP140B夹  OP140B门  OP140B夹           A1=0  Z1手爪夹 D116=10
 放_OK     具松开    打开      具原位                     紧位
  1         K0010.1   X0023.0   Y0002.5                           E0005.4
 ──┤├──────┤/├───────┤/├───────┤├────────────────────────────────( )──── OP140B放料条件
            OP140B有  OP140B异  半自动灯
            料        常
```

③ OP150A 放料条件，包括半自动方式、X 定位到 OP150A 放料位、A2 轴原位、Z2 手爪有料、Z2 手爪工件号 D136＝11 或 12、Z2 手爪夹紧、OP150A 夹具松开、OP150A 门打开、OP150A 夹具原位、OP150A 无料、OP150A 无异常等。

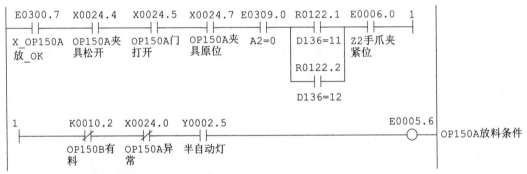

④ OP150B 放料条件，包括半自动方式、X 定位到 OP150B 放料位、A2 轴原位、Z2 手爪有料、Z2 手爪工件号 D136＝11 或 12、Z2 手爪夹紧、OP150B 夹具松开、OP150B 门打开、OP150B 夹具原位、OP150B 无料、OP150B 无异常等。

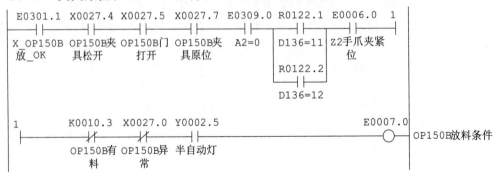

⑤ OP160A 放料条件，包括半自动方式、X 定位到 OP160A 放料位、A1 轴原位、Z1 手爪有料、Z1 手爪工件号 D116＝13 或 14、Z1 手爪夹紧、OP160A 夹具松开、OP160A 门打开、OP160A 夹具原位、OP160A 无料、OP160A 无异常等。

⑥ OP160B 放料条件，包括半自动方式、X 定位到 OP160B 放料位、A1 轴原位、Z1 手爪有料、Z1 手爪工件号 D116＝13 或 14、Z1 手爪夹紧、OP160B 夹具松开、OP160B 门打开、OP160B 夹具原位、OP160B 无料、OP160B 无异常等。

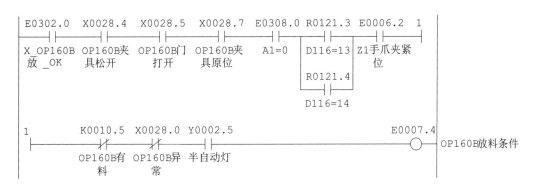

⑦ ＃1 抽检台放料条件，包括半自动方式、X 定位到＃1 抽检台放料位、A2 轴原位、Z2 手爪有料、Z2 手爪工件号 D136＝11 或 12、Z2 手爪夹紧、＃1 抽检台无料、＃1 抽检台门关闭、＃1 抽检台旋转到位、＃1 抽检台在位等。

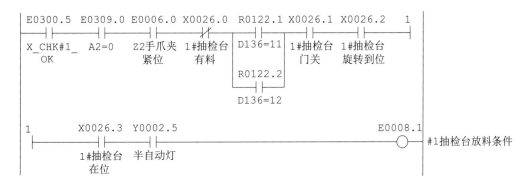

⑧ ＃2 抽检台放料条件，包括半自动方式、X 定位到＃2 抽检台放料位、A1 轴原位、Z1 手爪有料、Z1 手爪工件号 D116＝13 或 14、Z1 手爪夹紧、＃2 抽检台无料、＃2 抽检台门关闭、＃2 抽检台旋转到位、＃2 抽检台在位等。

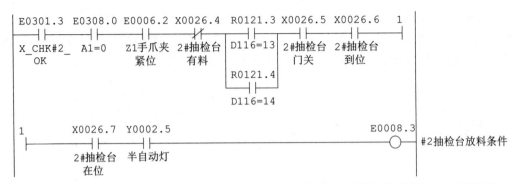

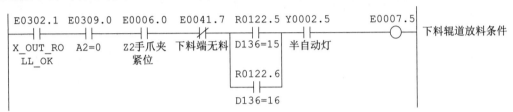

⑨ 下料辊道放料条件，包括半自动方式、X 定位到下料辊道放料位置、A2 轴原位、Z2 手爪有料、Z2 手爪工件号 D136=15 或 16、Z2 手爪夹紧、下料辊道无料等。

8）X 定位半自动程序号设定

① X 定位到上料端程序号 40，设定到程序号寄存器 R470。R420.0 为触摸屏按钮信号。

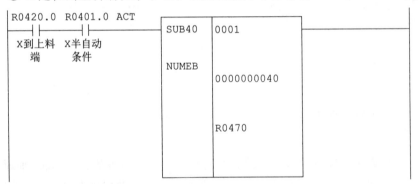

② X 定位到 OP140A 取料位程序号 41，设定到程序号寄存器 R470。R421.0 为触摸屏按钮信号。

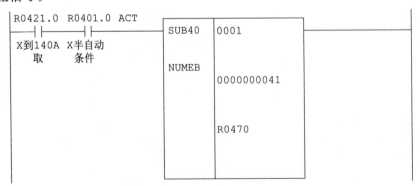

③ 逐一设定 X 定位半自动程序号 42~55 到寄存器 R470。具体程序类同，不再赘述。

9）取料半自动程序号设定

① Z1 手爪在上料端取料程序号 60，设定到程序号寄存器 R470。R420.6 为触摸屏按钮信号。

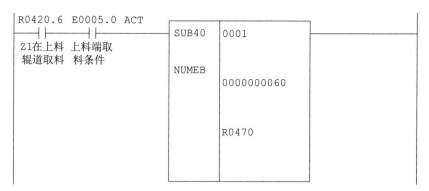

② Z2 手爪在 OP140A 取料程序号 61，设定到程序号寄存器 R470。R421.6 为触摸屏按钮信号。

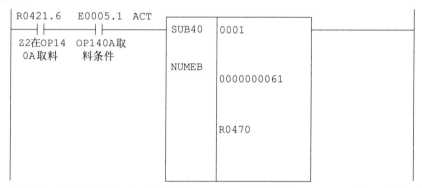

③ 逐一设定取料半自动程序号 62～68 到寄存器 R470。具体程序类同，不再赘述。

10）放料半自动程序号设定

① Z2 手爪在下料端放料程序号 70，设定到程序号寄存器 R470。R420.5 为触摸屏按钮信号。

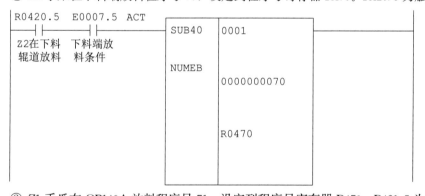

② Z1 手爪在 OP140A 放料程序号 71，设定到程序号寄存器 R470。R421.5 为触摸屏按钮信号。

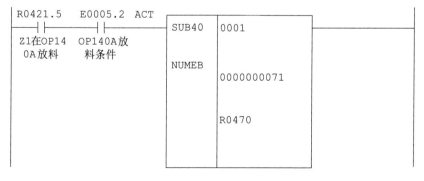

③ 逐一设定放料半自动程序号 72～78 到寄存器 R470。具体程序类同，不再赘述。

11) 半自动运行程序号检索

半自动运行程序号检索时序图如图 5-33 所示。信号 G25.7 下降沿启动程序号检索，信号 R486.0 下降沿启动程序运行。R470 为程序号寄存器。

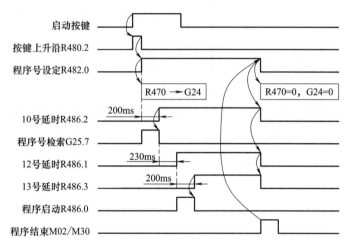

图 5-33　半自动运行程序号检索时序图

① 检测 X 定位半自动按钮按下。

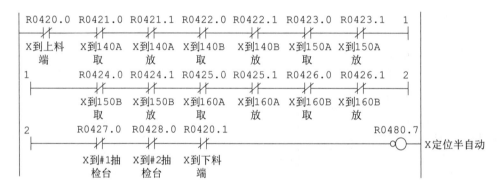

② 检测取料半自动按钮按下。

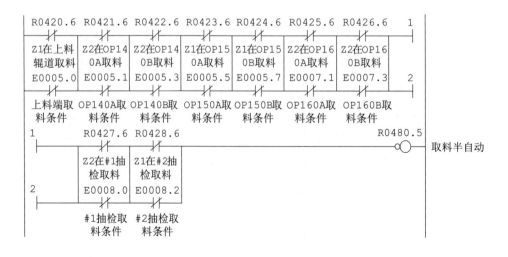

③ 检测放料半自动按钮按下。

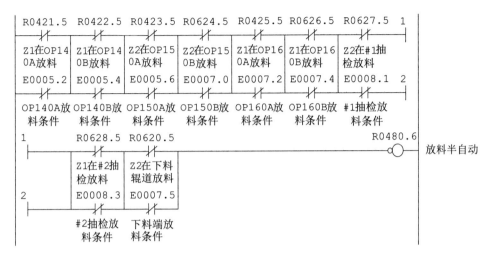

④ X定位、取料、放料半自动运行启动。

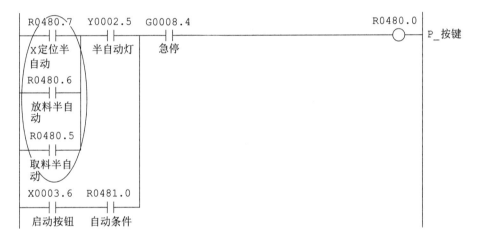

⑤ 检测 R480.0（P_按键）上升沿。

⑥ 程序号设定使能。

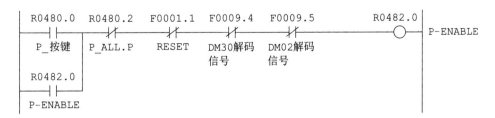

⑦ 程序号设定到 G24。

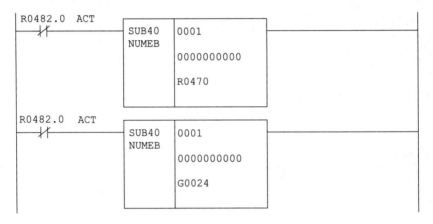

⑧ 程序号清除。

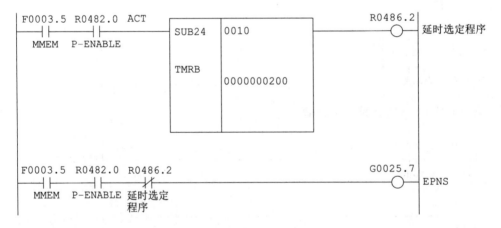

⑨ 启动程序号检索。当信号 G25.7 从"1"变为"0"时执行 G24 中程序号检索。

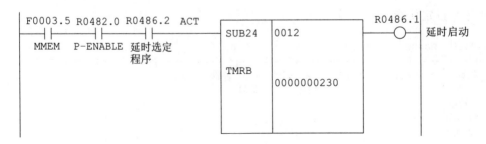

⑩ 延时启动程序。用于开启程序启动信号 R486.0。

⑪ 延时关闭启动信号 R486.0。

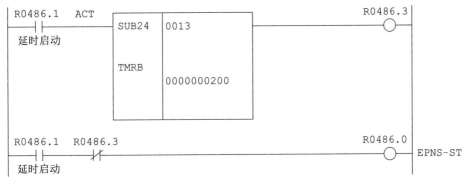

```
R0486.1   ACT                                        R0486.3
──┤├────────┌─────────┬──────────┐──────────────────( )──
延时启动     │ SUB24   │ 0013     │
            │         │          │
            │ TMRB    │          │
            │         │ 0000000200│
            └─────────┴──────────┘

R0486.1   R0486.3                                    R0486.0
──┤├───────┤/├───────────────────────────────────────( )── EPNS-ST
延时启动
```

⑫ 接口信号 G7.2 启动程序运行。当信号 G7.2 从"1"变为"0"时启动程序运行。

```
R0486.0   F0003.5                                    G0007.2
──┤├────────┤├──────────────────────────────────────( )── 自动运行
EPNS-ST    MMEM
X0003.6   F0003.3
──┤├────────┤├──
启动按钮    MMDI
```

12）进给倍率 PMC 程序

进给倍率修调只在触摸屏上操作，设 2 个按键，1 个为"倍率＋"按键（地址 R7.2），按一下倍率增加 10％，最高加到 150％ 为止；另 1 个为"倍率－"按键（地址 R7.3），按一下倍率减少 10％，最低减到 0％为止，如图 5-34 所示。触摸屏上实际倍率值（间隔：1％）显示变量为 D12。

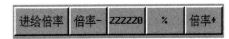

图 5-34　触摸屏上进给倍率修调按钮

① "FV＋_PB"按键上升沿。

```
R0007.2   R0209.1                                    R0209.0
──┤├───────┤/├───────────────────────────────────────( )── FV+U
FV+_PB     FV+D
R0007.2                                              R0209.1
──┤├─────────────────────────────────────────────────( )── FV+D
FV+_PB
```

② "FV－_PB"按键上升沿。

```
R0007.3   R0209.3                                    R0209.2
──┤├───────┤/├───────────────────────────────────────( )── FV-U
FV-_PB     FV-D
R0007.3                                              R0209.3
──┤├─────────────────────────────────────────────────( )── FV-D
FV-_PB
```

③ 按一下"FV＋_PB"按键，倍率增加 10％，即倍率 D12＝D12＋10。

```
R0501.3   RST                                        R0501.3
──┤├────────┌─────────┬──────────┐──────────────────( )── ERR12
            │ SUB36   │ 0002     │
R0209.0   ACT│        │          │
──┤├────────│ ADDB    │ D0012    │
            │         │          │
            │         │0000000010│
            │         │          │
            │         │ D0012    │
            └─────────┴──────────┘
```

④ 按一下"FV－_PB"按键，倍率减少 10%，即倍率 D12＝D12－10。

```
R0501.4  RST                                                      R0501.4
──┤├──────┬───┌────────┬──────────┐──────────────────────────────( )──── ERR13
R0209.2  ACT │   SUB37 │ 0002     │
──┤├─────────┘   SUBB  │          │
                       │ D0012    │
                       │          │
                       │ 0000000010│
                       │          │
                       │ D0012    │
                       └──────────┘
```

⑤ 如果倍率 D12＜0，则让 D12＝0。

```
R9091.1  ACT
──┤├──────────┌────────┬──────────┐─────────────────────────────────
              │  SUB32 │ 0002     │
              │ COMPB  │          │
              │        │ 0000000000│
              │        │          │
              │        │ D0012    │
              └────────┴──────────┘

R9000.1                                                          R0209.4
──┤/├──────────────────────────────────────────────────────────( )──── D12<0
R0209.4  ACT
──┤├──────────┌────────┬──────────┐─────────────────────────────────
              │  SUB40 │ 0002     │
              │ NUMEB  │          │
              │        │ 0000000000│
              │        │          │
              │        │ D0012    │
              └────────┴──────────┘
```

⑥ 如果倍率 D12＞150，则让 D12＝150。

```
R9091.1 ACT
──┤├──────────┌────────┬──────────┐─────────────────────────────────
              │  SUB32 │ 0002     │
              │ COMPB  │          │
              │        │ 0000000150│
              │        │ D0012    │
              └────────┴──────────┘

R9000.1                                                          R0209.5
──┤├──────────────────────────────────────────────────────────( )──── D12>150
R0209.5 ACT
──┤├──────────┌────────┬──────────┐─────────────────────────────────
              │  SUB40 │ 0002     │
              │ NUMEB  │          │
              │        │ 0000000150│
              │        │ D0012    │
              └────────┴──────────┘
```

⑦ 由于进给倍率接口信号 G12 为低电平有效，因此 D12 按位取非，输出给进给倍率接口信号 G12。

```
R9091.1 ACT
──┤├──────────┌────────┬──────────┐─────────────────────────────────
              │  SUB62 │ 0001     │
              │  NOT   │          │
              │        │ D0012    │
              │        │ G0012    │
              └────────┴──────────┘
```

5.6　数控桁架机器人全自动运行控制设计

5.6.1　缸体加工中心全自动运行宏程序设计

1. PMC 至宏程序的接口信号

PMC 至宏程序的接口信号见表 5-25。

表 5-25 PMC 至宏程序的接口信号

序号	宏变量	PMC 地址	注释
1	♯1001	G54.1	机床有料
2	♯1002	G54.2	机床无料
3	♯1003	G54.3	加工完成
4	♯1006	G54.6	联机运行
5	♯1010	G55.2	预停

2. 全自动运行宏程序

OP140A～OP160B 各缸体加工中心全自动运行宏程序流程图如图 5-35 所示。数控机器人半自动运行时，机床侧选择非联机模式；数控机器人全自动运行时，机床侧选择联机模式。在联机模式下，如果机床无料，则请求上料；如果有料且未加工完成，报警；如果有料

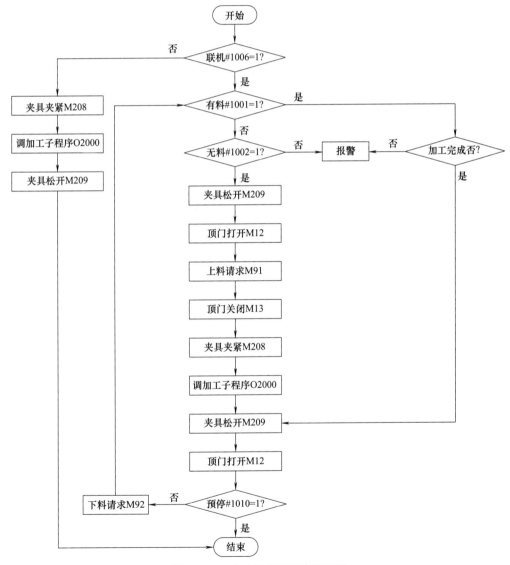

图 5-35 全自动运行宏程序流程图

已加工完成，则请求下料。每次加工完成，判断是否有预停信号，如没有，继续循环；如有预停信号，则循环结束，已加工完成工件存于机床内。

全自动运行宏程序清单如下：

O11

IF［＃1006 EQ 1］GOTO1；如果联机信号＃1006＝1，转 N1

M208；机床夹具夹紧

M98 P2000；调加工子程序

M209；机床夹具松开

GOTO999；转 N999

N1 IF［＃1001 EQ 1］GOTO3；如果有料信号＃1001＝1，转 N3

G04 P2

IF［＃1002 EQ 0］GOTO999；如果无料信号＃1002＝0，转 N999

M209；机床夹具松开

M12；顶门打开

M91；上料请求

M13；顶门关闭

M208；机床夹具夹紧

M98 P2000；调加工子程序

N2 M209；机床夹具松开

M12；顶门打开

IF［＃1010 EQ 1］GOTO999；如果预停信号＃1010＝1，转 N999

M92；下料请求

G04 X1.0

GOTO1；转 N1

N3 IF［＃1003 EQ 1］GOTO2；如果加工完成信号＃1003＝1，转 N2

＃3000＝199；报警

N999 M30

5.6.2　缸体加工中心全自动运行 PMC 程序设计

1. 按钮与指示灯地址

机床侧按钮与指示灯地址见表 5-26。

表 5-26　机床侧按钮与指示灯地址

序号	地址	注释	序号	地址	注释
1	X91.6	机床有料按钮	7	Y91.7	机床无料灯
2	X91.7	机床无料按钮	8	Y92.6	预停灯
3	X92.6	预停按钮	9	Y92.7	加工完成灯
4	X96.0	联机选择开关	10	Y93.6	上料请求灯
5	X96.1	单机选择开关	11	Y93.7	下料请求灯
6	Y91.6	机床有料灯			

2. PMC 程序

① "预停"按钮按下 2s 以上，预停有效。通过接口信号 G55.2 传送到宏变量＃1010。

```
 X0092.6   ACT                                              E0010.0
 ├──┤ ├──┤ ├──┬─────────┬─────────┬──────────────────────────○──
   预停PB      │ SUB24   │ 0150    │                         TMB150
              │         │         │
              │ TMRB    │         │
              │         │0000002000│
              └─────────┴─────────┘


 E0010.0   F0001.1                                          Y0092.6
 ├──┤ ├──┤/├───────────────────────────────────────────────○──
  TMB150    RST                                             预停灯

 Y0092.6                                                    G0055.2
 ├──┤ ├─┘                                                   ──○── 预停
  预停灯                                                     #1010
```

② M37 加工完成，M36 加工完成取消。加工完成通过接口信号 G54.3 传送到宏变量♯1003。

```
 R0124.5  G0054.1  X0012.1  R0124.4                         K0021.0
 ├──┤ ├──┤ ├──┬──┤/├──┤/├────────────────────────────────────○──
   M37     有料  │ 下料完成  M36                             加工完成
 K0021.0        │
 ├──┤ ├─────────┘                                           Y0092.7
  加工完成                                                    ──○──
                                                            加工完成
                                                              灯
                                                            G0054.3
                                                            ──○── 加工完成
                                                             #1003
```

③ 机床有料判别。每次开机人工用"有料"按钮确认机床是否有料，一旦进入全自动循环，用"上料完成"信号来确认机床有料，并通过接口信号 G54.1 传送到宏变量♯1001。

```
 Y0012.1  X0012.0  X0012.1  X0091.7                         R0093.5
 ├──┤ ├──┤ ├──┬──┤/├──┤/├────────────────────────────────────○──
  上料请求 上料完成 │ 下料完成  无料PB                           有料
 X0091.6        │
 ├──┤ ├─────────┤                                           Y0091.6
  有料PB         │                                           ──○──
 R0093.5        │                                           有料灯
 ├──┤ ├─────────┘
   有料                                                      G0054.1
                                                            ──○── 机床有料
                                                             #1001
```

④ 机床无料判别。每次开机人工用"无料"按钮确认机床是否无料，一旦进入全自动循环，用"下料完成"信号来确认机床无料，并通过接口信号 G54.2 传送到宏变量♯1002。

```
 Y0012.2 X0012.1 X0012.0 X0091.6                            R0092.6
 ├──┤ ├──┤ ├──┬──┤/├──┤/├────────────────────────────────────○──
 下料请求 下料完成 │上料完成 有料PB                              无料
 X0091.7        │
 ├──┤ ├─────────┤                                           Y0091.7
  无料PB         │                                           ──○──
 R0092.6        │                                           无料灯
 ├──┤ ├─────────┘
   无料                                                      G0054.2
                                                            ──○── 机床无料
                                                             #1002
```

⑤ 机床联机模式，通过接口信号 G54.6 传送到宏变量♯1006。

```
X0096.0 X0096.1                                           G0054.6
  ─┤ ├───┤/├────────────────────────────────────────────────( )──── 联机
  联机PB  单机PB                                              #1006
```

⑥ 上料请求用 M91 发出，前提条件包括机床原位、机床联机、机床无料等。

```
R0131.3 R0500.3 G0054.6 G0054.1 G0054.2                   Y0012.1
  ─┤ ├───┤ ├────┤ ├────┤/├────┤ ├─────────────────────────( )──── LOAD_RQ
   M91   机床复位  #1006   #1001   #1002                    上料请求
                                                           Y0093.6
                                                          ──( )──
                                                           上料请求灯
```

⑦ 下料请求用 M92 发出，前提条件包括机床原位、机床联机、机床有料、加工完成等。

```
R0131.4 R0500.3 G0054.6 G0054.1 G0054.2 G0054.3           Y0012.2
  ─┤ ├───┤ ├────┤ ├────┤ ├────┤/├────┤ ├──────────────────( )──── UNLOAD_RQ
   M92   机床原位  #1006   #1001   #1002   #1003            下料请求
                                                           Y0093.7
                                                          ──( )──
                                                           下料请求灯
```

⑧ 联机模式自动调 O11 程序运行。

```
X0096.0 X0096.1                                           G0009.0
  ─┤ ├───┤/├────────────────────────────────────────────────( )──
  联机PB  单机PB                                              PN1
                                                           G0009.1
                                                          ──( )──
                                                             PN2
                                                           G0009.3
                                                          ──( )──
                                                             PN8
```

5.6.3　数控桁架机器人全自动运行宏程序设计

1. PMC 至宏程序的接口信号

PMC 至宏程序的接口信号见表 5-27。

表 5-27　PMC 至宏程序的接口信号

序号	宏变量	PMC 地址	注释	序号	宏变量	PMC 地址	注释
1	♯1000	G54.0	上料辊道取料请求	10	♯1009	G55.1	OP160A 取料请求
2	♯1001	G54.1	OP140A 取料请求	11	♯1010	G55.2	OP160A 放料请求
3	♯1002	G54.2	OP140A 放料请求	12	♯1011	G55.3	OP160B 取料请求
4	♯1003	G54.3	OP140B 取料请求	13	♯1012	G55.4	OP160B 放料请求
5	♯1004	G55.4	OP140B 放料请求	14	♯1013	G55.5	下料辊道放料请求
6	♯1005	G54.5	OP150A 取料请求	15	♯1014	G55.6	♯1 抽检台取料请求
7	♯1006	G54.6	OP150A 放料请求	16	♯1015	G55.7	♯1 抽检台放料请求
8	♯1007	G54.7	OP150B 取料请求	17	♯1016	G56.0	♯2 抽检台取料请求
9	♯1008	G55.0	OP150B 放料请求	18	♯1017	G56.1	♯2 抽检台放料请求

2. CNC 宏程序

数控桁架机器人全自动运行宏程序流程图如图 5-36 所示。该程序依次循环轮询上下料请求信号♯1000～♯1017，一旦出现请求信号，即刻调用相应取料或放料子程序。取料子程

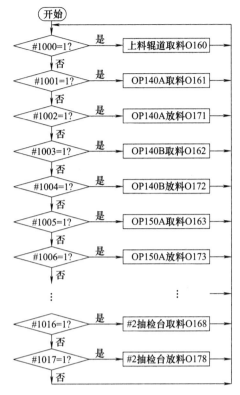

图 5-36 数控桁架机器人全自动运行宏程序流程图

序 O160～O168，放料子程序 O170～O178，与半自动运行完全一样。

数控机器人全自动运行宏程序清单如下：

```
O1
＃801＝30000;X 轴速度
＃802＝8000;无料时 Z 下降速度
＃803＝8000;有料时 Z 上升速度
＃804＝8000;有料时 Z 下降速度
＃805＝8000;无料时 Z 上升速度
＃812＝1000;A 轴速度
N20 M20;请求信号确认
G4 P50
IF［＃1000 EQ 1］GOTO160;上料辊道取料
G4 P20
IF［＃1001 EQ 1］GOTO161;OP140A 取料
G4 P20
IF［＃1002 EQ 1］GOTO171;OP140A 放料
G4 P20
IF［＃1003 EQ 1］GOTO162;OP140B 取料
G4 P20
IF［＃1004 EQ 1］GOTO172;OP140B 放料
G4 P20
```

```
IF [♯1005 EQ 1] GOTO163;OP150A 取料
G4 P20
IF [♯1006 EQ 1] GOTO173;OP150A 放料
G4 P20
IF [♯1007 EQ 1] GOTO164;OP150B 取料
G4 P20
IF [♯1008 EQ 1] GOTO174;OP150B 放料
G4 P20
IF [♯1009 EQ 1] GOTO165;OP160A 取料
G4 P20
IF [♯1010 EQ 1] GOTO175;OP160A 放料
G4 P20
IF [♯1011 EQ 1] GOTO166;OP160B 取料
G4 P20
IF [♯1012 EQ 1] GOTO176;OP160B 放料
G4 P20
IF [♯1013 EQ 1] GOTO170;下料辊道放料
G4 P20
IF [♯1014 EQ 1] GOTO167;♯1 抽检台取料
G4 P20
IF [♯1015 EQ 1] GOTO177;♯1 抽检台放料
G4 P20
IF [♯1016 EQ 1] GOTO168;♯2 抽检台取料
G4 P20
IF [♯1017 EQ 1] GOTO178;♯2 抽检台放料
G4 P20
GOTO20;跳转至 N20
N160(Unload_IN_Roller)
M98 P160;上料辊道取料
GOTO20;跳转至 N20
N161(Unload_OP140A)
M98 P161;OP140A 取料
GOTO20;跳转至 N20
N171(Load_OP140A)
M98 P171;OP140A 放料
GOTO20;跳转至 N20
N162(Unload_OP140B)
M98P162;OP140B 取料
GOTO20;跳转至 N20
N172(Load_OP140B)
M98 P172;OP140B 放料
GOTO20;跳转至 N20
N163(Unload_OP150A)
M98 P163;OP150A 取料
```

```
GOTO20;跳转至 N20
N173(Load_OP150A)
M98 P173;OP150A 放料
GOTO20;跳转至 N20
N164(Unload_OP150B)
M98 P164;OP150B 取料
GOTO20;跳转至 N20
N174(Load_OP150B)
M98 P174;OP150B 放料
GOTO20;跳转至 N20
N165(Unload_OP160A)
M98 P165;OP160A 取料
GOTO20;跳转至 N20
N175(Load_OP160A)
M98 P175;OP160A 放料
GOTO20;跳转至 N20
N166(Unload_OP160B)
M98 P166;OP160B 取料
GOTO20;跳转至 N20
N176(Load_OP160B)
M98 P176;OP160B 放料
GOTO20;跳转至 N20
N170(Load_OUT_Roller)
M98 P170;下料辊道放料
GOTO20;跳转至 N20
N167(Unload_＃1CHK)
M98 P167;＃1 抽检台取料
GOTO20;跳转至 N20
N177(Load_＃1CHK)
M98 P177;＃1 抽检台放料
GOTO20;跳转至 N20
N168(Unload_＃2CHK)
M98 P168;＃2 抽检台取料
GOTO20;跳转至 N20
N178(Load_＃2CHK)
M98 P178;＃2 抽检台放料
GOTO20;跳转至 N20
N300(PROGRAM END)
M30
```

5.6.4 数控桁架机器人全自动运行 PMC 程序设计

1. 电气原理图

1) 机器人与缸体加工中心信号交互

以 OP140A 为例说明数控机器人与缸体加工中心的信号交互。机器人侧和机床侧均采用漏入源出，因此信号交互可以直接连接。图 5-37 为数控机器人与 OP140A 交互信号连接图，P1/N1 为机床侧的 DC24V 电源，P30/G24 为机器人侧的 DC24V 电源。

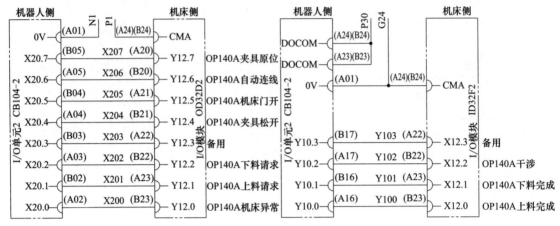

图 5-37　数控机器人与 OP140A 交互信号连接图

2）抽检操作按钮与指示灯

♯1 抽检台抽检 OP140A 和 OP140B 机床加工工件，♯2 抽检台抽检 OP150A 和 OP150B 机床加工工件。数控机器人子操作面板上设置抽检操作按钮与指示灯，其电气原理图如图 5-38 所示。此生产线 OP160A 和 OP160B 加工工件不抽检。

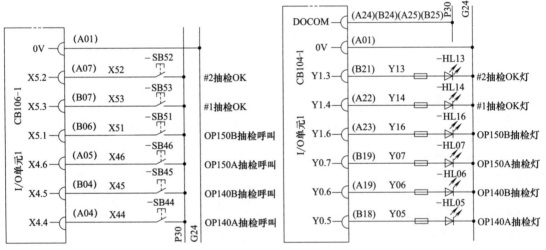

图 5-38　抽检台按钮与指示灯电气原理图

数控机器人触摸屏上也设置了抽检操作按钮与指示灯，抽检操作也可在触摸屏上进行，如图 5-39 所示。

触摸屏上按钮/指示灯信号地址定义见表 5-28。其中指示灯地址与物理指示灯地址一致。

2. PMC 程序

仅以上料辊道取料请求、OP140A 取/放料请求、♯1 抽检台取/放料请求为例，说明相关宏变量接口信号的产生。

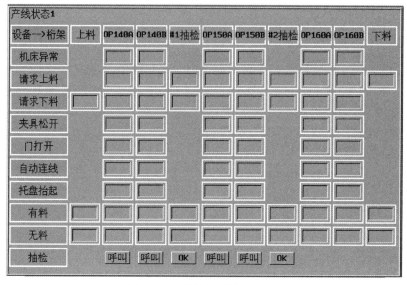

图 5-39 触摸屏抽检操作按钮

表 5-28 触摸屏上按钮/指示灯信号地址

序号	地址	注释	序号	地址	注释
1	E53.2	OP140A 抽检呼叫按钮	7	Y0.5	OP140A 抽检请求灯
2	E54.2	OP140B 抽检呼叫按钮	8	Y0.6	OP140B 抽检请求灯
3	E31.2	♯1 抽检 OK 按钮	9	Y1.4	♯1 抽检 OK 灯
4	E55.2	OP150A 抽检呼叫按钮	10	Y0.7	OP150A 抽检请求灯
5	E56.2	OP150B 抽检呼叫按钮	11	Y1.6	OP150B 抽检请求灯
6	E32.2	♯2 抽检 OK 按钮	12	Y1.3	♯2 抽检 OK 灯

1）上料辊道取料请求宏变量接口信号

① 上料辊道有料。

② 如果有抽检呼叫，则忽略上料辊道取料。

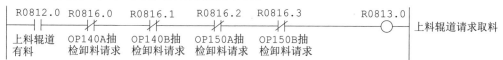

③ 上料辊道取料请求互锁。所有请求信号同一时间只允许出现一个。

④ 上料辊道取料请求 R810.0。其前提条件包括 OP140A 或 OP140B 有请求、Z1 手爪无料、Z2 手爪无料、无抽检呼叫等。

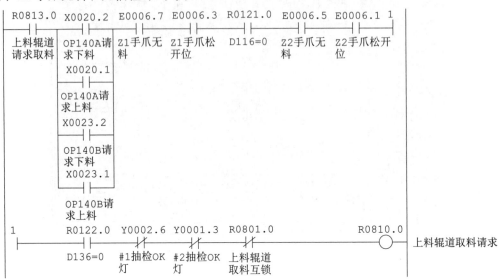

⑤ 产生上料辊道取料宏变量♯1000 的接口信号 G54.0。

2）OP140A 取料请求宏变量接口信号

① OP140A 取料请求互锁。所有请求信号同一时间只允许出现一个。

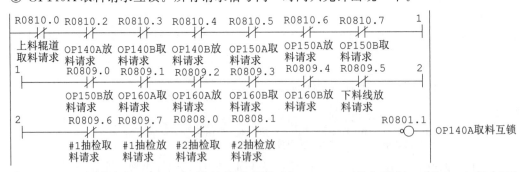

② OP140A 取料请求 R810.1。其前提条件包括 OP140A 请求下料、OP140A 门打开、OP140A 夹具松开、OP140A 夹具原位、OP140A 无异常、Z1 手爪有料、Z2 手爪无料等。

③ 产生 OP140A 取料宏变量♯1001 的接口信号 G54.1。

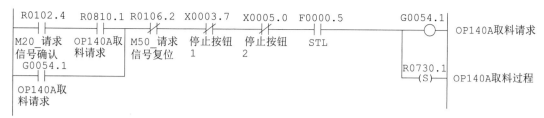

3）OP140A 放料请求宏变量接口信号

① OP140A 放料请求互锁。所有请求信号同一时间只允许出现一个。

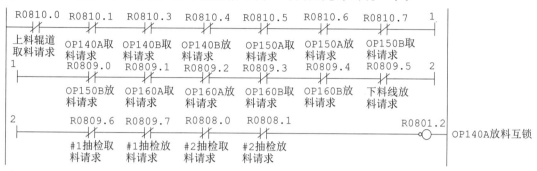

② OP140A 放料请求 R810.2。其前提条件包括 OP140A 请求上料、OP140A 门打开、OP140A 夹具松开、OP140A 夹具原位、OP140A 无异常、Z1 手爪有料等。

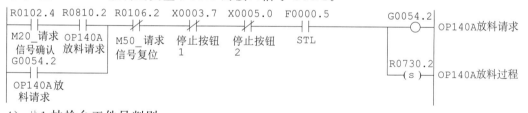

③ 产生 OP140A 放料宏变量♯1002 的接口信号 G54.2。

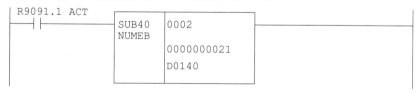

4）♯1 抽检台工件号判别

① 窗口读宏变量功能代码 21，设定到 D140。

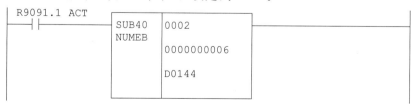

② 宏变量数据长度 6（字节），设定到 D144。

```
R9091.1 ACT
├─┤ ├─────┐
           │ SUB40  │ 0002        │
           │ NUMEB  │             │
           │        │ 0000000006  │
           │        │             │
           │        │ D0144       │
           └─────────────────────┘
```

③ ♯1 抽检台工件号为宏变量号 503，设定到 D146，表示读♯503 变量值。

```
R9091.1 ACT
├──┤├────────┤ SUB40  │ 0002        │────────────────────────┤
             │ NUMEB  │             │
             │        │ 0000000503  │
             │        │             │
             │        │ D0146       │
             └────────┴─────────────┘
```

④ 宏变量值小数位数 3，设定到 D148。

```
R9091.1 ACT
├──┤├────────┤ SUB40  │ 0002        │────────────────────────┤
             │ NUMEB  │             │
             │        │ 0000000003  │
             │        │             │
             │        │ D0148       │
             └────────┴─────────────┘
```

⑤ 窗口读宏变量♯503。

```
R0120.4 ACT                                        R0120.4
├──┤/├────────┤ SUB51  │ D0140 │──────────────────────( )──── 读#503完成
             │ WINDR  │       │
             └────────┴───────┘
```

⑥ 窗口读出的数据 D150 除以 1000，结果输出到 D156，得到♯1 抽检台工件号。

```
F0001.1 RST                                        R0120.5
├──┤├────────┐ SUB39  │ 0004        │──────────────────( )────
R9091.1 ACT  │ DIVB   │             │
├──┤├────────┘        │ D0150       │
                      │             │
                      │ 0000001000  │
                      │             │
                      │ D0156       │
                      └─────────────┘
```

⑦ D156＝11，表示♯1 抽检台工件为 OP140A 加工完成工件。

```
R9091.1 ACT
├──┤├────────┤ SUB32  │ 0004        │────────────────────────┤
             │ COMPB  │             │
             │        │ 0000000011  │
             │        │             │
             │        │ D0156       │
             └────────┴─────────────┘

R9000.0                                            R0123.0
├──┤├──────────────────────────────────────────────( )──── D156=11
```

⑧ D156＝12，表示♯1 抽检台工件为 OP140B 加工完成工件。

```
R9091.1 ACT
├──┤├────────┤ SUB32  │ 0004        │────────────────────────┤
             │ COMPB  │             │
             │        │ 0000000012  │
             │        │             │
             │        │ D0156       │
             └────────┴─────────────┘

R9000.0                                            R0123.1
├──┤├──────────────────────────────────────────────( )──── D156=12
```

5）♯1 抽检取料请求宏变量接口信号

① ♯1抽检台可取料。

```
X0026.1   X0026.2   X0026.0   X0026.3                              R0812.2
├─┤├───────┤├───────┤├───────┤├──────────────────────────────────( )───   #1抽检可取料
1#抽检台   1#抽检台   1#抽检台   1#抽检台
门关       旋转到位   有料      在位
```

② ♯1抽检台工件号 D156＝11 时，子操作面板或触摸屏"♯1抽检 OK"按钮启动 OP140A 抽检取料请求。

```
X0002.6  R0812.2  R0123.0  R0104.1                              R0816.0
├─┤├─────┤├───────┤├───────┤/├──────────────────────────────────( )───   OP140A抽检取料请求
#1抽检OK  #1抽检可  D156=11  M33_#1抽
_PB      取料              检取料完
E0031.2
├─┤├
#1抽检OK
_HMI
R0817.0
├─┤├
OP140A抽
检OK
```

③ ♯1抽检台工件号 D156＝12 时，子操作面板或触摸屏"♯1抽检 OK"按钮启动 OP140B 抽检取料请求。

```
X0002.6  R0812.2  R0123.1  R0104.1                              R0816.1
├─┤├─────┤├───────┤├───────┤/├──────────────────────────────────( )───   OP140B抽检取料请求
#1抽检OK  #1抽检可  D156=12  M33_#1抽
_PB      取料              检取料完
E0031.2
├─┤├
#1抽检OK
_HMI
R0817.1
├─┤├
OP140B抽
检OK
```

④ ♯1抽检取料请求互锁。所有请求信号同一时间只允许出现一个。

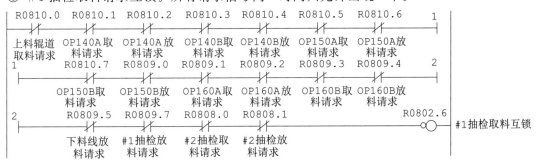

⑤ ♯1抽检取料请求 R809.6。其前提条件包括 OP140A 或 OP140B 抽检取 OK 请求卸料、Z1 手爪无料、Z1 手爪松开、Z2 手爪无料、Z2 手爪松开等。

```
R0816.0  E0006.5  E0006.1  R0122.0  E0006.7  E0006.3  R0121.0      1
├─┤├─────┤├───────┤├───────┤├───────┤├───────┤├───────┤├──────────
OP140A抽  Z2手爪无  Z2手爪松  D136=0   Z1手爪无  Z1手爪松  D116=0
检取料请求  料       开位              料       开位
R0816.1
├─┤├
OP140B抽
检取料请求
1        R0802.6                                              R0809.6
├────────┤/├──────────────────────────────────────────────────( )───   #1抽检取料请求
         #1抽检取
         料互锁
```

⑥ 产生♯1 抽检取料宏变量♯1014 的接口信号 G55.6。

```
 R0102.4   R0809.6   R0106.2   X0003.7   X0005.0   F0000.5                    G0055.6
───┤├────────┤├────────┤/├────────┤/├────────┤/├────────┤├──────────────────────( )──────  #1抽检取料请求
 M20_请求   #1抽检取   M50_请求   停止按钮   停止按钮    STL
 信号确认    料请求    信号复位     1         2
 G0055.6                                                                       R0731.6
                                                                            ────(s)──────  #1抽检取料过程
 #1抽检取
 料请求
```

6）♯1 抽检放料请求宏变量接口信号

① ♯1 抽检台可放料。

```
 X0026.1   X0026.2   X0026.0   X0026.3                                        R0812.3
───┤├────────┤├────────┤/├────────┤├───────────────────────────────────────────( )──────  1号抽检可放料
 1#抽检台   1#抽检台   1#抽检台   1#抽检台
  门关      放转到位    有料       在位
```

② 子操作面板或触摸屏"OP140A 抽检呼叫"按钮启动 OP140A 抽检放料请求。

```
 X0004.4   R0812.3   R0103.7   X0005.2                                        R0814.0
───┤├────────┤├────────┤/├────────┤/├───────────────────────────────────────────( )──────  OP140A抽检呼叫
 OP140A抽   1号抽检   M31_#1抽   #2抽检OK
 检呼叫PB   可放料    检放料完    _PB
 E0053.2
 OP140A抽
 检-HMI
 R0814.0
  ┤├
 OP140A抽
 检呼叫
 R0814.0   R0812.3   R0815.1                                                  R0815.0
───┤├────────┤├────────┤/├───────────────────────────────────────────────────────( )──────  OP140A抽检上料请求
 OP140A抽   1号抽检   OP140B抽
 检呼叫     可放料    检上料请
                                                                              Y0000.5
                                                                            ────( )──────  OP140A抽检请求灯
```

③ 子操作面板或触摸屏"OP140B 抽检呼叫"按钮启动 OP140B 抽检放料请求。

```
 X0004.5   R0812.3   R0103.7   X0005.2                                        R0814.1
───┤├────────┤├────────┤/├────────┤/├───────────────────────────────────────────( )──────  OP140B抽检呼叫
 OP140B抽   1号抽检   M31_#1抽   #2抽检OK
 检呼叫     可放料    检放料完    _PB
 E0054.2
 OP140B抽
 检-HMI
 R0814.1
  ┤├
 OP140B抽
 检呼叫
 R0814.1   R0812.3   R0815.0                                                  R0815.1
───┤├────────┤├────────┤/├───────────────────────────────────────────────────────( )──────  OP140B抽检上料请求
 OP140B抽   1号抽检   OP140A抽
 检呼叫     可放料    检上料请
                                                                              Y0000.6
                                                                            ────( )──────  OP140B抽检请求灯
```

④ ♯1 抽检放料请求互锁。所有请求信号同一时间只允许出现一个。

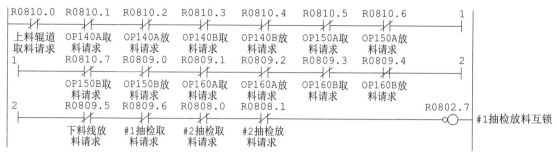

⑤ ♯1抽检放料请求 R809.7。其前提条件包括 OP140A 或 OP140B 抽检上料请求、Z1 手爪无料、Z1 手爪松开、Z2 手爪有料、Z2 手爪工件号 D136＝11 或 12 等。

R0815.0	R0122.1	E0006.4	E0006.0	E0006.7	E0006.3	R0121.0	1
OP140A抽检上料请求	D136=11	Z2手爪有料	Z2手爪夹紧位	Z1手爪无料	Z1手爪松开位	D116=0	
R0815.1	R0122.2						
OP140B抽检上料请求	D136=12						

1	R0802.7	R0809.7
	#1抽检放料互锁	#1抽检放料请求

⑥ 产生♯1抽检放料宏变量♯1015的接口信号 G55.7。

R0102.4	R0809.7	R0106.2	X0003.7	X0005.0	F0000.5	G0055.7
M20_请求信号确认	#1抽检放料请求	M50_请求信号复位	停止按钮1	停止按钮2	STL	#1抽检放料请求
G0055.7						R0731.7
#1抽检放料请求						─(s)─ #1抽检放料过程

7）机床请求应答信号

以 OP140A 为例进行说明。

① 通过 M21 和 M51 代码发出 OP140A 上料完成与下料完成信号。

R0730.2	R0102.5	Y0010.0
OP140A放料过程	M21_OP140A放料完	OP140A上料完成
R0730.1	R0106.3	Y0010.1
OP140A取料过程	M51_OP140A取料完	OP140A下料完成

② 上下料机器人在 OP140A 运行。

E0300.1	E0307.1	Y0010.2
X_OP140A取_OK	Z2=0	OP140A桁架运行中
E0300.2	E0307.0	
X_OP140A放_OK	Z1=0	

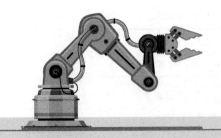

附录1 0i-F 按地址顺序的 CNC 接口信号一览表（G 信号）

地址	符号	信号名称	功能手册
G0～G1	ED0～ED15	外部数据输入用数据信号	
G2.0～G2.6	EA0～EA6	外部数据输入用地址信号	17.2
G2.7	ESTB	外部数据输入用读取信号	
G4.3	FIN	结束信号	10.1
G4.4～G4.7	MFIN2～MFIN5	第 2～第 5 M 功能结束信号	10.4
G5.0/G5.2/G5.3/G5.7	MFIN/SFIN/TFIN/BFIN	M/S/T/B 功能结束信号	
G5.6	AFL	辅助功能锁住信号	10.2
G6.0	SRN	程序再启动信号	5.6
G6.2	*ABSM	手动绝对信号	5.4
G6.4	OVC	倍率取消信号	7.1.7.4
G6.6	SKIPP	跳过信号	16.3
G7.0	RVS	回退运行信号	5.10
G7.1	STLK	启动互锁信号	2.5
G7.2	ST	自动运行启动信号	5.1
G7.4	RLSOT3	存储行程极限 3 无效信号	2.3.4
G7.5	*FLWU	位置跟踪信号	1.2.7
G7.6	EXLM	存储行程极限 1 切换信号	2.3.2
G7.7	RLSOT	存储行程极限 1 无效信号	
G8.0	*IT	所有轴互锁信号	
G8.1	*CSL	切削程序段开始互锁信号	2.5
G8.3	*BSL	程序段开始互锁信号	
G8.4	*ESP	急停信号	2.1
G8.5	*SP	自动运行暂停信号	5.1
G8.6	RRW	复位与倒带信号	5.2
G8.7	ERS	外部复位信号	
G9.0～G9.4	PN1～PN16	外部工件号检索信号	17.5
G10～G11	*JV0～*JV15	手动进给倍率信号	3.1
G12	*FV0～*FV7	进给速度倍率信号	7.1.7.2

续表

地址	符号	信号名称	功能手册
G13	*AFV0～*AFV7	第2进给倍率信号	7.1.7.3
G14.0～G14.1	ROV1～ROV2	快速移动倍率信号	7.1.7.1
G16.7	F1D	F1位进给选择信号	7.1.5
G18.0～G18.3	HS1A～HS1D	第1手轮进给轴选择信号	
G18.4～G18.7	HS2A～HS2D	第2手轮进给轴选择信号	3.2
G19.0～G19.3	HS3A～HS3D	第3手轮进给轴选择信号	
G19.4～G19.6	MP1,MP2,MP4	手轮进给倍率信号	3.2/3.5/3.9
G19.7	RT	手动快速移动信号	3.1
G20.0～G20.3	HS4A～HS4D	第4手轮进给轴选择信号	3.2
G21.0～G22.3	SVR01I～SVR12I	伺服电机旋转速度信号	
G22.4	DFSYC	伺服电机速度同步命令信号	
G22.5	SVGN	伺服电机旋转方向信号	11.22.1
G22.7	SVSP	伺服电机主轴控制切换信号	
G23.3	HNDLF	手轮进给最大速度切换信号	3.2/7.1.10
G23.4	HREV	手轮同步进给信号	3.5
G23.5	NOINPS	在位检查禁止信号	7.2.6.3
G23.6	RGHTH	刀具轴向进给方式信号	3.7.5.2
G23.7	ALNGH	刀具径向进给方式信号	3.7.5.2
G24.0～G25.5	EPN0～EPN13	扩展外部工件号检索信号	17.5
G25.7	EPNS	外部工件号检索启动信号	
G26.0,G26.1	PC3SLC,PC4SLC	位置编码器选择信号	
G26.3	SWS4	主轴选择信号	
G26.6	*SSTP4	单独主轴停止信号	11.12
G27.0～G27.2	SWS1～SWS3	主轴选择信号	
G27.3～G27.5	*SSTP1～*SSTP3	各主轴停止信号	
G27.7	CON	Cs轮廓控制切换信号	11.11.1
G28.1～G28.2	GR1～GR2	齿轮选择信号(输入)	11.5
G28.4	*SUCPFA	主轴松开完成信号	
G28.5	*SCPFA	主轴锁紧完成信号	11.10
G28.6	SPSTPA	主轴停止完成信号	
G28.7	PC2SLC	第2位置编码器选择信号	11.12
G29.0～G29.3	GR21,GR22,GR31,GR32	齿轮选择信号(输入)	
G29.4	SAR	速度到达信号	
G29.5	SOR	主轴定向信号	11.5
G29.6	*SSTP	主轴停止信号	
G30	SOV0～SOV7	主轴倍率信号	
G31.3	M3R	三维坐标系转换手动中断开关信号	13.15
G31.4,G31.5	GR41,GR42	齿轮选择信号(输入)	11.12
G31.6,G31.7	PKESS1,PKESS2	第1,第2主轴驻留信号	11.17
G32.0～G33.3	R01I～R12I		
G34.0～G35.3	R01I2～R12I2	主轴电机速度指令信号	
G36.0～G37.3	R01I3～R12I3		11.6
G33.5,G35.5,G37.5	SGN,SGN2,SGN3	主轴电机指令极性指令信号	
G33.6,G35.6,G37.6	SSIN,SSIN2,SSIN3	主轴电机指令极性选择信号	
G33.7,G35.7,G37.7	SIND,SIND2,SIND3	主轴电机速度指令选择信号	
G38.0	*PLSST	多边形主轴停止信号	6.9.2
G38.1	SBRT	主轴同步转速比控制信号	
G38.2	SPSYC	主轴同步控制信号	11.14
G38.3	SPPHS	主轴相位同步控制信号	
G38.5	SDPC	速度显示切换信号	14.1.10

地址	符号	信号名称	功能手册
G38.6	*BEUCP	B轴松开完成信号	13.12
G38.7	*BECLP	B轴锁紧完成信号	
G39.0~G39.5，G40.0~G40.3	OFN0~OFN9	刀具补偿号选择信号	16.5/16.4.2
G39.6	WOQSM	工件原点补偿量测量方式选择	
G39.7	GOQSM	刀具补偿量测量方式选择	16.4.2
G40.5	S2TLS	主轴测量选择信号	
G40.6	PRC	位置记录信号	16.4.1
G40.7	WOSET	工件坐标系偏移量写入信号	16.4.2
G41.0~G41.3	HS1IA~HS1ID	第1手轮中断轴选择信号	
G41.4~G41.7	HS2IA~HS2ID	第2手轮中断轴选择信号	3.3
G42.0~G42.3	HS3IA~HS3ID	第3手轮中断轴选择信号	
G42.7	DMMC	直接运行选择信号	5.15/5.16
G43.0~G43.2	MD1~MD4	方式选择信号	2.6
G43.5	DNCI	DNC运行选择信号	5.14/5.15
G43.7	ZRN	手动回零选择信号	4.1
G44.0，G45	BDT1~BDT9	可选程序段跳过信号	5.5
G44.1	MLK	所有轴机床锁住信号	5.3.1
G46.0	KRYP	存储器保护信号	14.2.2
G46.1	SBK	单程序段信号	5.3.3
G46.3~G46.6	KEY1~KEY4	存储器保护信号	14.1.3/14.2.1
G46.7	DRN	空运行信号	5.3.2
G47.0~G48.1	TL01~TL512	刀具组号选择信号	12.5
G48.2	LFCIV	刀具寿命计数无效信号	
G48.5	TLSKP	刀具跳过信号	
G48.6	TLRSTI	逐把刀具更换复位信号	12.3.1/12.6
G48.7	TLRST	换刀复位信号	
G49.0~G50.1	*TLV0~*TLV9	刀具寿命计数倍率信号	
G53.0	TMRON	通用累计表启动信号	14.1.1
G53.3	UINT	用户宏程序中断信号	13.6.3
G53.5	ROVLP	快速进给程序块重叠禁止信号	7.2.1.2/7.2.1.3
G53.6	SMZ	到位检测信号	7.2.6.1
G53.7	*CDZ	倒角信号	13.8
G54~G57	UI000~UI031	用户宏程序用输入信号	13.6
G58.1	EXRD	外部读入开始信号	
G58.2	EXSTP	外部读入输出停止信号	15.2
G58.3	EXWT	外部读入输出开始信号	
G59.0	TRESC	刀具退回信号	5.8
G59.1	TRRTN	刀具返回信号	
G59.7	NXYNCA	同步控制转矩差报警检测无效	1.6
G60.7	*TSB	尾架干涉选择信号	2.3.8
G61.0	RGTAP	刚性攻螺纹信号	11.13
G61.4~G61.7	RGTSP1~RGTSP4	刚性攻螺纹主轴选择信号	
G62.1	*CRTOF	屏幕黑屏禁止信号	14.1.13
G62.6	RTNT	攻螺纹返回启动信号	5.13/5.17
G62.7	HEAD2	路径选择信号	8.13/14.3
G63.0	HEAD	路径选择信号	
G63.1	NOWT	等待忽略信号	8.2
G63.2，G63.3	SLSPA，SLSPB	路径间主轴指令选择信号	8.11
G63.5	NOZAGC	正交轴倾斜控制无效信号	1.8

地址	符号	信号名称	功能手册
G63.6	INFD	横向进给控制进刀开始信号	13.9
G63.7	NMWT	等待忽略信号	8.2
G64.2,G64.3	SLPCA,SLPCB	路径间主轴反馈选择信号	8.11
G64.6	ESRSYC	主轴简易同步控制	11.17
G66.0	IGNVRY	所有轴 VRDY OFF 报警忽略	2.8
G66.1	ENBKY	外部键盘输入方式选择信号	17.6
G66.4	RTRCT	回退信号	1.10/6.22
G66.7	EKSET	键控代码读取信号	17.6
G67.0	MTLC	手动刀具补偿指令号	12.1.5
G67.2	NMOD	检查方式信号	5.3.5
G67.3	MCHK	手轮检查信号	
G67.6	HCABT	硬拷贝中止请求信号	14.1.14
G67.7	HCREQ	硬拷贝执行请求信号	
G68～G69	MTLN00～MTLN15	手动刀具补偿刀具号	12.1.5
G70.0	TLMLA	转矩限制指令 LOW 信号	
G70.1	TLMHA	转矩限制指令 HIGH 信号	
G70.2～G70.3	CTH1A～CTH2A	齿轮挡位信号	11.2
G70.4	SRVA	主轴反向旋转指令	
G70.5	SFRA	主轴正向旋转指令	
G70.6	ORCMA	主轴定向指令	11.2/11.15
G70.7	MRDYA	机械准备就绪信号	
G71.0	ARSTA	主轴报警复位信号	
G71.1	*ESPA	主轴紧急停止信号	
G71.2	SPSLA	主轴选择信号	
G71.3	MCFNA	主轴动力线切换完成信号	
G71.4	SOCNA	主轴软启动停止取消信号	
G71.5	INTGA	主轴速度积分控制信号	
G71.6	RSLA	主轴输出切换请求信号	11.2
G71.7	RCHA	主轴动力线状态确认信号	
G72.0	INDXA	主轴定向停止位置变更指令	
G72.1	ROTAA	主轴定向停止位置变更时旋转方向指令信号	
G72.2	NRROA	主轴定向停止位置变更时快捷指令信号	
G72.3	DEFMDA	主轴差速方式指令信号	
G72.4	OVRA	主轴模拟倍率信号	
G72.5	INCMDA	增量指令外部设定型定向信号	
G72.6	MFNHGA	主轴切换 MAIN 侧 MCC 触点状态信号	
G72.7	RCHHGA	主轴切换 HIGH 侧 MCC 触点状态信号	
G73.0	MORCMA	磁传感器方式主轴定向指令信号	
G73.1	SLVA	主轴从属运行方式指令信号	11.2
G73.2	MPOFA	主轴电机动力关断指令信号	
G70.0～G73.2	TLMLA～MPOFA	第1串行主轴信号	
G74.0～G77.2	TLMLB～MPOFB	第2串行主轴信号	
G78.0～G79.6	SH00A～SH14A	第1主轴定向外部停止位置	11.15
G80.0～G81.6	SH00B～SH14B	第2主轴定向外部停止位置	
G82～G83	EUI00～EUI15	P 代码宏程序输入信号	13.17
G86.0～G86.3	+Jg/-Jg/+Ja/-Ja	进给轴与方向信号	3.4
G87.0～G87.1	MP21～MP22	第2手轮倍率信号	
G87.3～G87.4	MP31～MP32	第3手轮倍率信号	3.2
G87.6～G87.7	MP41～MP42	第4手轮倍率信号	
G88.3	HNDMP	手轮倍率切换信号	17.1

续表

地址	符号	信号名称	功能手册
G88.4～G88.7	HS4IA～HS4ID	手轮中断轴选择信号	3.3
G90.0～G90.2	G2RVX/G2RVZ/G2RVY	刀具偏置方向信号	12.4.4
G90.4～G90.6	G2X/G2Z/G2Y	第2刀具几何偏置轴选择信号	
G90.7	G2SLC	第2刀具几何偏置信号	
G96.0～G96.6	*HROV0～*HROV6	1%快速移动倍率信号	7.1.7.1
G96.7	HROV	1%快速移动倍率选择信号	7.1.9
G98	EKC0～EKC7	键控代码信号	17.6
G100.0～G100.7	+J1～+J8	各轴正向选择信号	3.1
G101.0～G101.7	*+ED21～*+ED28	各轴正向外部减速信号2	7.1.10
G102.0～G102.7	−J1～−J8	各轴负向选择信号	3.1
G103.0～G103.7	*−ED21～*−ED28	各轴负向外部减速信号2	7.1.10
G104.0～G104.7	+EXL1～+EXL8	各轴正向软极限1切换信号	2.3.2
G105.0～G105.7	−EXL1～−EXL8	各轴负向软极限1切换信号	
G106.0～G106.7	MI1～MI8	各轴轴镜像信号	1.2.6
G107.0～G107.7	*+ED31～*+ED38	各轴正向外部减速信号3	7.1.10
G108.0～G108.7	MLK1～MLK8	各轴机床锁住信号	5.3.1
G109.0～G109.7	*−ED31～*−ED38	各轴负向外部减速信号3	7.1.10
G110.0～G110.7	+LM1～+LM8	各轴正向软极限外部设定信号	2.3.6
G112.0～G112.7	−LM1～−LM8	各轴负向软极限外部设定信号	
G114.0～G114.7	*+L1～*+L8	各轴正向超程信号	2.3.1
G116.0～G116.7	*−L1～*−L8	各轴负向超程信号	
G118.0～G118.7	*+ED1～*+ED8	各轴正向外部减速信号1	7.1.10
G120.0～G120.7	*−ED1～*−ED8	各轴负向外部减速信号1	
G122.0～G122.7	PK1～PK8	各轴驻留信号	8.6.2
G122.6(G31.6)	PKESS1	第1主轴驻留信号	11.17
G122.7(G31.7)	PKESS2	第2主轴驻留信号	
G124.0～G124.7	DTCH1～DTCH8	各轴解除信号	1.2.5/1.15
G125.0～G125.7	IUDD1～IUDD8	各轴异常负载检测忽略信号	2.9
G126.0～G126.7	SVF1～SVF8	各轴伺服关断信号	1.2.8
G128.0～G128.7	MIX1～MIX8	混合控制选择信号	8.6
G130.0～G130.7	*IT1～*IT8	各轴互锁信号	2.5
G132.0～G132.7	+MIT1～+MIT8	各轴正向互锁信号	
G134.0～G134.7	−MIT1～−MIT8	各轴负向互锁信号	
G132.0,G132.1	+MIT1,+MIT2	刀具补偿量写入信号	16.4.2
G134.0,G134.1	−MIT1,−MIT2	刀具补偿量写入信号	
G136.0～G136.7	EAX1～EAX8	各轴PMC轴控制选择信号	17.1
G138.0～G138.7	SYNC1～SYNC8	各轴同步控制选择信号	1.6/8.6
G140.0～G140.7	SYNCJ1～SYNCJ8	各轴手动同步控制选择信号	1.6
G142.0	EFINA	A组PMC轴辅助功能完成信号	17.1
G142.1	ELCKZA	A组PMC轴累积零检测信号	
G142.2	EMBUFA	A组PMC轴缓冲禁止信号	
G142.3	ESBKA	A组PMC轴单程序段信号	
G142.4	ESOFA	A组PMC轴伺服关断信号	
G142.5	ESTPA	A组PMC轴暂停信号	
G142.6	ECLRA	A组PMC轴复位信号	
G142.7	EBUFA	A组PMC轴指令读取信号	
G143.0～G143.6	EC0A～EC6A	A组PMC轴控制指令	17.1
G143.7	EMSBKA	A组PMC轴单段禁止信号	
G144～G145	EIF0A～EIF15A	A组PMC轴进给速度指令	
G146～G149	EID0A～EID31A	A组PMC轴控制数据	

续表

地址	符号	信号名称	功能手册
G150.0～G150.1	EROV1～EROV2	PMC轴快移倍率信号	17.1
G150.5	EOVC	A组PMC轴倍率取消信号	
G150.6	ERT	PMC轴手动快移信号	
G150.7	EDRN	PMC轴空运行信号	
G151	＊EFOV0A～＊EFOV7A	A组PMC轴进给倍率信号	
G142～G151	EFINA～	A组PMC轴信号	
G154～G163	EFINB～	B组PMC轴信号	
G166～G175	EFINC～	C组PMC轴信号	
G178～G187	EFIND～	D组PMC轴信号	
G190.0～G190.7	OVLS1～OVLS8	各轴重叠控制选择信号	8.7
G192.0～G192.7	IGVRY1～IGVRY8	各轴VRDY OFF报警忽略信号	2.8
G193.3	HDSR	手轮旋转方向选择信号	3.5
G196.0～G196.7	＊DEC1～＊DEC8	各轴回零减速信号	4.1
G197.0～G197.3	MTA～MTD	柔性同步控制方式选择信号	1.12
G198.0～G198.7	NPOS1～NPOS8	轴不显示信号	14.1.19
G199.0～G199.1	IOLBH1～IOLBH2	I/O Link轴手轮选择信号	3.9
G202.0～G202.7	NDCAL1～NDCAL8	PMC轴A/B相编码器断线报警忽略信号	17.1
G203.3	ESTPR	轴急停启动信号	1.13
G203.7	PWFL	电源失效减速信号	1.11
G204～G207	TLMLC～	第3串行主轴信号	11.2
G208.0～G209.6	SH00C～SH14C	第3主轴定向外部停止位置	11.15
G210～G211	ED16～ED31	外部数据输入用数据信号	17.2
G264.0～G264.3	ESSYC1～ESSYC4	各主轴简易同步控制信号	11.17
G265.0～G265.3	PKESE1～PKESE4	各主轴简易同步驻留信号	
G266～G269	TLMLD～	第4串行主轴信号	11.2
G270.0～G271.6	SH00D～SH14D	第4主轴定向外部停止位置	11.15
G272.0～G273.3	R01I4～R12I4	第4主轴速度命令信号	11.6
G273.5	SGN4	第4主轴电机极性信号	
G273.6	SSIN4	第4主轴电机极性选择信号	
G273.7	SIND4	第4主轴电机速度命令选择信号	
G274.0～G274.3	CONS1～CONS4	各主轴Cs轮廓控制切换信号	11.11
G274.4～G274.7	CSFI1～CSFI4	各主轴Cs轴坐标建立请求	
G276～G279	UI100～UI131	宏输入信号	13.6
G280～G283	UI200～UI231	宏输入信号	
G284～G287	UI300～UI331	宏输入信号	
G288.0～G288.3	SPSYC1～SPSYC4	各主轴同步控制信号	11.14
G289.0～G289.3	SPPHS1～SPPHS4	各主轴相位同步控制信号	
G290.5	PGCK	高速程序检查信号	5.3.4
G292.3	ITRC	干涉检查区域切换信号	2.3.9
G292.4～G292.6	ITCD1～ITCD3	组间干涉检查禁止信号	
G292.7	ITCD	旋转区域干涉检查禁止信号	
G295.6	C2SEND	双重显示强制切断请求信号	14.1.9
G295.7	CNCKY	键盘输入选择信号	14.1.11/14.1.12
G297.0	BCAN	段取消信号	5.11
G298.0	TB_BASE	工作台垂直或水平方向选择信号	3.7.5.2
G298.2	RNDH	刀尖中心旋转进给方式信号	
G328.0～G328.3	TLRST1～TLRST4	换刀信号1～4	12.3.1
G328.4～G328.7	TLRSTI1～TLRSTI4	单独换刀复位信号1～4	
G329.0～G329.3	TLSKP1～TLSKP4	刀具跳过信号1～4	
G329.4～G329.7	TLNCT1～TLNCT4	刀具寿命计数禁止信号1～4	

地址	符号	信号名称	功能手册
G330.0～G330.5	TKEY0～TKEY5	刀具管理数据保护信号	12.3.2
G340.5	SLREF	手动返回第2～第4参考点选择信号1	4.13
G340.6	SLRER	手动返回第2～第4参考点选择信号2	
G341.0～G341.7	＊＋ED41～＊＋ED48	正向外部减速信号4	7.1.10
G342.0～G342.7	＊－ED41～＊－ED48	负向外部减速信号4	
G343.0～G343.7	＊＋ED51～＊＋ED58	正向外部减速信号5	
G344.0～G344.7	＊－ED51～＊－ED58	负向外部减速信号5	
G347.1	HDN	手轮进给方向改变信号	3.2
G347.7	NOT3DM	三维坐标系转换手动中断使能/禁止切换信号	3.3.1
G352.0～G353.1	＊FHRO0～＊FHRO9	0.1%快移倍率信号	7.1.7.1
G353.7	FHROV	0.1%快移倍率选择信号	
G358.0～G358.8	WPRST1～WPWST8	各轴工件坐标系预置信号	1.5.2.6
G376	SOV20～SOV27	第2主轴倍率信号	11.12
G377	SOV30～SOV37	第3主轴倍率信号	
G378	SOV40～SOV47	第4主轴倍率信号	
G379.0～G379.3	HS5A～HS5D	第5手轮轴选信号	3.2
G379.4～G379.7	HS5IA～HS5ID	第5手轮中断轴选信号	
G380.0～G380.1	MP51～MP52	第5手轮倍率信号	
G381.0～G381.3	AUTPHA～AUTPHD	柔性同步控制自动相位同步信号	1.12.2
G400.1～G400.3	＊SUCPFB～＊SUCPFD	主轴松开完成信号	11.10
G401.1～G401.3	＊SCPFB～＊SCPFD	主轴锁紧完成信号	
G402.1～G402.3	SPSTPB～SPSTPD	主轴停止确认信号	
G403.0～G403.1	SLSPC～SLSPD	路径间主轴指令选择信号	8.11
G403.4～G403.5	SLPCC～SLPCD	路径间主轴反馈选择信号	
G406.0～G407.1	ITF01～ITF10	路径间干涉检查关联信号	8.4
G407.2～G407.4	ITCD4～ITCD6	组间干涉检查禁止信号	2.3.9
G408.0	STCHK	开始检测信号	2.13
G411.0～G411.3	HS1E～HS4E	第6手轮轴选信号	3.2
G411.4～G411.7	HS1IE～HS4IE	第6手轮中断轴选信号	
G412.0	HS5E	手轮进给轴选择信号	3.3
G412.4	HS5IE	手轮中断轴选信号	
G512～G513	MCST1～MCST16	宏调用启动信号	17.7
G514.0	MCFIN	方式切换完成信号	
G517.0～G517.2	GAE1～GAE3	测量位置到达信号	16.2
G517.7	SYPST	伺服/主轴相位同步启动信号	11.22.3
G518.4	DNTCLR	DeviceNET通信错误清除信号	
G521.0～G521.7	SRVON1～SRVON8	SV旋转控制方式信号	11.20
G523.0～G523.7	SVRVS1～SVRVS8	SV反转信号	11.20.1
G525～G528	MT8N00～MT8N31	手动刀具补偿刀具号(8位数)	12.1.5
G530.0～G530.7	EGBS1～RGBS8	EGB同步启动信号	1.9
G531.0	FWSTP	手轮检查正向移动禁止信号	5.3.5
G531.1	MRVM	手轮检查反向移动禁止信号	
G531.3	HBTRN	双位置反馈翻转方式选择信号	1.10
G531.4	OVLN	路径间柔性同步方式选择信号	1.12.4
G531.6～G531.7	EXLM2～EXLM3	存储行程极限1切换信号	2.3.3
G533.0～G533.3	SSR1～SSR4	第1～4主轴转速复位信号	11.21
G533.4	SSRS	所有主轴转速复位信号	
G536.2	RMVST	柔性路径轴移除信号	1.14
G536.3	ASNST	柔性路径轴指定信号	
G536.4	EXCST	柔性路径轴交换信号	
G536.5	DASN	柔性路径轴直接指定信号	

续表

地址	符号	信号名称	功能手册
G536.7	SPSP	主轴指令路径指定信号	11.12
G544.0～G544.4	MHLC1～MHLC5	手动直线/圆弧插补信号	3.4/3.5
G545.0～G545.4	MHUS1～MHUS5	手动直线/圆弧插补使用选择信号	
G547.6	ONSC	刀具补偿号规格信号	16.4.2
G548.0～G548.7	*CL1～*CL8	双位置反馈补偿取消信号	1.10
G549.4	GTMSR	螺纹沟槽测量信号	6.5.7.2
G549.5	RMTC	螺纹再加工信号	
G579.5	WBEND	网页浏览禁止信号	18.2.7
G579.6	NHSW	高速型等待 M 代码无效信号	8.3
G580.0～G580.7	*ACTF1～*ACTF8	实际速度显示轴选择信号	14.1.15
G581.0～G581.6	LANG1～LANG7	显示语言设定信号	14.1.8
G581.7	SLANG	显示语言切换启动信号	
G587.0～G587.3	SPMST1～SPMST4	主轴位置记忆启动信号	11.14.1
G587.4～G587.7	SPAPH1～SPAPH4	任意主轴位置相位同步信号	
G588.0～G588.7	SMSL11～SMSL14 SMSL21～SMSL24	主轴位置记忆选择信号	
G594～G595	OTD0～OTD15	存储行程极限范围切换数据选择信号	
G596.0～G596.7	OTA1～OTA8	存储行程极限范围切换轴选择信号	2.3.8
G597	+OT11/-OT11, +OT12/-OT12 +OT2/-OT2, +OT3/-OT3	存储行程极限范围切换选择信号	
G598	+OT11C/-OT11C +OT12C/-OT12C +OT2C/-OT2C +OT3C/-OT3C	存储行程极限范围切换取消信号	
G708～G711	RE01I～RE32I	外部主轴电机速度命令信号	11.27
G712～G715	RE01I2～RE32I2		
G716～G719	RE01I3～RE32I3		
G720～G723	RE01I4～RE32I4		
G765.0～G765.7	TPMG00～TPMG07	PMC 与 DCSPMC 间数据交换 DI 信号	17.9

附录 2　0i-F 按地址顺序的 CNC 接口信号一览表（F 信号）

地址	符号	信号名称	功能手册
F0.0	RWD	倒带中信号	5.2
F0.4	SPL	自动运行暂停中信号	5.1
F0.5	STL	自动运行启动中信号	
F0.6	SA	伺服准备就绪信号	2.2
F0.7	OP	自动运行中信号	5.1
F1.0	AL	报警中信号	2.4
F1.1	RST	复位中信号	5.2
F1.2	BAL	电池报警信号	2.4
F1.3	DEN	分配结束信号	10.1
F1.4	ENB	主轴使能信号	11.5
F1.5	TAP	攻螺纹中信号	13.7.1
F1.7	MA	准备就绪信号	2.2
F2.0	INCH	英制输入信号	13.5

续表

地址	符号	信号名称	功能手册
F2.1	RPDO	快速移动中信号	2.7/7.1.1
F2.2	CSS	周速恒定中信号	11.8
F2.3	THRD	螺纹切削中信号	6.5
F2.4	SRNMV	程序再启动中信号	5.6
F2.6	CUT	切削进给中信号	2.7
F2.7	MDRN	空运行确认信号	5.3.2
F3.0	MINC	增量进给方式确认信号	
F3.1	MH	手摇方式确认信号	
F3.2	MJ	JOG 方式确认信号	2.6
F3.3	MMDI	MDI 方式确认信号	
F3.4	MRMT	DNC 运行方式确认信号	5.14/5.15/5.16
F3.5	MMEM	存储器运行方式确认信号	2.6
F3.6	MEDT	编辑方式确认信号	
F4.0,F5.0~F5.7	MBDT1~MBDT9	可选择程序段跳过确认信号	5.5
F4.1	MMLK	机床锁住确认信号	5.3.1
F4.2	MABSM	手动绝对确认信号	5.4
F4.3	MSBK	单程序段确认信号	5.3.3
F4.4	MAFL	辅助功能锁住确认信号	10.2
F4.5	MREF	手动回零方式确认信号	4.1
F6.0	TPPRS	触摸屏确认信号	14.1.7
F6.1	MDIRST	基于 MDI 的复位确认信号	5.2
F6.2	ERTVA	自动画面清除状态中信号	14.1.12
F7.0	MF	M 功能选通信号	
F7.2	SF	S 功能选通信号	
F7.3	TF	T 功能选通信号	0.1
F7.7	BF	B 功能选通信号	
F8.4	MF2	第 2 M 功能选通信号	
F8.5	MF3	第 3 M 功能选通信号	
F8.6	MF4	第 4 M 功能选通信号	10.3
F8.7	MF5	第 5 M 功能选通信号	
F9.4	DM30	M 功能解码信号	
F9.5	DM02	M 功能解码信号	
F9.6	DM01	M 功能解码信号	10.1
F9.7	DM00	M 功能解码信号	
F10~F13	M00~M31	M 功能代码信号	
F14~F15	M200~M215	第 2 M 功能代码信号	
F16~F17	M300~M315	第 3 M 功能代码信号	10.3
	M216~M231	第 2 M 功能代码信号	
F22~F25	S00~S31	S 功能代码信号	
F26~F29	T00~T31	T 功能代码信号	10.1
F30~F33	B00~B31	B 功能代码信号	
F34.0~F34.2	GR1O~GR3O	齿轮选择信号	11.5
F34.3~F34.6	SRSP4R~SRSP1R	第 4~第 1 主轴运行准备就绪	11.2
F34.7	SRSRDY	全串行主轴准备就绪	
F35.0	SPAL	主轴波动检测报警	11.19
F36.0~F37.3	R01O~R12O	主轴 12 位代码信号	11.5
F38.0	SCLPA	主轴锁紧信号	11.10
F38.1	SUCLPA	主轴松开信号	
F38.2	ENB2	主轴使能信号	11.12
F38.3	ENB3	主轴使能信号	

续表

地址	符号	信号名称	功能手册
F39.0	MSPOSA	主轴定位方式中信号	11.10
F39.1	ENB4	主轴使能信号	11.12
F39.2	CHPMD	振荡中信号	1.15
F39.3	CHPCYL	振荡循环信号	
F40～F41	AR00～AR15	实际主轴速度信号	11.9
F43.0～F43.3	SYCAL1～SYCAL4	各主轴相位误差监视信号	11.14/11.17
F44.1	FSCSL	Cs轮廓控制切换完成信号	11.11.1
F44.2	FSPSY	主轴同步速度控制完成信号	11.14
F44.3	FSSPPH	主轴相位同步控制完成信号	
F44.4	SYCAL	相位误差监视信号	11.14/11.17
F45.0	ALMA	第1串行主轴报警信号	1.2
F45.1	SSTA	第1串行主轴速度零信号	
F45.2	SDTA	第1串行主轴速度检测信号	
F45.3	SARA	第1串行主轴速度到达信号	
F45.4	LDT1A	第1串行主轴负载检测信号1	
F45.5	LDT2A	第1串行主轴负载检测信号2	
F45.6	TLMA	第1串行主轴转矩限制中信号	
F45.7	ORARA	第1串行主轴定向完成信号	
F46.0	CHPA	第1串行主轴动力线切换完成	11.2
F46.1	CFINA	第1串行主轴切换完成信号	
F46.2	RCHPA	第1串行主轴输出切换信号	
F46.3	RCFNA	第1串行主轴输出切换完成	
F46.4	SLVSA	第1串行主轴从属运行状态	
F46.5	PORA2A	第1串行主轴位置编码器方式定向附近信号	
F46.6	MORA1A	第1串行主轴磁传感器定向完成信号	
F46.7	MORA2A	第1串行主轴磁传感器定向附近信号	
F47.0	PC1DEA	第1串行主轴位置编码器1转信号检测状态	11.2
F47.1	INCSTA	第1串行主轴增量方式定向信号	
F48.4	CSPENA	第1串行主轴Cs轴原点建立状态信号	11.11.4
F45.0～F48.4	ALMA～CSPENA	第1串行主轴信号	11.2
F49.0～F52.4	ALMB～CSPENB	第2串行主轴信号	11.2
F53.0	INHKY	键盘输入无效信号	17.6
F53.1	PRGDPL	程序画面显示中信号	
F53.2	PRBSY	读入输出中信号	15.2
F53.3	PRALM	读入输出报警信号	
F53.4	BGEACT	后台编辑中信号	
F53.7	EKENB	键控代码读取完成信号	17.6
F54～F55	UO000～UO015	用户宏程序用输出信号	13.6
F56～F59	UO100～UO131	用户宏程序用输出信号	
F60.0	EREND	外部数据输入读取完成信号	17.2
F60.1	ESEND	外部数据输入检索完成信号	
F60.2	ESCAN	外部数据输入检索取消信号	
F61.0	BUCLP	B轴松开信号	13.12
F61.1	BCLP	B轴锁紧信号	
F61.2	HCAB2	画面硬拷贝取消请求接收信号	14.1.14
F61.3	HCEXE	画面硬拷贝中信号	
F61.4	MTLANG	手动刀具补偿未完成信号	12.1.5
F61.5	MTLA	手动刀具补偿完成信号	
F62.0	AICC	AI轮廓控制方式中信号	7.1.12
F62.3	SIMES	主轴1测量中信号	16.4.2
F62.4	S2MES	主轴2测量中信号	

续表

地址	符号	信号名称	功能手册
F62.6	D3ROT	三维坐标变换方式信号	13.15
F62.7	PRTSF	所需零件数到达信号	14.1.1
F63.0	PSE1	多边形主控轴未到达信号	
F63.1	PSE2	多边形同步轴未到达信号	6.9.2
F63.2	PSAR	多边形主轴速度到达信号	
F63.3,F63.4	COSP1,COSP2	路径间主轴指令确认信号	8.11
F63.6	WATO	等待中信号	8.2
F63.7	PSYN	多边形同步中信号	6.9.1
F64.0	TLCH	换刀信号	12.3.1/12.6
F64.1	TLNW	新刀具选择信号	12.5
F64.2	TLCHI	逐把刀具更换信号	
F64.3	TLCHB	刀具寿命警告信号	12.3.1/12.6
F64.5	COSP	路径间主轴指令确认信号	8.11
F64.6	TICHK	路径间干涉检测中信号	
F64.7	TIALM	路径间干涉报警信号	8.4
F65.0,F65.1	RGSPP,RGSPM	主轴旋转方向信号	11.13
F65.2	RSMAX	主轴同步转速比控制钳制信号	11.14
F65.4	RTRCTF	回退完成信号	1.10/6.22
F65.6	SYNMOD	EGB方式中信号	1.9
F66.1	RTPT	攻螺纹返回完成信号	5.14/5.18
F66.2	FEED0	进给速度0信号	3.5
F66.5	PECK2	深孔钻削循环执行中信号	13.7.1
F70~F71	PSW01~PSW16	位置开关信号	1.2.9
F72	OUT0~OUT7	软操作面板通用开关信号	
F73.0~F73.2	MD1O,MD2O,MD4O	软操作面板方式选择信号	
F73.4	ZRNO	软操作面板回零信号	
F74	OUT8~OUT15	软操作面板通用开关信号	
F75.2	BDTO	软操作面板跳程序段信号	
F75.3	SBKO	软操作面板单程序段信号	14.1.2
F75.4	MLKO	软操作面板机床锁住信号	
F75.5	DRNO	软操作面板空运行信号	
F75.6	KEYO	软操作面板数据保护开关信号	
F75.7	SPO	软操作面板进给暂停信号	
F76.0~F76.1	MP1O~MP2O	软操作面板增量倍率信号	
F76.3	RTAP	刚性攻螺纹方式中信号	11.13
F76.4~F76.5	ROV1O~ROV2O	软操作面板快移倍率信号	
F77.0~F77.3	HS1AO~HS1DO	软操作面板手摇轴选择信号	
F77.6	RTO	软操作面板手动快移选择信号	
F78	*FV0O~*FV7O	软操作面板进给倍率信号	
F79~F80	*JV0O~*JV15O	软操作面板JOG倍率信号	14.1.2
F81.0,F81.2, F81.4,F81.6	+J1O~+J4O	软操作面板轴正向信号	
F81.1,F81.3, F81.5,F81.7	−J1O~−J4O	软操作面板轴负向信号	
F82.2	RVSL	反向运动中信号	5.10
F82.6	EGBSM	EGB同步方式确认信号	1.9.4
F84~F85	EUO00~EUO15	P代码宏程序输出信号	13.17
F90.0	ABTQSV	进给轴异常负载检测信号	
F90.1~F90.3	ABTSP1~ABTSP3	第1~第3主轴异常负载检测信号	2.9

地址	符号	信号名称	功能手册
F90.4	SYAR	伺服电机主轴同步加减速完成信号	
F90.5	SYSSM	伺服电机主轴同步方式信号	11.22.1
F90.6	SVAR	伺服电机主轴控制加减速完成信号	
F90.7	SVSPM	伺服电机主轴控制方式信号	
F91.0	MRVMD	反向移动中信号	
F91.1	MNCHG	禁止变向中信号	
F91.2	MRVSP	反向移动禁止中信号	5.3.5
F91.3	NMMOD	检查方式中信号	
F91.4	ABTSP4	第 4 主轴非期望扰动转矩检查信号	2.9
F91.5	ADCO	辅助功能程序段手动退回使能信号	5.3.6
F92.3	TRACT	刀具退回方式信号	
F92.4	TRMTN	刀具退回轴移动中信号	5.8
F92.5	TRSPS	刀具退回完成信号	
F93.0	LIFOVR	周期性维护寿命时间到信号	14.1.18
F93.1	SFAN	报警水平检查信号	19.3.1
F93.2	LFCIF	刀具寿命计数无效中信号	11.4
F93.4～F93.7	SVWRN1～SVWRN4	伺服警告信号	19.1
F94.0～F94.7	ZP1～ZP8	参考点返回完成信号	4.1
F96.0～F96.7	ZP21～ZP28	第 2 参考点返回完成信号	
F98.0～F98.7	ZP31～ZP38	第 3 参考点返回完成信号	4.4/4.15
F100.0～F100.7	ZP41～ZP45	第 4 参考点返回完成信号	
F102.0～F102.7	MV1～MV8	轴移动中信号	1.2.5
F104.0～F104.7	INP1～INP8	轴到位信号	7.2.6.2
F106.0～F106.7	MVD1～MVD8	轴移动方向判别信号	1.2.5
F108.0～F108.7	NMI1～NMI8	轴镜像确认信号	1.2.6
F110.0～F110.7	MDTCH1～MDTCH8	轴解除中信号	1.2.5/1.15
F112.0～F112.7	EADEN1～EADEN8	PMC 轴控制分配结束信号	17.1
F114.0～F114.7	TRQL1～TRQL8	转矩极限到达信号	16.3.6
F118.0～F118.7	SYN1O～SYN8O	同步/混合/重叠控制中信号	8.6/8.7
F120.0～F120.7	ZRF1～ZRF8	参考点建立信号	4.1
F122.0～F122.7	HDO0～HDO8	高速跳过状态信号	16.3.3
F124.0～F124.7	＋OT1～＋OT8	正向超程报警中信号	2.3.2
F126.0～F126.7	－OT1～－OT8	负向超程报警中信号	
F129.5	EOV0	PMC 轴倍率 0％信号	17.1
F129.7	＊EAXSL	PMC 轴选择状态信号	
F130.0	EINPA	A 组 PMC 轴到位信号	
F130.1	ECKZA	A 组 PMC 轴累积零检测信号	
F130.2	EIALA	A 组 PMC 轴报警中信号	
F130.3	EDENA	A 组 PMC 轴辅助功能执行中	
F130.4	EGENA	A 组 PMC 轴移动中信号	17.1
F130.5	EOTPA	A 组 PMC 轴正向超程信号	
F130.6	EOTNA	A 组 PMC 轴负向超程信号	
F130.7	EBSYA	A 组 PMC 轴指令读取信号	
F131.0	EMFA	A 组 PMC 轴 M 功能选通信号	
F131.1	EABUFA	A 组 PMC 轴缓冲器满信号	
F131.2	EMF2A	A 组 PMC 轴第 2 M 功能选通信号	17.1
F131.3	EMF3A	A 组 PMC 轴第 3 M 功能选通信号	
F130～F131	EINPA～	A 组 PMC 轴信号	
F133～F134	EINPB～	B 组 PMC 轴信号	17.1
F136～F137	EINPC～	C 组 PMC 轴信号	

续表

地址	符号	信号名称	功能手册
F139~F140	EINPD~	D组PMC轴信号	17.1
F132,F142	EM11A~EM48A	A组PMC轴M功能代码信号	
F135,F145	EM11B~EM48B	B组PMC轴M功能代码信号	17.1
F138,F148	EM11C~EM48C	C组PMC轴M功能代码信号	
F141,F151	EM11D~EM48D	D组PMC轴M功能代码信号	
F154.0	TLAL	刀具剩余数量通知信号	12.5
F160~F161	MSP00~MSP15	多主轴地址P信号	11.12
F168~F171	ALMC~	第3主轴信号(串行主轴)	11.12
F172.6	PBATZ	绝对编码器电池电压零报警	1.4.2
F172.7	PBATL	绝对编码器电池电压低报警	
F180.0~F180.7	CLRCH1~CLRCH8	撞块式回零转矩限制到达信号	4.7/4.8
F182.0~F182.7	EACNT1~EACNT8	PMC轴控制中信号	17.1
F184.0~F184.7	ABDT1~ABDT8	异常负载检测信号	2.9
F190.0~F190.7	TRQM1~TRQM8	PMC轴转矩控制方式中信号	17.1
F200.0~F201.3	R01O2~R12O2	S12位代码信号	11.12
F202~F203	AR002~AR152	实际主轴速度信号	11.9
F204.0~F205.3	R01O3~R12O3	S12位代码信号	11.12
F206~F207	AR003~AR153	实际主轴速度信号	11.9
F208.0~F208.7	EGBM1~EGBM8	EGB方式确认信号	1.10.5/1.10.7 1.10.8
F210.0~F210.7	SYNMT1~SYNMT8	机械坐标一致状态输出信号	1.6
F211.0~F211.7	SYNOF1~SYNOF8	可进行同步调整的状态输出信号	
F264.0~F265.0	SPWRN1~SPWRN9	主轴警告信号	11.2/19.2
F266~F269	ALMD~	第3主轴信号(串行主轴)	11.12
F270.0~F271.3	R01O4~R12O4	S12位代码信号	11.12
F272~F273	AR004~AR154	实际主轴速度信号	11.9
F274.0~F274.3	FCSS1~FCSS4	各主轴Cs轮廓控制切换完成	11.11
F274.4~F274.7	CSFO1~CSFO4	各主轴Cs轴坐标建立报警信号	11.11.4
F276~F277	UO016~UO031	用户宏输出信号	
F280~F283	UO200~UO231	用户宏输出信号	13.6
F284~F287	UO300~UO331	用户宏输出信号	
F288.0~F288.3	FSPSY1~FSPSY4	各主轴同步速度控制完成信号	11.14
F289.0~F289.3	FSPPH1~FSPPH4	各主轴相位同步控制完成信号	
F290.2	DNTCM	DeviceNET通信正常信号	
F290.4	PCKSV	高速程序检查记忆数据信号	5.3.4
F290.5	PRGMD	高速程序检查方式确认信号	
F293~F294	HPS01~HPS16	高速位置开关信号	1.2.10
F295.6	C2SENO	双重显示强制切断状态信号	14.1.9
F295.7	CNCKYO	键盘输入选择状态信号	14.1.11/14.1.12
F298.0~F298.7	TDSML1~TDSML8	热模拟故障预警信号	19.4
F299.0~F299.7	TDFTR1~TDFTR8	扰动水平故障预测信号	
F315.0	TLSKF	刀具跳过完成信号	
F315.1	TLMSRH	刀具搜索中信号	
F315.2	TLMG10	刀具管理数据修改中信号	
F315.4	TLMOT	刀具管理数据输出中信号	12.3.1
F315.6	TMFNFD	刀具寿命到达信号	
F315.7	TLMEM	刀具管理数据编辑中信号	
F316.6	SQMPR	程序重启MDI程序输出完成信号	5.6.1
F316.7	SQMPE	程序重启MDI程序执行完成信号	

续表

地址	符号	信号名称	功能手册
F328.0～F328.3	TLCH1～TLCH4	换刀信号1～4	12.3.1
F328.4～F328.7	TLCHI1～TLCHI4	单独换刀信号1～4	
F329.0～F329.3	TLSKF1～TLSKF4	刀具跳过完成信号1～4	
F329.4～F329.7	TLCHB1～TLCHB4	刀具寿命到达信号1～4	
F341.0～F341.7	SYCM1～SYCM8	同步主控轴确认信号	8.5
F342.0～F342.7	SYCS1～SYCS8	同步从控轴确认信号	
F343.0～F343.7	MIXO1～MIXO8	混合轴确认信号	
F344.0～F344.7	OVMO1～OVMO8	重叠主控轴确认信号	8.6
F345.0～F345.7	OVSO1～OVSO8	重叠从控轴确认信号	
F346.0～F346.7	SMPK1～SMPK8	驻留轴确认信号	8.5
F347.7	D3MI	三维坐标变换手动中断方式中信号	3.3.1
F351.0～F351.3	SSEGBM1～SSEGBM4	简单主轴EGB方式中信号	11.24
F358.0～F358.7	WPSF1～WPSF8	各轴工件坐标系预置完成信号	1.5.2.6
F376.0～F376.7	SVSST1～SVSST8	速度为0信号	11.20
F377.0～F377.7	SVSAR1～SVSAR8	速度到达信号	
F381.0～F381.3	PHFINA～PHFIND	柔性同步控制相位同步结束信号	1.12.2
F400.1～F400.3	SUCLPB～SUCLPD	主轴松开信号	11.10
F401.1～F401.3	SCLPB～SCLPD	主轴锁紧信号	
F402.1～F402.3	MSPOSB～MSPOSD	主轴定位方式中信号	
F403.0	SYNER	同步控制位置偏差报警信号	1.6
F404.0～F404.1	COSP3～COSP4	路径主轴命令信号	8.10
F512.0	MCEXE	宏调用执行中信号	17.7
F512.1	MCRQ	方式切换请求信号	
F512.2	MCSP	宏调用异常信号	
F513.0～F513.2	MD1R,MD2R,MD4R	方式通知信号	
F513.5,F513.7	DNCIR,ZRNR	方式通知信号	
F514～F515	MCEXE1～MCEXE16	调用程序确认信号	
F517.0～F517.7	RP11～RP18	参考点位置匹配信号	4.11
F518.0～F518.7	RP21～RP28	第2参考点位置匹配信号	
F520.0	ATBK	自动数据备份执行中信号	
F521.0～F521.7	SVREV1～SVREV8	SV旋转控制方式信号	11.20.1
F522.0～F522.7	SPP1～SPP8	各轴的主轴分度中信号	11.20.2
F526.5	DWL	停顿状态信号	2.7
F527.6	SYPFN	伺服/主轴相位同步完成信号	11.22.3
F527.7	SYPER	伺服/主轴相位同步出错信号	
F531.6	DVCPR	外设程序执行信号	5.14
F531.7	IOLBR	B准备好信号	3.9
F532.0～F532.7	SYNO1～SYNO8	进给轴同步控制中信号	1.6
F534.1	SRNEX	快速程序重启中信号	5.7
F534.4	MBSO	程序段中间启动信号	2.13
F534.5～F534.7	PE1EX～PE3EX	外部轴控制组1～3启动信号	1.20
F535.0～F535.2	WIOCH1～WIOCH3	I/O Link 1～3重试异常警告信号	19.3.2
F535.3	WECCS	SRAM ECC异常警告信号	
F535.4	WETE	嵌入式以太网通信异常警告信号	
F535.5	WETF	快速以太网通信异常警告信号	
F535.6	WFLN1	FL-net1通信异常警告信号	
F535.7	WFLN2	FL-net2通信异常警告信号	
F536.2	RMVED	轴移除完成信号	1.14
F536.3	ASNED	轴指定完成信号	
F536.4	EXCED	轴交换完成信号	
F536.7	INIST	初始轴指定信号	

地址	符号	信号名称	功能手册
F545.0	FLANG	显示语言切换完成信号	14.1.8
F545.1	OVLNS	路径间柔性同步方式信号 高级重叠方式信号	1.12.4
F545.4	DNTER	DeviceNet 通信异常信号	
F546.4	GTMC	螺纹沟槽测量完成信号	6.5.7.2
F546.5	GTME	螺纹沟槽测量出错信号	
F553.0～F553.3	PHERA～PHERD	自动相位同步位置误差检查信号	1.12.3
F558.0	CDCEX	C 语言执行器程序修改通知信号	14.1.23
F558.1～F558.3	CDLAD1～CDLAD3	第 1～第 3 路径 PMC 程序修改通知信号	
F558.4	CDDCL	双检安全 PMC 程序修改通知信号	
F558.5	CDPRM	CNC 参数修改通知信号	
F558.6～F558.7	CDLAD4～CDLAD5	第 4～第 5 路径 PMC 程序修改通知信号	
F559.0～F559.7	SEO1～SEO8	同步误差过大报警信号	8.6
F564～F567	M300～M331	第 3 M 功能代码信号	10.3
F568～F571	M400～M431	第 4 M 功能代码信号	
F572～F575	M500～M531	第 5 M 功能代码信号	
F577.0～F577.3	SPMFN1～SPMFN4	主轴位置记忆完成信号	11.14.1
F577.4～F577.7	SPMER1～SPMER4	主轴位置记忆出错信号	
F578.2	WBCNT	网页浏览连接状态信号	18.2.7
F578.5	ALLO	NC 数据输出信号	15.3
F580～F583	ARE00～ARE31	扩展实际主轴速度信号	11.27
F584～F587	ARE002～ARE312	扩展实际主轴速度信号	
F588～F591	ARE003～ARE313	扩展实际主轴速度信号	
F592～F595	ARE004～ARE314	扩展实际主轴速度信号	
F598	＋OT11O/－OT11O ＋OT12O/－OT12O ＋OT2O/－OT2O ＋OT3O/－OT3O	存储行程极限范围切换确认信号	2.3.8
F599.0	OTSWFN	存储行程极限范围切换完成信号	
F708～F711	RE01O～RE32O	32 位 S 代码信号	11.27
F712～F715	RE01O2～RE32O2	32 位 S 代码信号	
F716～F719	RE01O3～RE32O3	32 位 S 代码信号	
F720～F723	RE01O4～RE32O4	32 位 S 代码信号	
F747.0～F747.7	TDCF00～TDCF07	PMC 与 DCSPMC 间数据传送 DO 信号	17.9

参 考 文 献

[1] 刘林山，李建永，郝铭. 一种数控机床自动上下料桁架机器人控制系统设计与实现 [J]. 制造业自动化，2019 (9)：108-110，138.

[2] 曹斌，董伯麟，柯振辉. 基于运动控制卡的桁架机器人控制系统设计 [J]. 制造技术与机床，2017 (3)：25-28.

[3] 武因培，张然，倪顺利. 基于 SIEMENS 840D 桁架机械手控制系统的设计 [J]. 冶金动力，2020 (10)：57-59，64.

[4] 张曙，U Heisel. 并联运动机床 [M]. 北京：机械工业出版社，2003.

[5] 罗敏. 典型数控系统应用技术 [M]. 北京：机械工业出版社，2009.

[6] 罗敏. 数控原理与编程 [M]. 北京：机械工业出版社，2011.

[7] 罗敏. FANUC 数控系统 PMC 编程技术 [M]. 北京：化学工业出版社，2013.

[8] 罗敏. FANUC 数控系统设计及应用 [M]. 北京：机械工业出版社，2014.

[9] 罗敏. FANUC 数控系统 PMC 编程从入门到精通 [M]. 北京：化学工业出版社，2020.

[10] 罗敏. PMC 窗口功能及应用 [J]. 制造技术与机床，2003 (3)：58-60.

[11] 罗敏，徐金瑜，吴清生，等. 曲轴自动线数控龙门机械手改造 [J]. 设备管理与维修，2012 (10)：33-36.

[12] 刘凌云，罗敏，方凯. 面向粗定位工件的涂胶机器人系统设计与实现 [J]. 组合机床与自动化加工技术，2013 (1)：77-83.

[13] 方学舟，罗敏，何晓波. 工业机器人在车身喷涂工艺中的应用 [J]. 装备维修技术，2014 (3)：14-21.

[14] 雷钧，罗敏，吴岳敏，等. 感应淬火机床与上下料机械手控制系统的设计 [J]. 制造技术与机床，2018 (2)：173-177.